3 朝倉数学大系

砂田利一・堀田良之・増田久弥 [編集]

ラプラシアンの幾何と有限要素法

浦川 肇 [著]

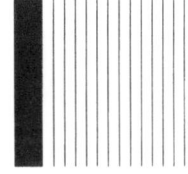
朝倉書店

〈朝倉数学大系〉
編集委員

砂田利一
明治大学教授
東北大学名誉教授

堀田良之
東北大学名誉教授

増田久弥
東京大学名誉教授
東北大学名誉教授

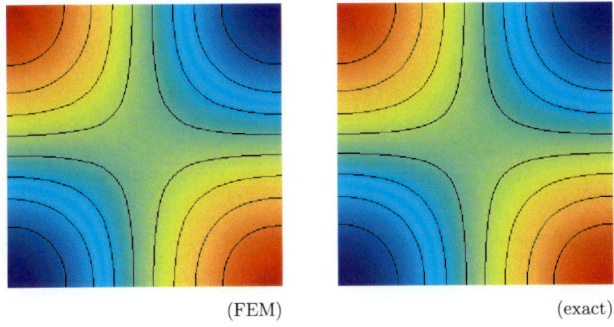

口絵 1 $\Omega_{1,1}$ 上のノイマン第 4 固有関数の数値解 (左) と厳密解 (右)
(本文 244 ページ)

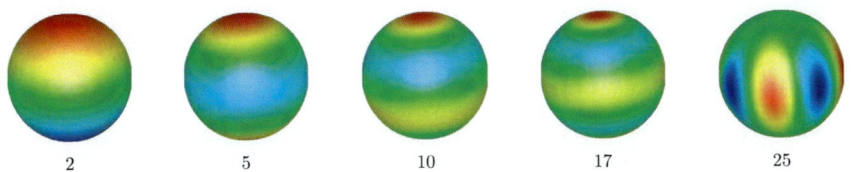

口絵 2 球面 S^2 上の固有関数 (第 2, 第 5, 第 10, 第 17, 第 25 固有関数)
(本文 244 ページ)

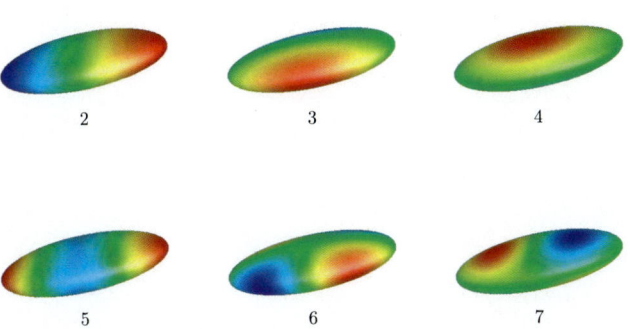

口絵 3 楕円面上の固有関数 (第 2, 第 3, 第 4, 第 5, 第 6, 第 7 固有関数)
(本文 244 ページ)

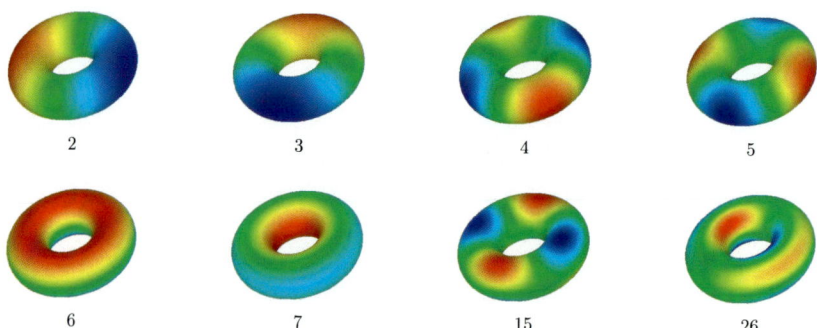

口絵 4　埋め込みトーラス上の固有関数 (第 2, 第 3, 第 4, 第 5, 第 6, 第 7, 第 15, 第 26 固有関数)(本文 245 ページ)

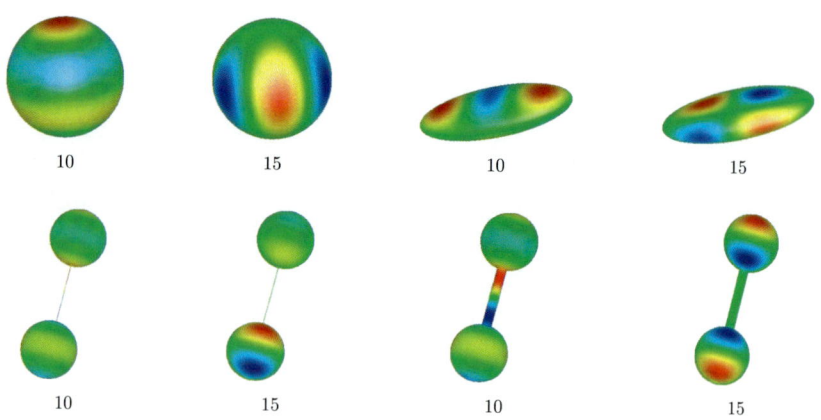

口絵 5　球面, 楕円面, ダンベル上の第 10, 第 15 固有関数 (本文 245 ページ)

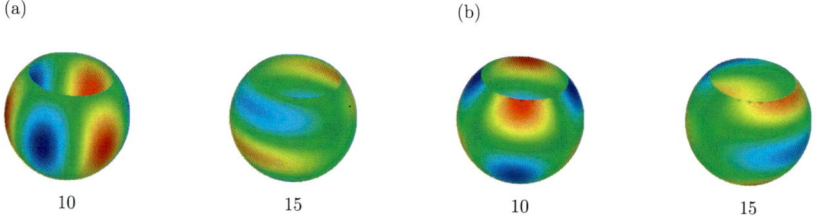

口絵 6　球帽上の第 10, 第 15 ディリクレ, ノイマン固有関数 ((a) がディリクレ, (b) がノイマン)(本文 245 ページ)

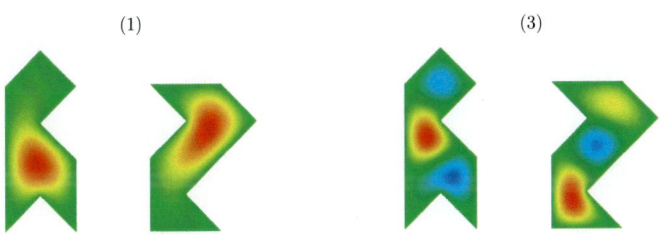

口絵 7 チャップマンの等スペクトル領域上のディリクレ第 1, 第 3 固有関数 (本文 248 ページ)

口絵 8 チャップマンの等スペクトル領域上のノイマン第 2, 第 4 固有関数 (本文 248 ページ)

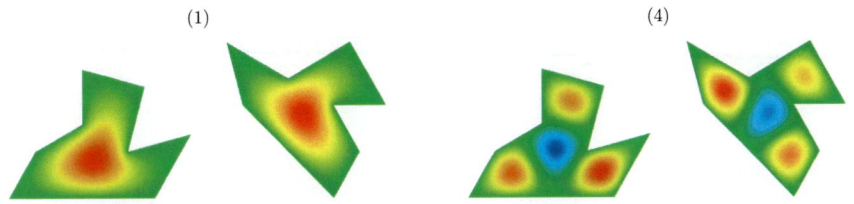

口絵 9 コンウェイの等スペクトル領域上のディリクレ第 1, 第 4 固有関数 (本文 251 ページ)

口絵 10 コンウェイの等スペクトル領域上のノイマン第 2, 第 4 固有関数 (本文 251 ページ)

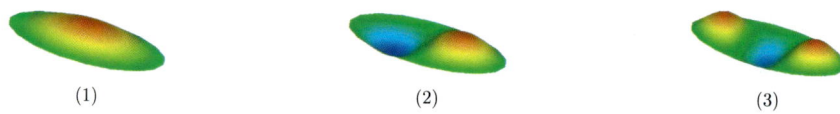

口絵 11 楕円上のディリクレ第 1, 第 2, 第 3 固有関数の立体図 (本文 252 ページ)

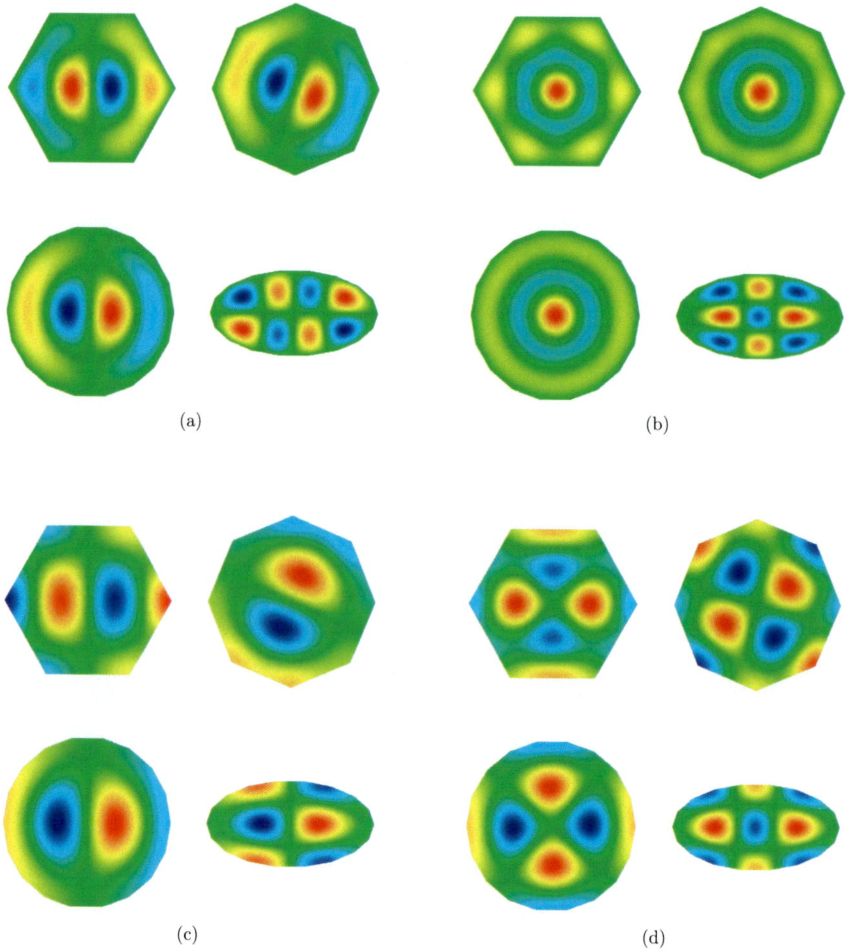

口絵 12 (a) 正六形, 正八角形, 円, 楕円上のディリクレ第 10 固有関数, (b) 正六形, 正八角形, 円, 楕円上のディリクレ第 10 固有関数, (c) 正六形, 正八角形, 円, 楕円上のノイマン第 15 固有関数, (d) 正六形, 正八角形, 円, 楕円上のノイマン第 15 固有関数 (本文 253 ページ)

まえがき

　本書は，微分幾何学における数値解析，とりわけ，線形作用素であるラプラシアン (ラプラス作用素) の数値解析について詳述したものである．ラプラシアンは数学のあらゆる分野に顔を出す．本書の前半では，ラプラシアンと微分幾何学との様々なかかわりの一端を述べ，後半では，ラプラシアンの固有値問題に関する数値解析の一端を紹介する．

　はじめに本書の構成について述べよう．

　まず，第 1 章では，1 次元の場合の何も幾何学の登場しないときのラプラシアンの固有値問題を述べた．この 1 章は本書全体の理論のひな型となるべきものである．微分幾何学の多様体論は何も必要でないので，必要となる解析的方法が純粋な形で全部がほぼ，この章で現れる．第 2 章は，ベクトル解析と変分法を用いて，ユークリッド空間内の有界領域上の膜の振動を記述する非線形楕円型方程式と波動方程式が導かれ，線形の場合に，問題がラプラシアンの固有値問題に帰着される様子を述べた．第 3 章で，微分幾何学とラプラシアンが登場する．多様体と 2 次元曲面が導入されて，リーマン多様体上の本書の話題の中心であるラプラシアンの定式化が述べられる．第 4 章は，微分幾何学と数値解析との橋渡しになる章である．ラプラシアンの固有値問題の様々な定式化を述べて，固有値を特徴づけるミニ・マックス原理を詳述する．このミニ・マックス原理を用いて，ラプラシアンの固有値問題を数値解析の土俵の上に持ち込むことができるのである．第 5 章は，本書の話題が数値解析に移る前のちょっとした休憩の，いわば憩いのひととき，しかし重要な時間，に流れる間奏曲のようなものである．ラプラシアンの固有値問題の起源ともいうべき，等スペクトル問題の一端に触れた．

　第 6 章，第 7 章，第 8 章は，数値解析の一つである有限要素法について述べた

ものである．第6章では，有限要素法の定式化が述べられ，ラプラシアンの固有値問題が有限要素法の線形計算に還元される様子が示される．1943年の論文でクーラントが最初に有限要素法を行なったものがまさに，これであった．リーマン多様体でも使えるような定式化を本書では導入してみた．第7章は，有限要素法によって計算した結果と厳密解との誤差評価について述べる．近年，「精度保証つきの数値解析」の重要性が意識されるようになった．そのハードな解析の一端に触れる．第8章は，有限要素法の実際面を扱う．まず，簡単な場合の手で計算した結果と厳密解との比較を行なう．次に，十文字正樹君との共同研究の成果を述べて，われわれの提案する有限要素法の新方式とそれに基づいて行なった数値計算と厳密解との誤差，様々なコンピュータ画像を紹介する．

　思えば，大阪大学での修士の頃，大学紛争の最中，

> H. P. McKean and I. M. Singer, *Curvature and the eigenvalues of the Laplacian*, J. Differential Geometry, **1** (1967), 43–69

の論文を読んでいた頃，M. Kac の等スペクトル問題を知り，ぼんやりと，「形が違うが同じ音がする太鼓とはどんなものなのだろうか？」，「球面上の固有関数はどんな図になっているのだろうか？」などと夢想していたことを思い起こす．奉職する東北大学での定年まぢかになって，本書を呈上することができ，その夢が正夢になろうとしているのは，大きな喜びである．しかし，残された問題も多い．「種数の大きな定曲率 -1 のコンパクト・リーマン面上の固有関数がどのようなものになっているか？」，「滑らかな平面有界領域の等スペクトル領域がどのようなものであるのか？」など，ぜひ，知りたいものである．

　本書は，放送大学大学院の「数理システム科学」での印刷教材を基に，これに大幅に筆を加え，そこで言い足りなかったことを補充しつつ述べたものである．あの機会がなければ，決して本書はできませんでした．放送大学でのこの事業にお誘いいただいた熊原啓作先生，砂田利一先生にこの場をお借りして感謝申し上げます．

　　2009 年 9 月

浦 川　　肇

目 次

1 直線上の2階楕円型微分方程式 1
   1.1 1次元ポアソン方程式 1
   1.2 1次元の境界値固有値問題 14

2 ユークリッド空間上の様々な微分方程式 20
   2.1 グリーンの定理 20
   2.2 膜の平衡状態の方程式 26
   2.3 膜の振動の方程式 31
   2.4 膜の振動の方程式の解法 35

3 リーマン多様体とラプラシアン 41
   3.1 ユークリッド空間内の平面 41
   3.2 多 様 体 44
   3.3 多様体とベクトル場 53
   3.4 リーマン多様体 58
   3.5 n 次元リーマン多様体 70

4 ラプラス作用素の固有値問題 81
   4.1 ポアソン方程式 81
   4.2 ラプラス作用素の固有値問題 99
   4.3 ミニ・マックス原理 113
   4.4 固有値の基本的な性質と漸近挙動 123

5 等スペクトル問題 ………………………………………………… 136
- 5.1 カッツの問題 ……………………………………………… 136
- 5.2 チャップマンの等スペクトル領域 ……………………… 140
- 5.3 折り紙操作 ………………………………………………… 141
- 5.4 移植操作と等スペクトル性 ……………………………… 144
- 5.5 コンウェイの等スペクトル領域 ………………………… 149

6 有限要素法 ………………………………………………………… 154
- 6.1 有限要素法による定式化 ………………………………… 154
- 6.2 ラプラシアンの固有値問題と有限要素固有値問題 …… 162
- 6.3 有限要素固有値問題とラプラシアンの境界値固有値問題 ……… 175
- 6.4 ノイマン境界値固有値問題と有限要素法 ……………… 188

7 有限要素法の誤差評価 …………………………………………… 196
- 7.1 ブランブル＝ツラマルの定理 …………………………… 196
- 7.2 ブランブル＝ツラマルの定理の証明 …………………… 200
- 7.3 ブランブル＝ヒルベルトの補題の証明 ………………… 206
- 7.4 有限要素固有値の誤差評価 ……………………………… 211
- 7.5 有限要素折れ線関数の誤差評価 ………………………… 223

8 有限要素法の実際 ………………………………………………… 229
- 8.1 有限要素法の実際の計算例 ……………………………… 229
- 8.2 有限要素法直接計算プログラム ………………………… 235
- 8.3 固有値と固有関数のコンピュータ画像 ………………… 241

参 考 文 献 ………………………………………………………………… 257
索　　　引 ………………………………………………………………… 259

第1章　直線上の2階楕円型微分方程式

　本章は，この本全体のひな型である．本章でははじめに，1次元の開区間 $(0,1)$ 上のポアソン方程式やラプラシアン (関数の単なる 2 階微分) のディリクレ境界値固有値問題とノイマン境界値固有値問題を扱う．ポアソン方程式の弱形式表示，ソボレフ空間，ソボレフの不等式，問題の変分法による定式化等を述べ，ポアソン方程式の弱解の存在と正則性定理などを学ぶ．次に，1 次元ディリクレ境界値固有値問題とノイマン境界値固有値問題を学ぶ．そこに出てくる定理と証明はすべて，一般的な取り扱いが可能である．

　次章では，これらの結果を，ベクトル解析におけるグリーンの定理を基礎にして，拡張することを考える．このため，まず，ユークリッド空間内の膜の平衡状態と振動の問題から，変分原理によってラプラシアンにかかわる様々な重要な微分方程式を導く．

1.1　1次元ポアソン方程式

1.1.1　簡単な楕円型境界値問題

　本節では，次のような最も簡単な楕円型境界値問題を例にとって，本書で行なうことを説明したい．

　例 1.1　開区間 $\Omega = (0,1)$ 上の可積分関数を $f(x)$ とし，次のような楕円型境界値問題 (ポアソン方程式という) を考えよう．ただし u_0 と u_1 は任意に与えられた実数とする．

$$\begin{cases} -u'' = f & (\Omega \text{ 上で}) \\ u(0) = u_0,\ u(1) = u_1 \end{cases} \tag{1.1}$$

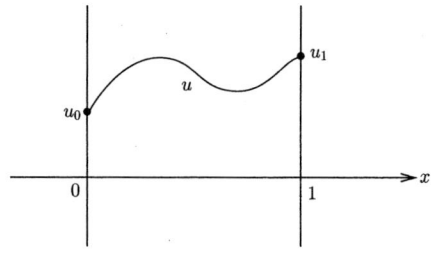

図 1.1 開区間 $(0,1)$ 上の境界値問題

(1.1) の簡単な解法としては, (1.1) の両辺を 2 回積分すればよい. 実際, u は

$$u(x) = -\int_0^x \left(\int_0^y f(t)dt\right) dy + ax + b \tag{1.2}$$

の形をしている. ここで定数 a と b は $x=0$ および $x=1$ とおいて,

$$a = u_1 - u_0 + \int_0^1 \left(\int_0^y f(t)dt\right) dy, \quad b = u_0 \tag{1.3}$$

と与えられる.

特に, $\Omega = (0,1)$ の境界 $\{0,1\}$ での境界値 u_0 と u_1 が 0 の場合には, 次の定理が成り立つ.

定理 1.1 $u_0 = u_1 = 0$ のときは, (1.1) の解 u は次のように積分表示される.

$$u(x) = \int_0^1 G(x,y) f(y) dy \tag{1.4}$$

ただし $G(x,y)$ は

$$G(x,y) = \begin{cases} (-x+1)y & (0 \leq y \leq x \leq 1) \\ x(-y+1) & (0 \leq x \leq y \leq 1) \end{cases} \tag{1.5}$$

と与えられている. $G(x,y)$ はグリーン関数と呼ばれる.

[証明] 実際, (1.4) のように積分表示されている関数 $u(x)$ が (1.1) を満たすことを示そう. (1.5) を (1.4) に代入して, $[0,1]$ 上の積分を, $[0,x]$ と $[x,1]$ 上の 2 つの積分に分けると,

$$u(x) = \int_0^x G(x,y)u(y)dy + \int_x^1 G(x,y)f(y)dy$$
$$= \int_0^x (-x+1)yf(y)dy + \int_x^1 x(-y+1)f(y)dy$$
$$= (-x+1)\int_0^x yf(y)dy + x\int_x^1 (-y+1)f(y)dy \qquad (1.6)$$

そこで, (1.6) を x について微分すると,

$$u'(x) = -\int_0^x yf(y)dy + (-x+1)xf(x)$$
$$+ \int_x^1 (-y+1)f(y)dy - x(-x+1)f(x)$$
$$= -\int_0^x yf(y)dy + \int_x^1 (-y+1)f(y)dy \qquad (1.7)$$

もう一度, (1.7) の両辺を x について微分して,

$$u''(x) = -xf(x) - (-x+1)f(x) = -f(x) \qquad (1.8)$$

となる. さらに, $x=0$ および $x=1$ において, $u(x)$ の値は, (1.6) に代入して,

$$u(0) = 0, \quad u(1) = 0$$

であるので, (1.4) の $u(x)$ は (1.1) の解となることが確かめられた. //

1.1.2 弱形式表示

今度は, 別の方法により (1.1) を解くことを考える. このため弱形式による定式化ということを考える. はじめに, 2 つの関数空間 $C^1(\Omega)$ と $C_c^1(\Omega)$ を,

$C^1(\Omega) := \Omega$ 上の C^1 関数全体,

$C_c^1(\Omega) := \{\varphi \in C^1(\Omega)|$

$\varphi(x) = 0$ (Ω に含まれるある閉区間 $[\alpha\beta]$ の外で)$\}$

と定義する (図 1.2 参照).

ここで $C_c^1(\Omega)$ に属する任意の $\varphi(x)$ を取り, (1.1) $-u''(x) = f(x)$ の両辺にかけて, Ω 上積分すると,

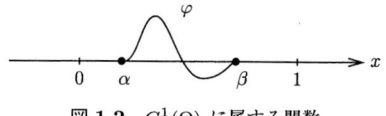

図 1.2 $C_c^1(\Omega)$ に属する関数

$$\int_0^1 -u''(x)\varphi(x)dx = \int_0^1 f(x)\varphi(x)dx \tag{1.9}$$

ここで (1.9) の左辺は, 部分積分法により,

$$\left[-u'(x)\varphi(x)\right]_{x=0}^{x=1} - \int_0^1 -u'(x)\varphi'(x)dx = \int_0^1 u'(x)\varphi'(x)dx$$

となるので,

$$\int_0^1 u'\varphi' dx = \int_0^1 f\varphi dx \quad (\forall\, \varphi \in C_c^1(\Omega)) \tag{1.10}$$

を得る. これを (1.1) の弱形式表示という. さらに, 次の 2 つのヒルベルト空間を考える:

定義 1.1 (ソボレフ空間) Ω 上の自乗可積分関数全体 $L^2(\Omega)$ は内積とノルムを

$$(\varphi, \psi) := \int_0^1 \varphi(x)\psi(x)dx$$

$$\|\varphi\|^2 := \int_0^1 \varphi(x)^2 dx \tag{1.11}$$

と定義すると, 内積 (,) に関して, ヒルベルト空間となる. $L^2(\Omega)$ の 2 つの閉部分空間を

$$H_1^2(\Omega) := \{\varphi \in L^2(\Omega) |\ \varphi' \in L^2(\Omega)\} \tag{1.12}$$

$$\overset{\circ}{H}_1^2(\Omega) := \{\varphi \in H_1^2(\Omega) |\ \varphi = 0\ (\Gamma\ \text{上で})\} \tag{1.13}$$

とし, Ω の境界を $\Gamma := \partial\Omega = \{0, 1\}$ とする. $H_1^2(\Omega)$ 上の内積とノルムを

$$(\varphi, \psi)_1 := (\varphi, \psi) + (\varphi', \psi')$$

$$\|\varphi\|_1^2 := \|\varphi\|^2 + \|\varphi'\|^2 \tag{1.14}$$

と定義すると，内積 $(\ ,\ )_1$ に関して，$H_1^2(\Omega)$ はヒルベルト空間となり，$\overset{\circ}{H}_1^2(\Omega)$ は $H_1^2(\Omega)$ の閉部分空間となる．どちらも Ω 上のソボレフ空間という．

補題 1.1（ソボレフの不等式） $C^1(\Omega)$ または $H_1^2(\Omega)$ に属する v に対して，次が成り立つ．

$$|v(x)| \leq \sqrt{2}\,\|v\|_1 \qquad (\forall\, x \in \Omega) \tag{1.15}$$

[証明] はじめに，$v \in C^1(\Omega)$ のとき示す．任意の $x, y \in \Omega$ に対して，

$$v(x) = v(y) + \int_y^x v'(t)\,dt$$

となる．したがって，

$$|v(x)| \leq |v(y)| + \int_0^1 |v'(t)|\,dt \leq |v(y)| + \|v'\| \tag{1.16}$$

となる．ここで (1.16) の 2 番目の不等式の証明では

$$\begin{aligned}
\int_0^1 |v'(t)|\,dt &= \int_0^1 1 \cdot |v'(t)|\,dt \\
&\leq \left(\int_0^1 1^2\,dt\right)^{1/2} \left(\int_0^1 |v'(t)|^2\,dt\right)^{1/2} \\
&= \|v'\|
\end{aligned}$$

であることを使った．(1.16) の両辺を二乗して y について積分すると，

$$\begin{aligned}
|v(x)|^2 &\leq \int_0^1 \left(|v(y)| + \|v'\|\right)^2 dy \\
&\leq 2\left(\int_0^1 |v(y)|^2 dy + \|v'\|^2\right) \\
&= 2\left(\|v\|^2 + \|v'\|^2\right) \\
&= 2\|v\|_1^{\,2} \tag{1.17}
\end{aligned}$$

今度は，$v \in H_1^2(\Omega)$ に取る．$C^1(\Omega)$ は $H_1^2(\Omega)$ において稠密なので，$v_i \in C^1(\Omega)$ $(i = 1, 2, \cdots)$ で次のようなものが存在する．

$$\|v_i - v\|_1 \to 0 \qquad (i \to \infty \text{ のとき})$$

とくに，
$$\|v_i - v_j\|_1 \to 0 \qquad (i, j \to \infty \text{ のとき})$$

となる．ここで，$v_i - v_j \in C^1(\Omega)$ なのであるから，任意の $x \in \Omega$ に対して，不等式 (1.15) が成り立つので，

$$|v_i(x) - v_j(x)| \leq \sqrt{2}\|v_i - v_j\|_1 \to 0 \qquad (i, j \to \infty \text{ のとき}) \qquad (1.18)$$

となる．これから，点列 $\{v_i(x)\}_{i=1}^{\infty}$ はコーシー列となるので収束する．そこで

$$v(x) = \lim_{i \to \infty} v_i(x)$$

と定義することができ，

$$|v_i(x)| \leq \sqrt{2}\|v_i\|_1 \qquad (1.19)$$

と，$|\|v_i\|_1 - \|v\|_1| \leq \|v_i - v\|_1$ なのであるから，(1.19) において，$i \to \infty$ とすると，v についても，

$$|v(x)| \leq \sqrt{2}\|v\|_1$$

を得る．　　//

定義 1.2　補題 1.1 の不等式 (1.15) により，任意の $v \in H_1^2(\Omega)$ に対して，(1.15) の右辺は有限値なので，$\limsup_{x \to 0}|v(x)|$ および $\limsup_{x \to 1}|v(x)|$ が存在する．したがって，$v \in H_1^2(\Omega)$ に対して，v の $\Gamma = \partial\Omega$ 上での**境界値**が **0** であることを，

$$v = 0 \;\; (\Gamma \text{ 上で}) \iff \limsup_{x \to 0}|v(x)| = \limsup_{x \to 1}|v(x)| = 0 \qquad (1.20)$$

と定義することができる．

補題 1.2（ポアンカレの不等式）　次が成り立つ．

$$\|v\| \leq \|v'\| \qquad (\forall\, v \in \overset{\circ}{H}_1^2(\Omega)) \qquad (1.21)$$

[証明]　$C_c^1(\Omega)$ は $\overset{\circ}{H}_1^2(\Omega)$ において稠密なので，$C_c^1(\Omega)$ に対して示せばよい．$v \in C_c^1(\Omega)$ に対して，

$$v(x) = \int_0^x v'(t)dt \qquad (x \in \Omega)$$

なのであるから，この両辺を二乗して，

$$|v(x)|^2 \leq \left(\int_0^x v'(t)dt\right)^2 \leq \int_0^1 |v'(t)|^2 dt = \|v'\|^2$$

したがって，$|v(x)| \leq \|v'\|$ $(x \in \Omega)$ となる．この両辺を二乗して x について Ω 上積分して，$\|v\| \leq \|v'\|$ を得る． //

1.1.3 変分法による定式化

さて，われわれの問題は弱形式により書き改められたが，われわれの問題をさらに，変分法により定式化しよう．すなわち，求める解を適当な汎関数の最小値として，特徴づけることを考える．このために次のような 2 次形式と汎関数を導入する．

定義 1.3 ヒルベルト空間 $H_1^2(\Omega)$ 上の **2** 次形式を

$$a(v,w) := \int_0^1 v'(x)w'(x)dx \qquad (v,w \in H_1^2(\Omega)) \tag{1.22}$$

と定義し，$H_1^2(\Omega)$ 上の線形汎関数を

$$L(w) = (f,w) = \int_0^1 f(x)w(x)dx \qquad (w \in H_1^2(\Omega)) \tag{1.23}$$

と定義することができる．ここで $f \in L^2(\Omega)$ とする．

線形汎関数 L は有界である．すなわち，

$$\|L\| := \sup_{0 \neq v \in \overset{\circ}{H}_1^2(\Omega)} \frac{|L(v)|}{\|v\|_1} \tag{1.24}$$

とおくと，任意の $v \in \overset{\circ}{H}_1^2(\Omega)$ に対して，

$$|L(v)| = |(f,v)| \leq \|f\| \|v\| \leq \|f\| \|v\|_1 \tag{1.25}$$

となるので，$\|L\| \leq \|f\|$ である．

そこで弱形式表示 (1.9) または (1.10) を考慮に入れて，次の問題を考える．

問題 1.1 $u \in \overset{\circ}{H}_1^2(\Omega)$ で,

$$a(u,v) = L(v) \qquad (\forall\, v \in \overset{\circ}{H}_1^2(\Omega)) \tag{1.26}$$

すなわち,

$$\int_0^1 u'(x)v'(x)dx = \int_0^1 f(x)v(x)dx \qquad (\forall\, v \in \overset{\circ}{H}_1^2(\Omega)) \tag{1.27}$$

を満たすものを探せ.

定義 1.4 (汎関数) ヒルベルト空間 $\overset{\circ}{H}_1^2(\Omega)$ 上の次の汎関数を考えよう.

$$\begin{aligned}F(v) &:= \frac{1}{2}a(v,v) - L(v) \\ &= \frac{1}{2}\int_0^1 |v'(x)|^2 dx - \int_0^1 f(x)v(x)dx \qquad (v \in \overset{\circ}{H}_1^2(\Omega))\end{aligned} \tag{1.28}$$

このとき次の定理が成り立つ.これは,上記の問題の解 u の変分法的な意味付けを与えている.

定理 1.2 $u \in \overset{\circ}{H}_1^2(\Omega)$ が (1.26) すなわち (1.27) を満たす必要十分条件は,u が汎関数 F の最小値となること,すなわち,

$$F(u) \leq F(v) \qquad (\forall\, v \in \overset{\circ}{H}_1^2(\Omega)) \tag{1.29}$$

を満たすことである.

[証明] 関数 $u \in \overset{\circ}{H}_1^2(\Omega)$ が (1.26) を満たすとする.任意の $v \in \overset{\circ}{H}_1^2(\Omega)$ に対して,$w := v - u \in \overset{\circ}{H}_1^2(\Omega)$ なので,(1.26) を使って,

$$\begin{aligned}F(v) &= \frac{1}{2}a(u+w, u+w) - L(u+w) \\ &= \frac{1}{2}a(u,u) - L(u) + \underline{a(u,w) - L(w)} + \frac{1}{2}a(w,w) \\ &= F(u) + \frac{1}{2}a(w,w) \\ &\geq F(u)\end{aligned}$$

これはすなわち,(1.29) である.逆に,$u \in \overset{\circ}{H}_1^2(\Omega)$ が (1.29) を満たすとする.このとき,u が (1.26) を満たすことを示す.任意の $v \in \overset{\circ}{H}_1^2(\Omega)$ と任意の実数

t について, (1.29) より,

$$g(t) := F(u+tv) \geq F(u) = g(0)$$

である. したがって, t の関数 $g(t)$ は $t=0$ において最小値をもつ. したがって, $g'(0) = 0$. ところが, $g(t)$ は

$$\begin{aligned}g(t) &= \frac{1}{2}a(u+tv, u+tv) - L(u+tv) \\ &= \frac{1}{2}a(u,u) - L(u) + t\{a(u,v) - L(v)\} + \frac{1}{2}t^2 a(v,v)\end{aligned} \quad (1.30)$$

となるので,

$$0 = g'(0) = a(u,v) - L(v)$$

を得る, すなわち, (1.26) を得た. //

1.1.4 解の存在と正則性の証明

次に, われわれの問題の解の存在とその正則性を示そう.

定理 1.3 (Lax-Milgram の定理) $u \in \overset{\circ}{H}^2_1(\Omega)$ で (1.26) を満たすものが存在する. この u は $\|u\|_1 \leq 2\|f\|$ を満たす.

[証明] $\overset{\circ}{H}^2_1(\Omega)$ は内積 $(\ ,\ )_1$ について ヒルベルト空間となる. L は $\overset{\circ}{H}^2_1(\Omega)$ 上の有界汎関数であるので, 次の Riesz の表現定理より, 次のような $b \in \overset{\circ}{H}^2_1(\Omega)$ が一意に存在する.

$$(b,v)_1 = L(v) \qquad (\forall\, v \in H^1_0(\Omega)) \quad (1.31)$$

定理 1.4 (Riesz の表現定理；たとえば, [梅垣[31]], 82 頁を見よ)   内積 $(\ ,\ )_1$ をもつヒルベルト空間 H において, 任意の有界汎関数 L に対して, 次を満たす H の元 $b \in H$ がただ 1 つ存在する:

$$L(v) = (b,v)_1 \qquad (\forall\, v \in H)$$

各 $u \in \overset{\circ}{H}^2_1(\Omega)$ に対して, $a(u, \bullet)$ は $\overset{\circ}{H}^2_1(\Omega)$ 上の有界な汎関数である. 実際,

$$|a(u,w)| = \left|\int_0^1 u'(x)w'(x)dx\right| \leq \|u'\|\,\|w'\| \leq \|u'\|\,\|w\|_1$$

が任意の $w \in \overset{\circ}{H}{}^2_1(\Omega)$ に対して成り立つからである．よって，再び，Riesz の表現定理によって，各 $u \in \overset{\circ}{H}{}^2_1(\Omega)$ に対して，一意に $A(u) \in \overset{\circ}{H}{}^2_1(\Omega)$ で次を満たすものが存在する．

$$(A(u), v)_1 = a(u, v) \qquad (\forall\, v \in \overset{\circ}{H}{}^2_1(\Omega)) \tag{1.32}$$

ここで $A: \overset{\circ}{H}{}^2_1(\Omega) \ni u \mapsto A(u) \in \overset{\circ}{H}{}^2_1(\Omega)$ は有界線形作用素である．実際，有界であることは次のようにして示される．

$$\|A(u)\|_1^2 = (A(u), A(u))_1 = a(u, A(u)) \le \|u'\|\,\|A(u)\|_1 \le \|u\|_1\,\|A(u)\|_1$$

したがって両辺を $\|A(u)\|_1$ で割って，$\|A(u)\|_1 \le \|u\|_1$ となり，A は有界である．

さて，$A(u) = b$ となる $u \in \overset{\circ}{H}{}^2_1(\Omega)$ がただ 1 つ存在することを示そう．そうすれば，(1.31) と (1.32) を合わせて，任意の $v \in \overset{\circ}{H}{}^2_1(\Omega)$ に対して，

$$a(u, v) = (A(u), v)_1 = (b, v)_1 = L(v)$$

となり，この $u \in \overset{\circ}{H}{}^2_1(\Omega)$ が求めるものであることがわかる．

A は単射である．実際，補題 1.2 により，任意の $v \in \overset{\circ}{H}{}^2_1(\Omega)$ に対して，

$$\|v\|_1^2 = \|v\|^2 + \|v'\|^2 \le 2\|v'\|^2 = 2\,a(v, v)$$

となる．したがって，

$$\frac{1}{2}\|v\|_1^2 \le a(v, v) = (A(v), v)_1 \le \|A(v)\|_1\,\|v\|_1 \tag{1.33}$$

となるので，この両辺を $\|v\|_1$ で割って，

$$\|v\|_1 \le 2\|A(v)\|_1 \tag{1.34}$$

を得る．(1.34) より，$A(v) = 0$ $(v \in \overset{\circ}{H}{}^2_1(\Omega))$ とすれば，$v = 0$ を得るからである．

そこで，

$$R(A) := \{A(u) \mid u \in \overset{\circ}{H}{}^2_1(\Omega)\} \subset \overset{\circ}{H}{}^2_1(\Omega)$$

とするとき，

$$R(A) = \overset{\circ}{H}{}_1^2(\Omega) \tag{1.35}$$

を示せば,証明は終わる.まず, $R(A)$ が $\overset{\circ}{H}{}_1^2(\Omega)$ の閉部分空間であることを示そう. $v_j \in \overset{\circ}{H}{}_1^2(\Omega)$ $(j=1,2,\cdots)$ が $w \in \overset{\circ}{H}{}_1^2(\Omega)$ に収束する,すなわち,

$$\|A(v_j) - w\|_1 \to 0 \qquad (j \to \infty \text{ のとき}) \tag{1.36}$$

を満たすとする. (1.34) により,

$$\|v_i - v_j\|_1 \leq 2\|A(v_i) - A(v_j)\|_1 \to 0 \qquad (i,j \to \infty \text{ のとき})$$

となる. $\{v_i\}_{i=1}^{\infty}$ は $\overset{\circ}{H}{}_1^2(\Omega)$ のコーシー列となるので, $v \in \overset{\circ}{H}{}_1^2(\Omega)$ が存在して,

$$\|v_j - v\|_1 \to 0 \qquad (j \to \infty \text{ のとき})$$

となる. A は連続であったので, $A(v_j) \to A(v)$ $(j \to \infty)$. (1.36) と合わせて, $A(v) = w$ となり, $w \in R(A)$.

次に, $R(A) = \overset{\circ}{H}{}_1^2(\Omega)$ を示そう.これが成り立たないとすると, $\overset{\circ}{H}{}_1^2(\Omega)$ の 0 でない元 w で,内積 $(\ ,\ )_1$ に関して, $R(A)$ と直交するものが存在する.このとき, (1.33) と合わせて,

$$\frac{1}{2}(w,w)_1 \leq a(w,w) = (A(w),w)_1 = 0$$

となり,これは矛盾である.

以上より, $A(u) = b$ となる $u \in \overset{\circ}{H}{}_1^2(\Omega)$ がただ 1 つ存在することが示された.

最後に,

$$\frac{1}{2}(u,u)_1 \leq a(u,u) = L(u) \leq \|L\|\,\|u\|_1$$

なので,

$$\frac{1}{2}\|u\|_1 \leq \|L\| \leq \|f\|$$

となり,求める結果を得る. //

定理 1.5 (解の正則性定理) 定理 1.3 により存在が示された $u \in \overset{\circ}{H}{}_1^2(\Omega)$ について, $u \in H_2^2(\Omega)$ であり,

$$\|u\|_2 \leq \sqrt{5}\,\|f\| \tag{1.37}$$

が成り立つ．さらに，$k=1,2,\cdots$ について，$f \in H_k^2(\Omega)$ とすると，$u \in H_{k+2}^2(\Omega)$ であり，

$$\|u\|_{k+2} \leq \sqrt{5}\,\|f\|_k \tag{1.38}$$

が成り立つ．ここで，$k=1,2,\cdots$ に対して，$H_k^2(\Omega)$ は k 階微分 $\varphi^{(k)}$ が二乗可積分となる Ω 上の関数 φ 全体のなす k 次のソボレフ空間を表し，

$$H_k^2(\Omega) := \{\varphi \in L^2(\Omega) \mid \varphi^{(k)} \in L^2(\Omega)\}, \tag{1.39}$$

$$\|\varphi\|_k^2 := \|\varphi\|^2 + \|\varphi'\|^2 + \cdots + \|\varphi^{(k)}\|^2 \tag{1.40}$$

である．

[証明] $u \in \overset{\circ}{H}_1^2(\Omega)$ は

$$(u', v') = a(u, v) = L(v) = (f, v) \qquad (\forall\, v \in \overset{\circ}{H}_1^2(\Omega))$$

を満たしていた．このとき，任意の $\varphi \in C_c^2(\Omega)$ に対して，

$$\begin{aligned}\int_0^1 u(x)\varphi''(x)dx &= \Big[u(x)\varphi'(x)\Big]_{x=0}^{x=1} - \int_0^1 u'(x)\varphi'(x)dx \\ &= -\int_0^1 u'(x)\varphi'(x)dx \\ &= -\int_0^1 f(x)\varphi(x)dx \end{aligned} \tag{1.41}$$

となる．このことは，$u'' \in L^2(\Omega)$ が存在して，$-u'' = f \in L^2(\Omega)$ が弱い意味で成り立つことを意味している．さらに，$\|u''\| = \|f\|$ で，定理 1.3 より，

$$\begin{aligned}\|u\|_2^2 &:= \|u\|^2 + \|u'\|^2 + \|u''\|^2 \\ &= \|u\|_1^2 + \|u''\|^2 \\ &\leq 4\|f\|^2 + \|f\|^2 = 5\|f\|^2 \end{aligned} \tag{1.42}$$

となり，$\|u\|_2 \leq \sqrt{5}\,\|f\|$ を得て，$u \in H_2^2(\Omega)$ となることがわかる．$f \in H_k^2(\Omega)$ のときも，$\|u^{(i+2)}\| = \|f^{(i)}\|$ $(i=0,1,\cdots,k)$（ただし $f^{(0)} = f$）となるので，

$$\|u\|_{k+2}^2 := \|u\|^2 + \|u'\|^2 + \sum_{i=0}^{k} \|u^{(i+2)}\|^2$$

$$= \|u\|_1{}^2 + \sum_{i=0}^{k} \|f^{(i)}\|^2$$

$$\leq 4\|f\|^2 + \|f\|_k{}^2 \leq 5\|f\|_k{}^2 \tag{1.43}$$

となるからである．　　//

例 1.2 $\Omega = (0, 1)$ 上の関数 $f(x) = \frac{1}{x}$ を考えると, $f \notin L^2(\Omega)$ である. 他方, $-u''(x) = f(x)$ を満たす $u(x)$ は,

$$u(x) = -x \log x \tag{1.44}$$

で与えられる. この $u(x)$ は $u \in \overset{\circ}{H}{}^2_1(\Omega)$ であるが, $u \notin H^2_2(\Omega)$ である.

[証明] 実際,

$$\int_0^{1/2} \frac{1}{x^2} dx = \lim_{\epsilon \to 0} \left[-\frac{1}{x}\right]_{x=\epsilon}^{x=1/2} = \infty$$

なので, $f \notin L^2(\Omega)$ である. $u(x) = -x \log x$ を微分して,

$$u'(x) = -\log x - x \cdot \frac{1}{x} = -\log x - 1$$

さらに微分して,

$$-u''(x) = \frac{1}{x} = f(x)$$

が成り立つ. $u' \in L^2(\Omega)$ であること:

$$\int_\epsilon^1 u'(x)^2 dx = \int_\epsilon^1 (-\log x - 1)^2 dx$$
$$= \int_\epsilon^1 (-\log x)^2 dx + 2\int_\epsilon^1 (-\log x) dx + \int_\epsilon^1 1 dx \tag{1.45}$$

となる. ここで

$$\lim_{\epsilon \to 0} \int_\epsilon^1 (-\log x)^2 dx = \lim_{\epsilon \to 0} \left[2x - 2x \log x + x(\log x)^2\right]_{x=\epsilon}^{x=1} = 2 \tag{1.46}$$

および

$$\lim_{\epsilon \to 0} \int_\epsilon^1 (-\log x) dx = \lim_{\epsilon \to 0} \left[-x \log x + x\right]_{x=\epsilon}^{x=1} = 1 \tag{1.47}$$

なので, (1.45), (1.46), (1.47) を合わせて, $\int_0^1 u'(x)^2 dx = 5 < \infty$ となる. //

1.2　1次元の境界値固有値問題

1.2.1　ディリクレ境界値固有値問題

$\Omega = (0,1)$ 上の次の楕円型境界値固有値問題を考えよう. ディリクレ境界値固有値問題と呼ばれている.

$$\begin{cases} -u'' = \lambda u & (\Omega \text{ 上}) \\ u(0) = u(1) = 0 \end{cases} \tag{1.48}$$

$u \equiv 0$ は自明な解である. 自明でない解 $u \not\equiv 0$ をもつ定数 λ を **固有値**, この u を固有値 λ に対応する**固有関数**という.

定理 1.5 より, 固有関数は C^∞ 関数である. なぜなら, $u \in L^2(\Omega)$ なので, $-u'' = \lambda u$ から, $u \in H_2^2(\Omega) \cap \overset{\circ}{H}_1^2(\Omega)$ となる. したがってまた, 定理 1.5 より, $u \in H_4^2(\Omega) \cap \overset{\circ}{H}_1^2(\Omega)$ となり, $\cdots$ となるからである.

例 1.3　このとき,

$$\begin{cases} \lambda_n = n^2 \pi^2 \\ u_n(x) = \sin n\pi x \end{cases} \tag{1.49}$$

は (1.48) の固有値と対応する固有関数であることが計算で確かめられる.

定理 1.6　$\lambda_n = n^2 \pi^2$, $n = 1, 2, \cdots$ 以外に (1.48) の固有値は存在しない.

[証明] λ と $u \not\equiv 0$ が (1.48) の固有値と対応する固有関数としよう. C^∞ 関数 $u(x)$ は, 周期性条件 $u(0) = u(1) = 0$ を満たすので, $[-1,1]$ 上の奇関数 (図 1.3), すなわち $u(-x) = -u(x)$ を満たす関数に拡張できるので, フーリエ級数により

$$u(x) = \sum_{n=1}^\infty a_n \sin n\pi x = \sum_{n=1}^\infty a_n u_n(x) \tag{1.50}$$

と展開される. ここで右辺は一様収束である.

さらに $m, n = 1, 2, \cdots$ に対して,

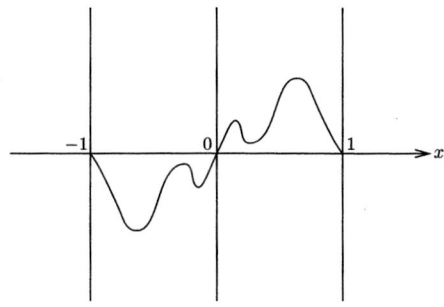

図 1.3　奇関数 $u(x)$

$$(u_m, u_n) = (\sin m\pi x, \sin n\pi x) = \int_0^1 \sin m\pi x \, \sin n\pi x \, dx$$
$$= \begin{cases} 0 & (m \neq n) \\ \dfrac{1}{2} & (m = n) \end{cases} \tag{1.51}$$

実際, $m \neq n$ のとき,

$$\int_0^1 \sin m\pi x \sin n\pi x \, dx = \frac{1}{2}\int_0^1 \{-\cos(m+n)\pi x + \cos(m-n)\pi x\}dx$$
$$= \frac{1}{2}\left[-\frac{\sin(m+n)\pi x}{(m+n)\pi} + \frac{\sin(m-n)\pi x}{(m-n)\pi}\right]_{x=0}^{x=1}$$
$$= 0$$

$m = n$ のとき,

$$\int_0^1 \sin^2 n\pi x \, dx = \frac{1}{2}\int_0^1 (1 - \cos 2n\pi x)dx = \frac{1}{2}\left[x - \frac{\sin 2n\pi x}{2n\pi}\right]_{x=0}^{x=1} = \frac{1}{2}$$

となるからである.

さて, 次を示そう.

$$\lambda \neq \lambda_n \implies (u, u_n) = 0 \tag{1.52}$$

実際, λ は固有値であり, (1.48) を満たすので,

$$\lambda(u, u_n) = (-u'', u_n) = a(u', u_n') = a(u_n', u')$$

1.2　1次元の境界値固有値問題

$$= (-u_n'', u)$$
$$= \lambda_n (u_n, u) \tag{1.53}$$

となるので, $(\lambda - \lambda_n)(u, u_n) = 0$ を得る. ここで仮定 $\lambda - \lambda_n \neq 0$ より, $(u, u_n) = 0$ を得るからである.

最後に, 固有値 λ が λ_n $(n = 1, 2, \cdots)$ 以外の固有値とする. このとき, (1.52) により, $n = 1, 2, \cdots$ に対して, $(u, u_n) = 0$ である. ところが, (1.50) と (1.51) により, $n = 1, 2, \cdots$ に対して, u と u_n との内積は,

$$(u, u_n) = \Big(\sum_{m=1}^{\infty} a_m u_m, u_n\Big) = \sum_{m=1}^{\infty} a_m (u_m, u_n) = \frac{a_n}{2} \tag{1.54}$$

となるので, $a_n = 0$ $(n = 1, 2, \cdots)$ を得る. したがって, (1.50) により, $u \equiv 0$ となる. これは矛盾である. ゆえに, 求める結論を得る. //

以上より, 次の定理を得る.

定理 1.7 $\varphi_n(x) := \frac{1}{\sqrt{2}} \sin n\pi x$, $n = 1, 2, \cdots$ は, ディリクレ境界値固有値問題 (1.48) の固有値 $\lambda_n = n^2 \pi^2$ の固有関数であり, $L^2(\Omega)$ の完全正規直交系をなす. 任意の $u \in \overset{\circ}{H}{}_1^2(\Omega)$ に対して,

$$u = \sum_{n=1}^{\infty} (u, \varphi_n) \varphi_n \quad (\text{各点収束かつ} \|\ \|_1 \text{に関して収束}) \tag{1.55}$$

$$a(u, u) = \sum_{n=1}^{\infty} \lambda_n (u, \varphi_n)^2 \quad (\text{絶対収束}) \tag{1.56}$$

が成り立つ.

逆に, 級数 (1.56) が絶対収束するならば, $u = \sum_{n=1}^{\infty} (u, \varphi_n) \varphi_n$ は $\|\ \|_1$ に関して収束し, $\overset{\circ}{H}{}_1^2(\Omega)$ に属する.

次の例 1.4 は, 定数関数 1 が $\xi_n(0) = \xi_n(1) = 0$ となる関数列 $\xi_n(x)$ ($n = 1, 2, \cdots$) (図 1.4) により近似されることを示す例である. ξ_n は定数関数 1 に, $L^2(\Omega)$ ノルム $\|\ \|$ では収束するが, $H_1^2(\Omega)$ ノルム $\|\ \|_1$ に関しては収束していない.

例 1.4 $n = 1, 2, \cdots$ に対して,

$$\xi_n(x) = \begin{cases} nx & \left(0 \leq x \leq \dfrac{1}{n}\right) \\ 1 & \left(\dfrac{1}{n} \leq x \leq 1 - \dfrac{1}{n}\right) \\ -n(x-1) & \left(1 - \dfrac{1}{n} \leq x \leq 1\right) \end{cases} \tag{1.57}$$

このとき, $\xi_n(0) = \xi_n(1) = 0$ かつ

$$\begin{aligned} \|\xi_n - 1\|^2 &= \int_0^{1/n} (nx - 1)^2 dx + \int_{1-1/n}^1 (-n(x-1) - 1)^2 dx \\ &= \frac{2}{3n} \longrightarrow 0 \quad (n \longrightarrow \infty) \end{aligned} \tag{1.58}$$

である. しかし,

$$\begin{aligned} \|\xi_n - 1\|_1^2 &= \|\xi_n - 1\|^2 + \|(\xi_n - 1)'\|^2 \\ &= \frac{2}{3n} + \int_0^{1/n} n^2 dx + \int_{1-1/n}^1 n^2 dx \\ &= \frac{2}{3n} + 2n \longrightarrow \infty \quad (n \longrightarrow \infty) \end{aligned} \tag{1.59}$$

である.

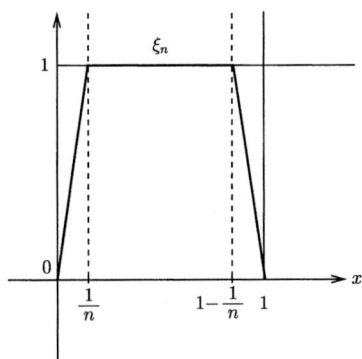

図 1.4 関数 ξ_n

1.2 1 次元の境界値固有値問題

1.2.2 ノイマン境界値固有値問題

次に,別の境界条件を満たす境界値固有値問題を考える.ノイマン境界値固有値問題と呼ばれる境界値固有値問題

$$\begin{cases} -v'' = \mu v & (\Omega \perp) \\ v'(0) = v'(1) = 0 \end{cases} \quad (1.60)$$

を考える.この場合も,定理 1.5 と同様の定理が成り立ち,このことより,固有関数 v は C^∞ 関数であることがわかる.このとき,次の定理が成り立つ.

定理 1.8 ノイマン境界値固有値問題 (1.60) の固有値は,

$$\mu_n = n^2 \pi^2 \quad (n = 0, 1, 2, \cdots) \quad (1.61)$$

で与えられる.対応する固有関数 ψ_n は

$$\psi_n(x) = 1 \quad (n=0), \qquad \psi_n(x) = \frac{1}{\sqrt{2}} \cos n\pi x, \quad (n=1,2,\cdots) \quad (1.62)$$

によって与えられ,$\{\psi_n\}_{n=0}^\infty$ は $L^2(\Omega)$ の完全正規直交系をなす.任意の $v \in H_1^2(\Omega)$ に対して,

$$v = \sum_{n=0}^\infty (v, \psi_n) \psi_n \quad (各点収束かつ \| \|_1 に関して収束) \quad (1.63)$$

$$a(v,v) = \sum_{n=0}^\infty \mu_n (v, \psi_n)^2 \quad (絶対収束) \quad (1.64)$$

が成り立つ.

逆に,級数 (1.64) が絶対収束するならば,$v = \sum_{n=0}^\infty (v, \psi_n) \psi_n$ は $\| \|_1$ に関して収束し,$H_1^2(\Omega)$ に属する.

[証明] 固有値問題 (1.60) の固有値が (1.61) の $\{\mu_n\}_{n=0}^\infty$ 以外にないことは,周期条件 $v'(0) = v'(1) = 0$ をみたす C^2 関数 $v(x)$ が $[-1,1]$ 上の偶関数 (図 1.5),すなわち,$v(-x) = v(x)$ を満たす関数に拡張されるので,

$$v(x) = b_0 + \sum_{n=1}^\infty b_n \cos n\pi x$$

と展開されることを使うとよい.ここで右辺は一様収束である.

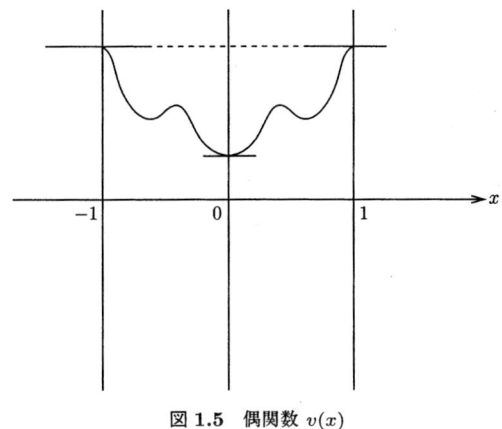

図 1.5　偶関数 $v(x)$

詳細は省略する.　//

第2章 ユークリッド空間上の様々な微分方程式

本章では, 変分法を用いて, ユークリッド空間上の膜の平衡状態の方程式, 膜の振動の方程式および波動方程式を導く. また線形の波動方程式の解法について, それを膜のディリクレ境界値固有値問題とノイマン境界値固有値問題に帰着させる.

2.1 グリーンの定理

この節では, ベクトル解析の復習を簡単にして, 後で必要となるグリーンの定理について述べる.

2.1.1 ユークリッド空間内の領域

n 次元ユークリッド空間

$$\mathbb{R}^n = \{x = (x_1, x_2, \cdots, x_n) | x_1, x_2, \cdots, x_n \in \mathbb{R}\}$$

において, 加法とスカラー倍とを, $x = (x_1, x_2, \cdots, x_n)$, $y = (y_1, y_2, \cdots, y_n) \in \mathbb{R}^n$ と実数 $t \in \mathbb{R}$ に対して,

$$x + y := (x_1 + y_1, x_2 + y_2, \cdots, x_n + y_n), \quad tx := (tx_1, tx_2, \cdots, tx_n)$$

と定義する. また, $\mathbb{R}^n$ 上の内積 $\langle , \rangle$ とノルム $| \ |$ を

$$\langle x, y \rangle := \sum_{i=1}^n x_i y_i, \quad |x| := \sqrt{\langle x, x \rangle} \quad (x, y \in \mathbb{R}^n)$$

によって定義する.

正数 $r > 0$ と $a \in \mathbb{R}^n$ に対して, a を中心とする半径 r の開ボールと

は, $B_r(a) := \{x \in \mathbb{R}^n | |x-a| < r\}$ のことである. $\mathbb{R}^n$ の部分集合 Ω が**開集合**であるとは, 任意の Ω の点 a に対して, 十分小さな $r > 0$ を選び, $B_r(a) \subset \Omega$ となるときをいう. $\mathbb{R}^n$ の部分集合 F が**閉集合**とは, F の補集合 $F^c := \{x \in \mathbb{R}^n | x \notin F\}$ が開集合となることをいう. 点列 $\{x_m\}_{m=1}^{\infty}$ が $\mathbb{R}^n$ の点 a に収束するとは, $m \longrightarrow \infty$ のとき, $|x_m - a| \longrightarrow 0$ となるときをいい, $\lim_{m \to \infty} x_m = a$ と書く. F が閉集合である必要十分条件は, $x_m \in F$ $(m = 1, 2, \cdots)$ となる点列 $\{x_m\}_{m=1}^{\infty}$ が点 a に収束するとき, $a \in F$ となることである. $\mathbb{R}^n$ の部分集合 A の**閉包** $\overline{A}$ とは, A 内の点列 $\{x_m\}_{m=1}^{\infty}$ が存在して, $\lim_{m \to \infty} x_m = x$ となるような点 x 全体のことをいう. $x \in A$ のとき, $x_m = x$ $(m = 1, 2, \cdots)$ となる点列 $\{x_m\}_{m=1}^{\infty}$ は明らかに, $\lim_{m \to \infty} x_m = x$ なので, $x \in \overline{A}$, すなわち, $A \subset \overline{A}$ が任意の $\mathbb{R}^n$ の部分集合 A について成り立つ. また, 閉集合 F の閉包 $\overline{F}$ は, $\overline{F} = F$ を満たす. $\mathbb{R}^n$ 内の任意の部分集合 A について, 集合 $\overline{A} \cap \overline{A^c}$ を, A の**境界**と呼び, ∂A と書く. 定義より, $x \in \partial A$ ならば, A に属する点列 $\{x_m\}_{m=1}^{\infty}$ と A^c に属する点列 $\{y_m\}_{m=1}^{\infty}$ が存在して, $\lim_{m \to \infty} x_m = x$ かつ $\lim_{m \to \infty} y_m = x$ が成り立つ.

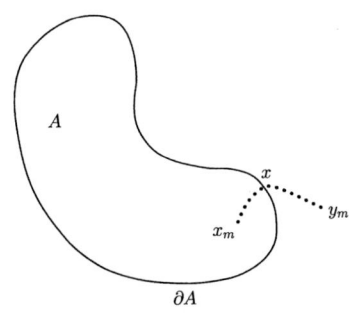

図 **2.1** A の境界 ∂A

開集合 Ω が**連結**でないとは, Ω の互いに共通部分をもたない 2 つの空でない開部分集合 Ω_1 と Ω_2 により $\Omega = \Omega_1 \cup \Omega_2$ となるときをいう. 決して Ω がこのようにならないとき, Ω は**連結**であるという. 連結な開集合を**領域**という. $\overline{\Omega} = \Omega \cup \partial \Omega$ である. 以下では, 境界 $\partial \Omega$ が区分的に C^{∞}, すなわち $\partial \Omega = \cup_{i=1}^{k} \Gamma_i$ であり, 各 Γ_i $(i = 1, \cdots, k)$ はそれぞれ C^{∞} 関数 $\varphi_i(x_1, x_2, \cdots, x_n)$ を用いて

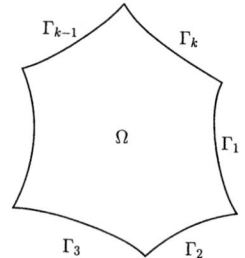

図 2.2 境界 $\partial\Omega$ が区分的に C^∞ となる領域 Ω

$$\Gamma_i = \{x = (x_1, x_2, \cdots, x_n) \in \mathbb{R}^n \mid \varphi_i(x_1, x_2, \cdots, x_n) = 0\} \tag{2.1}$$

$$\Omega = \{x \in \mathbb{R}^n \mid \varphi_i(x) > 0 \quad (\forall\, i = 1, \cdots, k)\} \tag{2.2}$$

と表示されるときをいう．ただし，各関数 φ_i は Γ_i の各点 x において，

$$\left(\frac{\partial \varphi_i}{\partial x_1}(x), \frac{\partial \varphi_i}{\partial x_2}(x), \cdots, \frac{\partial \varphi_i}{\partial x_n}(x)\right) \neq (0, 0, \cdots, 0) \tag{2.3}$$

を満たすものとする．

2.1.2　勾配ベクトルと発散

1つ言葉を用意する．$\overline{\Omega} = \Omega \cup \partial\Omega$ 上の関数 $f(x)$ が $\overline{\Omega}$ 上 C^∞ とは，$f(x)$ が $\overline{\Omega}$ を含む開集合上で定義された C^∞ 関数に拡張できるときをいう．

さて，$\overline{\Omega} = \Omega \cup \partial\Omega$ 上の C^∞ ベクトル場 X とは，$\overline{\Omega}$ 上の n 個の C^∞ 関数 $X_1, X_2, \cdots, X_n$ の組 $X = (X_1, X_2, \cdots, X_n)$ のことをいう．このとき，$\overline{\Omega}$ から $\mathbb{R}^n$ への C^∞ 写像

$$\overline{\Omega} \ni x \mapsto X(x) = (X_1(x), X_2(x), \cdots, X_n(x)) \in \mathbb{R}^n$$

が与えられる．Ω 上の C^∞ 関数 $f(x)$ の勾配ベクトル場 ∇f とは，

$$\nabla f(x) = \left(\frac{\partial f}{\partial x_1}(x), \frac{\partial f}{\partial x_2}(x), \cdots, \frac{\partial f}{\partial x_n}(x)\right)$$

のことをいう．Ω の境界 $\partial\Omega$ 上の各点 x において，$\mathbf{n}(x)$ を，$\partial\Omega$ 上の内向きの単位法線ベクトル，すなわち，$\mathbf{n}$ は $\partial\Omega$ に沿った長さ 1 のベクトル場 (正確には，各 Γ_i 上に沿った) で，$\partial\Omega$ に垂直で Ω について内向きのものとする (図

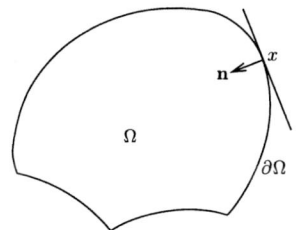

図 **2.3** 境界 $\partial\Omega$ 上の法線ベクトル **n**

2.3). ここで, **n** は次のように与えられる. $x \in \Gamma_i \subset \partial\Omega$ に対して, $t = 0$ のとき x を通る任意の Γ_i 内の C^1 曲線 $c(t) = (c_1(t), \cdots, c_n(t))$ に対して,

$$\varphi_i(c(t)) = 0$$

の両辺を $t = 0$ で微分すると, 合成関数の微分法より,

$$0 = \sum_{j=1}^n \frac{\partial \varphi_i}{\partial x_j}(x) \left.\frac{dc_j}{dt}\right|_{t=0} = \left\langle \nabla\varphi_i, \left.\frac{dc}{dt}\right|_{t=0} \right\rangle \tag{2.4}$$

となる. したがって, 仮定 (2.3) より, $\mathbf{n} := \frac{\nabla\varphi_i}{|\nabla\varphi_i|}$ を定義することができる. したがって (2.4) は,

$$\left\langle \mathbf{n}, \left.\frac{dc}{dt}\right|_{t=0} \right\rangle = 0 \tag{2.5}$$

となる. これは **n** が, Γ_i 上定義された $\partial\Omega$ の内向きの単位法線ベクトル場を与えることを意味する (**n** が $\partial\Omega$ の内向きの方向であることは, (2.2) において, **n** が φ_i の増大する方向を示していることを確認すればよい).

そこで, f の $x \in \partial\Omega$ における **n** 方向微分を

$$\frac{\partial f}{\partial \mathbf{n}}(x) = \left.\frac{d}{dt}\right|_{t=0} f(x(t)) \tag{2.6}$$

と定義する. ここで $x = (x_1, x_2, \cdots, x_n)$, $\mathbf{n}(x) = (\xi_1, \xi_2, \cdots, \xi_n)$ としたとき, $x(t)$ は, $t = 0$ のとき x を通る直線で,

$$x(t) = x + t\mathbf{n}(x) = (x_1 + t\xi_1, x_2 + t\xi_2, \cdots, x_n + t\xi_n) \quad (|t| は十分小)$$

とする. このとき,

$$\frac{\partial f}{\partial \mathbf{n}}(x) = \langle \nabla f(x), \mathbf{n}(x) \rangle \tag{2.7}$$

である．なぜなら，(2.6) の右辺は，合成関数の微分法より，

$$\left.\frac{d}{dt}\right|_{t=0} f(x(t)) = \sum_{i=1}^{n} \frac{\partial f}{\partial x_i}(x)\,\xi_i = \langle \nabla f(x), \mathbf{n}(x) \rangle$$

となるからである． //

$\overline{\Omega}$ 上の C^∞ ベクトル場 $X = (X_1, X_2, \cdots, X_n)$ の**発散** $\mathrm{div}(X)$ とは，$\overline{\Omega}$ 上の C^∞ 関数

$$\mathrm{div}(X) = \sum_{i=1}^{n} \frac{\partial X_i}{\partial x_i} \tag{2.8}$$

のことである．

2.1.3 ラプラシアンとグリーンの定理

Ω 上の C^∞ 関数 $f(x)$ ($x \in \Omega$) に対し，次で定義される C^∞ 関数 Δf を対応させる微分作用素 Δ を**ラプラシアン**という．

$$\Delta f(x) = -\mathrm{div}(\nabla f)(x) = -\sum_{i=1}^{n} \frac{\partial^2 f}{\partial x_i{}^2}(x) \qquad (x \in \Omega). \tag{2.9}$$

このとき次の定理が成り立つ．

定理 2.1 (グリーンの定理) 関数 f, f_1, f_2 は $\overline{\Omega}$ 上 C^∞ 関数とし，X は $\overline{\Omega}$ 上の C^∞ ベクトル場とする．このとき次が成り立つ．

(1) $\displaystyle\int_\Omega \mathrm{div}(X)\,dx = -\int_{\partial\Omega} \langle X, \mathbf{n} \rangle d\sigma,$

(2) $\displaystyle\int_\Omega f\,\mathrm{div}(X)\,dx = -\int_\Omega \langle \nabla f, X \rangle dx - \int_{\partial\Omega} f\,\langle X, \mathbf{n}\rangle\,d\sigma,$

(3) $\displaystyle\int_\Omega f_1\,(\Delta f_2)\,dx = \int_\Omega \langle \nabla f_1, \nabla f_2 \rangle dx + \int_{\partial\Omega} f_1\,\frac{\partial f_2}{\partial \mathbf{n}}\,d\sigma,$

(4) $\displaystyle\int_\Omega \{f_1\,(\Delta f_2) - (\Delta f_1)\,f_2\}\,dx = \int_{\partial\Omega} \left\{ f_1\,\frac{\partial f_2}{\partial \mathbf{n}} - \frac{\partial f_1}{\partial \mathbf{n}}\,f_2 \right\} d\sigma.$

ここで，$dx = dx_1 dx_2 \cdots dx_n$ は $\mathbb{R}^n$ 上のルベーグ測度を表し，$d\sigma$ は $\partial\Omega$ 上に自然に誘導される $(n-1)$ 次元測度を表す．

[証明]

(1) $n = 2$ の場合のみ示す. Ω の境界 $C := \partial\Omega$ が C^1 曲線 $P(s) = x(s) = (x_1(s), x_2(s))$ $(0 \leq s \leq L)$ によって与えられているものとする. ここでパラメータ s は定点 $P(0)$ から C に沿って $P(s)$ までの曲線の長さを表し, L は C の長さを表すものとする. このとき, C 上の点 $P(s)$ における接ベクトルは $x'(s) = (x_1'(s), x_2'(s))$, 内向きの単位法ベクトル $\mathbf{n}(s)$ は $\mathbf{n}(s) = (-x_2'(s), x_1'(s))$ により与えられる.

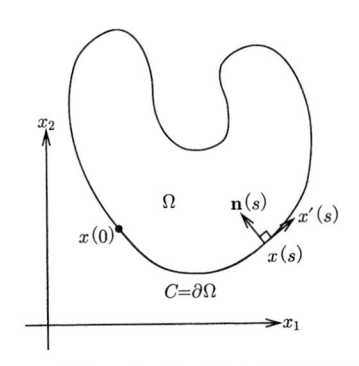

図 2.4 曲線 C 上の接ベクトルと法線ベクトル

したがって, $\overline{\Omega}$ 上の C^1 ベクトル場 X に対して,

$$\langle X, \mathbf{n} \rangle = -X_1(s)\, x_2'(s) + X_2(s)\, x_1'(s)$$

である. また, $d\sigma = ds$ なので,

$$-\int_{\partial\Omega} \langle X, \mathbf{n} \rangle\, d\sigma = \int_C \{X_1(s) x_2'(s) - X_2(s)\, x_1'(s)\} ds$$

$$= \int_C \{X_1\, dx_2 - X_2\, dx_1\}$$

$$\triangleq \iint_\Omega \left\{ \frac{\partial X_1}{\partial x_1} + \frac{\partial X_2}{\partial x_2} \right\} dx_1 dx_2$$

$$= \iint_\Omega \operatorname{div}(X)\, dx_1 dx_2$$

となる. ここで Ω 上の重積分を $\iint_\Omega \cdots dx_1 dx_2$ と表記した. 上から3番目の等号 $\triangleq$ が, いわゆる, グリーンの定理 (定理 3.5) である.

(2) $\mathrm{div}(fX) = \langle \nabla f, X \rangle + f\,\mathrm{div}(X)$ なので，両辺を Ω 上で積分して，(1) を使うと，

$$-\int_{\partial\Omega} \langle fX, \mathbf{n}\rangle\,d\sigma = \int_\Omega \mathrm{div}(fX)\,dx$$
$$= \int_\Omega \langle \nabla f, X\rangle\,dx + \int_\Omega f\,\mathrm{div}(X)\,dx$$

これは (2) 式である．

(3) $f := f_1,\ X := \nabla f_2$ とおいて，(2) を使うと，

$$\int_\Omega f_1\,\mathrm{div}(\nabla f_2)\,dx = -\int_\Omega \langle \nabla f_1, \nabla f_2\rangle\,dx - \int_{\partial\Omega} f_1\langle \nabla f_2, \mathbf{n}\rangle\,d\sigma$$

を得る．ここで $-\mathrm{div}(\nabla f_2) = \Delta f_2$ および $\frac{\partial f_2}{\partial \mathbf{n}} = \langle \nabla f_2, \mathbf{n}\rangle$ なので，(3) を得る．
(4) は (3) からただちに得られる． //

注意：$n = 3$ のとき，定理 2.1 の公式 (1) はガウスの発散定理と呼ばれている．

2.2　膜の平衡状態の方程式

変分原理を用いて，膜の平衡状態の方程式を導く．

外力が働かず，平衡状態にある均質で弾性的な膜が，$\mathbb{R}^n$ 内の有界領域 Ω の閉包 $\overline{\Omega}$ に置かれているとし，膜が $\mathbb{R}^{n+1}$ 内を静かに動くものとする．ただし，

$$\mathbb{R}^n = \{(x, 0) \in \mathbb{R}^{n+1}\,|\,x = (x_1, x_2, \cdots, x_n) \in \mathbb{R}^n\}$$

とする．

膜に外力が $\mathbb{R}^{n+1}$ において，点 $x = (x_1, x_2, \cdots, x_n) \in \mathbb{R}^n$ において，強さ $f(x)$ により，$\mathbb{R}^n$ と垂直に上向きに働いているものとする．このときの，この膜の平衡状態を定める方程式を求める．ここで，膜が均質で弾性的であるとは，膜の密度 ρ が一定で，膜の張力 μ も一定であるものをいう．膜の点 $x \in \overline{\Omega}$ における位置を関数 $u(x)$ で表そう (図 2.5)．このとき，膜の位置エネルギー U は，張力 μ により生ずるエネルギー U_t と膜にかかる外力により生じるエネルギー

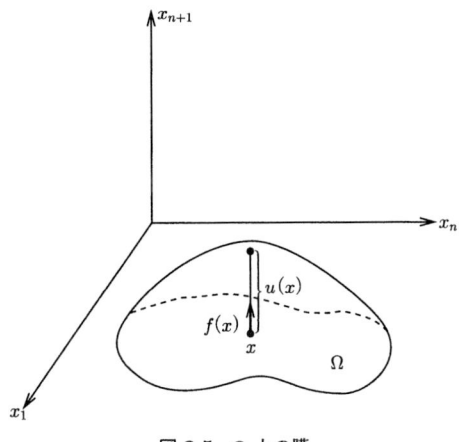

U_e の和として表される.

$$U = U_t + U_e \tag{2.10}$$

ここで U_t と U_e は次のように与えられる.

$$\begin{aligned} U_t &= \mu \{ \text{膜の表面積} - |\Omega| \} \\ &= \int_\Omega \left\{ \sqrt{1 + |\nabla u|^2} - 1 \right\} dx \end{aligned} \tag{2.11}$$

ここで, $|\Omega|$ は Ω の n 次元体積を表し, $|\nabla u|^2 := \sum_{i=1}^n \left(\frac{\partial u}{\partial x_i} \right)^2$ である. U_e は

$$U_e := \int_\Omega f u \, dx \tag{2.12}$$

と与えられ, したがって, 位置 $u(x)$ $(x \in \Omega)$ にある膜の全エネルギー $E(u)$ は

$$E(u) = U = \mu \int_\Omega \left\{ \sqrt{1 + |\nabla u|^2} - 1 \right\} dx + \int_\Omega f u \, dx \tag{2.13}$$

と与えられる.

　ここで, **最小ポテンシャル・エネルギー原理**によれば, 『膜の平衡状態の位置 $u(x)$ は, $E(u)$ の最小値 (極小値) でなければならない.』そこで u を膜の平衡状態の位置とし, v を $\overline{\Omega}$ 上の任意の C^∞ 関数とするとき, 任意の実数 ϵ に対して, $\epsilon \mapsto u + \epsilon v$ は $\epsilon = 0$ のとき, 平衡状態 u となるので,

$$\left.\frac{d}{d\epsilon}\right|_{\epsilon=0} E(u+\epsilon v) = 0 \tag{2.14}$$

でなければならない. ここで

$$|\nabla(u+\epsilon v)|^2 = |\nabla u|^2 + 2\epsilon\langle\nabla u, \nabla v\rangle + \epsilon^2|\nabla v|^2$$

なので,

$$\left.\frac{d}{d\epsilon}\right|_{\epsilon=0} \left\{\sqrt{1+|\nabla(u+\epsilon v)|^2} - 1\right\} = \left(1+|\nabla u|^2\right)^{-1/2} \langle\nabla u, \nabla v\rangle \tag{2.15}$$

となる. したがって, (2.14) は次のように計算できる.

$$\begin{aligned}
0 = \left.\frac{d}{d\epsilon}\right|_{\epsilon=0} E(u+\epsilon v) &= \mu \int_\Omega \left.\frac{d}{d\epsilon}\right|_{\epsilon=0} \left\{\sqrt{1+|\nabla(u+\epsilon v)|^2}-1\right\} dx \\
&\quad + \int_\Omega \left.\frac{d}{d\epsilon}\right|_{\epsilon=0} f(u+\epsilon v)\,dx \\
&= \mu \int_\Omega \left(1+|\nabla u|^2\right)^{-1/2} \langle\nabla u, \nabla v\rangle\,dx \\
&\quad + \int_\Omega fv\,dx
\end{aligned} \tag{2.16}$$

ここで,

$$F := \left(1+|\nabla u|^2\right)^{-1/2}, \quad X := -\mu F\,\nabla u \tag{2.17}$$

とおくと, 定理 2.1 (2) より, (2.16) の第 1 項は,

$$-\int_\Omega \langle\nabla v, X\rangle\,dx = \int_\Omega v\,\mathrm{div}(X)\,dx + \int_{\partial\Omega} v\,\langle X, \mathbf{n}\rangle\,d\sigma \tag{2.18}$$

となる. さらに, (2.7) より

$$\langle X, \mathbf{n}\rangle = -\mu F\,\langle\nabla u, \mathbf{n}\rangle = -\mu F\,\frac{\partial u}{\partial \mathbf{n}} \tag{2.19}$$

となるので, (2.17), (2.18), (2.19) を (2.16) に代入して, (2.16) は次のようになる.

$$\int_\Omega \{-\mu\,\mathrm{div}(F\,\nabla u) + f\}\,v\,dx - \mu\int_{\partial\Omega} F\,\frac{\partial u}{\partial \mathbf{n}}\,v\,d\sigma = 0 \tag{2.20}$$

ここで, 関数 v は任意であるので, $v=0$ ($\partial\Omega$ 上) に取って, (2.20) は

$$\int_\Omega \{-\mu \operatorname{div}(F\nabla u) + f\} v\, dx = 0 \tag{2.21}$$

$v = 0$ ($\partial\Omega$ 上) なら v は任意であるので, (2.21) により,

$$-\mu \operatorname{div}(F\nabla u) + f = 0 \quad (\Omega\ \text{上}) \tag{2.22}$$

となる. (2.22) を (2.20) に代入して,

$$\int_{\partial\Omega} F \frac{\partial u}{\partial \mathbf{n}} v\, d\sigma = 0 \tag{2.23}$$

となる. ここで, さらに, 膜が自由に動いてよいときは, $\partial\Omega$ 上 v は任意に動いてよいので, (2.23) により, $F\frac{\partial u}{\partial \mathbf{n}} = 0$ ($\partial\Omega$ 上) となる. $F > 0$ なので, 結局, $\frac{\partial u}{\partial \mathbf{n}} = 0$ ($\partial\Omega$ 上) となる. 膜の境界が $\varphi(x)$ ($x \in \partial\Omega$) と固定されているときは, $u(x) = \varphi(x)$ ($x \in \partial\Omega$) となる. 以上をまとめると, 次の定理を得る.

定理 2.2 膜の平衡状態を定める方程式は次のようになる.

(1) 膜が自由に動いてよいときは, 平衡状態の膜の位置 $u(x)$ ($x \in \overline{\Omega}$) は, 次を満たす.

$$\begin{cases} -\mu \operatorname{div}\left((1+|\nabla u|^2)^{-1/2}\nabla u\right) + f = 0 & (\Omega\ \text{上}) \\ \dfrac{\partial u}{\partial \mathbf{n}} = 0 & (\partial\Omega\ \text{上}) \end{cases} \tag{2.24}$$

(2) 膜が固定されているときは, 平衡状態の膜の位置 $u(x)$ ($x \in \overline{\Omega}$) は, 次を満たす.

$$\begin{cases} -\mu \operatorname{div}\left((1+|\nabla u|^2)^{-1/2}\nabla u\right) + f = 0 & (\Omega\ \text{上}) \\ u = \varphi & (\partial\Omega\ \text{上}) \end{cases} \tag{2.25}$$

ここで, $\varphi(x)$ ($x \in \partial\Omega$) はあらかじめ固定されている膜の境界値を表す. //

注意: 外力がないときは, $f = 0$ なので, (2.24), (2.25) における方程式は,

$$\operatorname{div}\left((1+|\nabla u|^2)^{-1/2}\nabla u\right) = 0 \quad (\Omega\ \text{上}) \tag{2.26}$$

となる. この方程式は極小曲面の方程式 (またはオイラーの方程式) と呼ばれている.

膜の変位 $|\nabla u|$ が小さいときは, 実数 a に対して, 2 項展開

$$(1+x)^a = 1 + \frac{a}{1!}x + \frac{a(a-1)}{2!}x^2 + \cdots$$
$$+ \frac{a(a-1)\cdots(a-n+1)}{n!}x^n + \cdots \quad (-1 < x < 1)$$

を $a = \frac{1}{2}$ のときに使うと, $|\nabla u| < 1$ のとき,

$$\sqrt{1+|\nabla u|^2} - 1 \approx \frac{1}{2}|\nabla u|^2 \tag{2.27}$$

となる. そこで, 膜の全エネルギー $E(u)$ として,

$$E(u) := \frac{\mu}{2}\int_\Omega |\nabla u|^2\,dx + \int_\Omega fu\,dx \tag{2.28}$$

を採用することができる. 膜の平衡状態 u がこの全エネルギーの最小値であるとすると, $\epsilon \mapsto E(u+\epsilon v)$ が $\epsilon = 0$ のときに最小値となるので, 同様の計算により (実際にはもっと簡単である！),

$$0 = \frac{d}{d\epsilon}\bigg|_{\epsilon=0} E(u+\epsilon v) = \int_\Omega (\mu\Delta u + f)v\,dx - \mu\int_{\partial\Omega} \frac{\partial u}{\partial \mathbf{n}} v\,d\sigma \tag{2.29}$$

を得る. 定理 2.2 と同様の考察により, 次の定理を得る.

定理 2.3 膜の平衡状態の線形の微分方程式は次のように与えられる.
(1) 膜が自由に動くとき, 平衡状態の膜の位置 $u(x)$ $(x \in \overline{\Omega})$ は,

$$\begin{cases} \mu\Delta u + f = 0 & (\Omega \text{ 上}) \\ \dfrac{\partial u}{\partial \mathbf{n}} = 0 & (\partial\Omega \text{ 上}) \end{cases} \tag{2.30}$$

を満たす.
(2) 膜が固定されているときは, u は次を満たす.

$$\begin{cases} \mu\Delta u + f = 0 & (\Omega \text{ 上}) \\ u = \varphi & (\partial\Omega \text{ 上}) \end{cases} \tag{2.31}$$

ここで $\varphi(x)$ $(x \in \partial\Omega)$ は膜を境界で固定する位置を表す.

注意：(2.30) と (2.31) において, $\mu = 1$ のときに得られる微分方程式

$$\Delta u + f = 0 \quad (\Omega \text{ 上})$$

はポアソン方程式と呼ばれている.

2.3 膜の振動の方程式

次に膜が振動するときの運動方程式を今度は導こう. 膜の位置は時刻とともに変化する. 時刻 t における膜の位置を $u(t,x)$, $(t \in \mathbb{R}, x \in \overline{\Omega})$ と表そう. このとき, 時刻 t における膜の位置エネルギーを $U(t)$ とすると, $U(t)$ は,

$$U(t) = \mu \int_{\Omega} \left\{ \sqrt{1 + |\nabla u|^2} - 1 \right\} dx + \int_{\Omega} f u \, dx \quad (2.32)$$

と与えられる. また, 膜の運動エネルギー $T(u)$ は, 膜の微小な各部位における運動エネルギーが「$\frac{1}{2} \times$ 質量 $\times$ 速度^2」となり, 膜全体ではそれらの微小部位の総和となるので,

$$T(t) = \int_{\Omega} \frac{1}{2} \rho \left(\frac{\partial u}{\partial t} \right)^2 dx \quad (2.33)$$

となる. (2.32) と (2.33) と合わせて, 時刻 t における全エネルギー $E(t)$ は,

$$\begin{aligned} E(t) &:= T(t) - U(t) \\ &= \int_{\Omega} \left\{ \frac{1}{2} \rho \left(\frac{\partial u}{\partial t} \right)^2 - \mu \sqrt{1 + |\nabla u|^2} + \mu - f u \right\} dx \end{aligned} \quad (2.34)$$

によって与えられる.

ここで, ハミルトンの原理によれば, 『任意の時刻 t_1 から t_2 までの間に現実に起こり得る膜の運動は, その変位 $u(t,x)$ の全エネルギーの $[t_1, t_2]$ 上の積分値

$$E := \int_{t_1}^{t_2} E(t) \, dt \quad (2.35)$$

が, 2 つの時刻 t_1, t_2 において u と同一のすべての変位の中で極小でなければならない.』(2.35) における E は u の関数となるので, それを $E(u)$ と書くことにする. このとき, 上記のハミルトンの原理により,

$$v(t_1, x) = v(t_2, x) = 0 \quad (x \in \overline{\Omega}) \quad (2.36)$$

を満たす任意の C^∞ 関数 $v(t,x)$ $((t,x) \in \mathbb{R} \times \overline{\Omega})$ に対して,

$$\left.\frac{d}{d\epsilon}\right|_{\epsilon=0} E(u+\epsilon v) = 0 \tag{2.37}$$

を満たしていなければならない. 以下, 記述を簡単にするため, $u(t,x)$ の時刻 t に関する偏微分を u_t などと書くことにすると, (2.37) の左辺は次のように計算される.

$$\left.\frac{d}{d\epsilon}\right|_{\epsilon=0} \left\{ \frac{1}{2} \rho \, (u_t + \epsilon v_t)^2 - \mu \sqrt{1 + |\nabla u + \epsilon \nabla v|^2} \right\}$$
$$= \rho \, u_t \, v_t - \mu \, (1 + |\nabla u|^2)^{-1/2} \langle \nabla u, \nabla v \rangle \tag{2.38}$$

なのであるから, (2.38) を (2.34), (2.35) に代入して,

$$\left.\frac{d}{d\epsilon}\right|_{\epsilon=0} E(u+\epsilon v) = \int_{t_1}^{t_2} \int_\Omega \left\{ \rho \, u_t \, v_t - \mu \, (1 + |\nabla u|^2)^{-1/2} \langle \nabla u, \nabla v \rangle \right.$$
$$\left. - f v \right\} dt dx \tag{2.39}$$

となる. $F := (1 + |\nabla u|^2)^{-1/2}$ とおいて, t の積分に関して部分積分を使い, 定理 2.1 (2) を dx の積分に関して使うと, (2.39) の右辺は下記のようになる.

$$\int_{t_1}^{t_2} \int_\Omega \{ -\rho \, u_{tt} + \mu \operatorname{div}(F \, \nabla u) - f \} v \, dt dx$$
$$+ \rho \int_\Omega \{ u_t(t_2, x) \, v(t_2, x) - u_t(t_1, x) \, v(t_1, x) \} \, dx$$
$$+ \mu \int_{t_1}^{t_2} \int_{\partial \Omega} F \frac{\partial u}{\partial \mathbf{n}} v \, dt d\sigma \tag{2.40}$$

これが,

$$v(t_1, x) = v(t_2, x) = 0 \qquad (x \in \overline{\Omega})$$

となるすべての C^∞ 関数 v に対して, 0 とならねばならない. この v を (2.40) に代入すると, (2.40) の 第 2 項 $= 0$ である.

まず, $v(t,x) = 0$ $(x \in \partial \Omega)$ となる v を任意に動かすと, (2.40) の第 3 項は自動的に 0 となる. (2.40) が 0 とならねばならないので,

$$-\rho \, u_{tt} + \mu \operatorname{div}(F \, \nabla u) - f = 0 \qquad (\Omega \text{ 上}) \tag{2.41}$$

を得る.(2.41) を (2.40) に代入して,

$$v(t_1, x) = v(t_2, x) = 0 \quad (x \in \overline{\Omega})$$

となるすべての C^∞ 関数 v に対して,(2.40) $= 0$ とならねばならないので,

$$\int_{t_1}^{t_2} \int_{\partial \Omega} F \frac{\partial u}{\partial \mathbf{n}} v \, dt d\sigma = 0 \tag{2.42}$$

とならねばならぬ.

(1) 膜が自由に動いてよいときは,v は

$$v(t_1, x) = v(t_2, x) = 0 \quad (x \in \overline{\Omega})$$

であれば任意でよいので,(2.42) より,下のようになる.

$$\frac{\partial u}{\partial \mathbf{n}}(t, x) = 0 \quad (t \in \mathbb{R}, x \in \partial \Omega) \tag{2.43}$$

(2) 膜が境界 $\partial \Omega$ 上で関数 $\varphi(x)$ ($x \in \partial \Omega$) により固定されているときは,

$$u(t, x) = \varphi(x) \quad (t \in \mathbb{R}, x \in \partial \Omega) \tag{2.44}$$

となる.

さらに,膜の振動を決めるには,初期時刻 t_0 における初期条件を定めることが必要である.こうして次の定理を得た.

定理 2.4 膜の振動は次のように決定される.時刻 t の膜の変位 $u(t, x)$ ($t \in \mathbb{R}, x \in \overline{\Omega}$) について,次の非線形波動方程式を満たさねばならない.

$$\rho u_{tt} - \mu \operatorname{div}\left((1 + |\nabla u|^2)^{-1/2} \nabla u\right) + f = 0 \quad (t \in \mathbb{R}, x \in \Omega) \tag{2.45}$$

これを,$\partial \Omega$ 上での境界条件

$$\begin{cases} \dfrac{\partial u}{\partial \mathbf{n}}(t, x) = 0 & (t \in \mathbb{R}, \ x \in \partial \Omega) \quad \text{または} \\ u(t, x) = \varphi(x) & (t \in \mathbb{R}, \ x \in \partial \Omega) \end{cases} \tag{2.46}$$

を満たし,$t = t_0$ における初期条件

$$\begin{cases} u(t_0, x) = h(x) & (x \in \overline{\Omega}) \\ u_t(t_0, x) = k(x) & (x \in \overline{\Omega}) \end{cases} \tag{2.47}$$

のもとで解けばよい. ここで $\varphi(x)$, $h(x)$, $k(x)$ $(x \in \overline{\Omega})$ は与えられた関数である.

膜の変位 $|\nabla u|$ が小さいときは, 膜の変位 $u(t,x)$ の全エネルギーは次のようになる.

$$E(t) = \int_\Omega \left\{ \frac{1}{2} \rho \left(\frac{\partial u}{\partial t} \right)^2 - \frac{\mu}{2} |\nabla u|^2 - fu \right\} dx \quad (2.48)$$

この場合の膜の変位 $u(t,x)$ の全エネルギー $E(u)$ は, 次のようになる.

$$E(u) = \int_{t_1}^{t_2} \int_\Omega \left\{ \frac{1}{2} \rho \left(\frac{\partial u}{\partial t} \right)^2 - \frac{\mu}{2} |\nabla u|^2 - fu \right\} dtdx \quad (2.49)$$

この場合の膜の振動は次のようになる.

定理 2.5 全エネルギーが (2.49) で与えられるときの膜の振動については, 膜の変位 $u(t,x)$ $(t \in \mathbb{R}, x \in \Omega)$ は, 非同次の (線形) 波動方程式

$$\rho u_{tt} + \mu \Delta u + f = 0 \quad (t \in \mathbb{R}, x \in \Omega) \quad (2.50)$$

を満たす. $\partial \Omega$ 上の境界条件 (ノイマン境界条件またはディリクレ境界条件) を満たし,

$$\begin{cases} \dfrac{\partial u}{\partial \mathbf{n}}(t,x) = 0 & (t \in \mathbb{R}, x \in \partial\Omega) \\ u(t,x) = \varphi(x) & (t \in \mathbb{R}, x \in \partial\Omega) \end{cases} \text{または} \quad (2.51)$$

を満たし, $t = t_0$ における初期条件

$$\begin{cases} u(t_0, x) = h(x) & (x \in \overline{\Omega}) \\ u_t(t_0, x) = k(x) & (x \in \overline{\Omega}) \end{cases} \quad (2.52)$$

のもとで解けばよい.

注意: 外力がない場合, すなわち, $f = 0$ のときは, (2.50) は次の波動方程式となる.

$$\rho u_{tt} + \mu \Delta u = 0 \quad (t \in \mathbb{R}, x \in \Omega) \quad (2.53)$$

次節で, この解法を述べる.

2.4　膜の振動の方程式の解法

本節では, 次の膜の振動の問題を, 変数分離法により解く.

$$\begin{cases} (1) & \rho u_{tt} + \mu \Delta u = 0 \quad (t \in \mathbb{R}, \, x \in \Omega) \\ (2) & u(t,x) = 0 \quad (t \in \mathbb{R}, \, x \in \partial\Omega) \quad \text{または} \\ (2') & \dfrac{\partial u}{\partial \mathbf{n}}(t,x) = 0 \quad (t \in \mathbb{R}, \, x \in \partial\Omega) \\ (3) & u(t_0, x) = h(x) \quad (x \in \overline{\Omega}), \quad u_t(t_0, x) = k(x) \quad (x \in \overline{\Omega}) \end{cases}$$

この場合, (3) における $\overline{\Omega}$ 上の 2 つの関数 $h(x)$ および $k(x)$ は, (2) または (2') により, 次の境界条件を満たさねばならない.

$$(4) \quad h(x) = k(x) = 0 \quad (x \in \partial\Omega) \quad \text{または}$$

$$(4') \quad \frac{\partial h}{\partial \mathbf{n}}(x) = \frac{\partial k}{\partial \mathbf{n}}(x) = 0 \quad (x \in \partial\Omega)$$

変数分離法とは, 未知関数 $u(t,x)$ を, 変数 $t \in \mathbb{R}$ の関数 $F(t)$ と変数 $x \in \overline{\Omega}$ の関数 $G(x)$ の積として,

$$u(t,x) = F(t)\,G(x), \quad (t \in \mathbb{R}, \, x \in \overline{\Omega}) \tag{2.54}$$

と表示して, $F(t)$ と $G(x)$ を決定する方法である.

さて, (2.54) を仮定しよう. このとき,

$$\Delta u = F(t)\,\Delta G(x), \quad u_{tt} = F''(t)\,G(x)$$

となるので,

$$(1) \iff \rho F''(t)\,G(x) + \mu F(t)\,\Delta G(x) = 0 \quad (t \in \mathbb{R}, \, x \in \Omega)$$

を得る. $F(t)\,G(x) \not\equiv 0$ $(t \in \mathbb{R}, x \in \Omega)$ と仮定して, 上式の両辺を, $F(t)\,G(x)$ で割ると,

$$(1) \iff \rho \frac{F''(t)}{F(t)} = -\mu \frac{\Delta G(x)}{G(x)}$$

となる．ここで左辺は変数 t のみの関数で，右辺は変数 x のみの関数であるので，両辺とも定数とならざるを得ない．この定数を $-\mu\lambda$ とおくと次を得る．

$$(1) \iff \begin{cases} \rho\,F''(t) = -\mu\,\lambda\,F(t) & (t \in \mathbb{R}), \\ \Delta G(x) = \lambda\,G(x) & (x \in \Omega). \end{cases} \tag{2.55}$$

一方，

$$(2) \iff G(x) = 0 \quad (x \in \partial\Omega) \tag{2.56}$$

さらに，

$$(2') \iff \frac{\partial G}{\partial \mathbf{n}}(x) = 0 \quad (x \in \partial\Omega) \tag{2.57}$$

となる．

しかし，このままでは条件 (3) を満たす $u(t,x)$ を作ることはできない．が，次のようにして今の方法を改良して，求める解 $u(t,x)$ を得ることができる．

さて，(2.55) の第 2 式と (2.56) は，**ディリクレ境界値固有値問題**

$$\begin{cases} \Delta G(x) = \lambda\,G(x) & (x \in \Omega) \\ G(x) = 0 & (x \in \partial\Omega) \end{cases} \tag{2.58}$$

であり，(2.55) の第 2 式と (2.57) は，**ノイマン境界値固有値問題**

$$\begin{cases} \Delta G(x) = \lambda\,G(x) & (x \in \Omega) \\ \dfrac{\partial G}{\partial \mathbf{n}}(x) = 0 & (x \in \partial\Omega) \end{cases} \tag{2.59}$$

である．

これらの問題 (2.58) と (2.59) は次章以降で詳しく扱うが，ここでは簡単にその結果を要約しておこう．

定義 2.1 問題 (2.58) または (2.59) が解 $G \not\equiv 0$ をもつとき，λ を**固有値**，G を固有値 λ に対応する**固有関数**という．固有値 λ に対応する固有関数全体からなる空間を，固有値 λ の**固有空間**，その次元を，固有値 λ の**重複度**という．両方の問題とも固有値の集合は高々可算無限集合であり，集積点をもたない．各固有値に対応する固有空間は有限次元である．

そこで, (2.58) および (2.59) の固有値を重複度を込めて, それぞれ,

$$\lambda_1 \leq \lambda_2 \leq \cdots \leq \lambda_i \leq \cdots \tag{2.60}$$

$$\mu_1 \leq \mu_2 \leq \cdots \leq \mu_i \leq \cdots \tag{2.61}$$

と表し, 一次独立な対応する固有関数を

$$u_1(x), u_2(x), \cdots, u_i(x), \cdots \tag{2.62}$$

$$v_1(x), v_2(x), \cdots, v_i(x), \cdots \tag{2.63}$$

と書く. ここで Ω 上の実数値関数に対する $\boldsymbol{L^2}$ 内積 $(\ ,\ )$ と $\boldsymbol{L^2}$ ノルム $\|\ \|$ を,

$$(f,g) := \int_\Omega f(x)g(x)\,dx, \qquad \|f\| := \sqrt{(f,f)}$$

および Ω 上の $\boldsymbol{L^2}$ 空間を

$$L^2(\Omega) := \{f \mid \|f\| < \infty\}$$

と定義する. ここで, $dx = dx_1 dx_2 \cdots dx_n$ は Ω 上のルベーグ測度を表す. このとき, $\{u_i(x)\}_{i=1}^\infty$ と $\{v_i(x)\}_{i=1}^\infty$ はともに, 正規直交系, すなわち,

$$(u_i, u_j) = \delta_{ij}, \qquad (v_i, v_j) = \delta_{ij}$$

である. ただし $\delta_{ij} = \begin{cases} 1 & (i = j) \\ 0 & (i \neq j) \end{cases}$ とする. さらに, $\{u_i(x)\}_{i=1}^\infty$ と $\{v_i(x)\}_{i=1}^\infty$ はともに, $L^2(\Omega)$ において完備である. すなわち, 任意の $f \in L^2(\Omega)$ は $\{u_i\}_{i=1}^\infty$ と $\{v_i\}_{i=1}^\infty$ により次のように展開される. $f \in L^2(\Omega)$ に対して,

$$a_i = (f, u_i), \quad b_i = (f, v_i) \quad (i = 1, 2, \cdots)$$

とおくと,

$$\left\| f - \sum_{i=1}^k a_i u_i \right\| \longrightarrow 0 \qquad (k \longrightarrow \infty \text{ のとき}) \tag{2.64}$$

$$\left\| f - \sum_{i=1}^k b_i v_i \right\| \longrightarrow 0 \qquad (k \longrightarrow \infty \text{ のとき}) \tag{2.65}$$

となる. さらに, $C^1(\Omega)$ を $\frac{\partial f}{\partial x_j}$ ($j = 1, \cdots, n$) が連続となる Ω 上の関数 $f(x)$

全体とする．このとき，$\varphi(x) = 0 \ (x \in \partial\Omega)$ を満たす任意の関数 $\varphi \in C^1(\Omega)$ は，Ω 上の各点 x で，

$$\varphi(x) = \sum_{i=1}^{\infty} A_i\, u_i(x), \qquad A_i = (\varphi, u_i) \quad (i = 1, 2, \cdots) \tag{2.66}$$

が成り立ち，$\frac{\partial \psi}{\partial \mathbf{n}}(x) = 0 \ (x \in \partial\Omega)$ を満たす任意の関数 $\psi \in C^1(\Omega)$ は，Ω 上の各点 x で，

$$\psi(x) = \sum_{i=1}^{\infty} B_i\, v_i(x), \qquad B_i = (\psi, v_i) \quad (i = 1, 2, \cdots) \tag{2.67}$$

が成り立つ．

さて，条件 (2) $u(t,x) = 0 \ (t \in \mathbb{R},\, x \in \partial\Omega)$ を満たす $u(t,x)$ を，

$$u(t,x) = \sum_{i=1}^{\infty} C_i(t)\, u_i(x) \qquad (t \in \mathbb{R},\ x \in \overline{\Omega}) \tag{2.68}$$

と展開する．この (2.68) の両辺を $\frac{\partial}{\partial t}$ と Δ で項別微分して (1) を満たすようにする．

$$\begin{aligned}
(1) \quad &\Longleftrightarrow\quad \rho \sum_{i=1}^{\infty} C_i''(t)\, u_i(x) + \mu \sum_{i=1}^{\infty} C_i(t)\, \lambda_i\, u_i(x) = 0 \\
&\Longleftrightarrow\quad \rho\, C_i''(t) + \mu\, \lambda_i\, C_i(t) = 0 \quad (t \in \mathbb{R};\, i = 1, 2, \cdots)
\end{aligned} \tag{2.69}$$

となる．(4) を満たす $\overline{\Omega}$ 上の関数 $h(x)$ と $k(x)$ を，$\overline{\Omega}$ 上の各点 x で，

$$h(x) = \sum_{i=1}^{\infty} H_i\, u_i(x), \qquad H_i = (h, u_i) \quad (i = 1, 2, \cdots) \tag{2.70}$$

$$k(x) = \sum_{i=1}^{\infty} K_i\, u_i(x), \qquad K_i = (k, u_i) \quad (i = 1, 2, \cdots) \tag{2.71}$$

とそれぞれ展開する．このとき，(3) を $u(t,x)$ が満たすには，

$$u(t_0, x) = h(x)\ (x \in \overline{\Omega}) \quad \Longleftrightarrow \quad C_i(t_0) = H_i \quad (i = 1, 2, \cdots) \tag{2.72}$$

$$u_t(t_0, x) = k(x)\ (x \in \overline{\Omega}) \quad \Longleftrightarrow \quad C_i'(t_0) = K_i \quad (i = 1, 2, \cdots) \tag{2.73}$$

とならねばならぬ. (2.72), (2.73) を満たす $C_i(t)$ $(i=1,2,\cdots)$ は, じつは,

$$\lambda_i > 0 \quad (\forall\, i = 1, 2, \cdots) \tag{2.74}$$

が成り立つので,

$$\begin{aligned}C_i(t) = &\sqrt{\frac{\rho}{\mu\,\lambda_i}}\, K_i \sin\left(\sqrt{\frac{\mu\,\lambda_i}{\rho}}\,(t-t_0)\right)\\ &+ H_i \cos\left(\sqrt{\frac{\mu\,\lambda_i}{\rho}}\,(t-t_0)\right) \quad (i=1,2,\cdots)\end{aligned} \tag{2.75}$$

となる.

(4′) を満たす $\overline{\Omega}$ 上の関数 $h(x)$ と $k(x)$ を, $\overline{\Omega}$ 上の各点 x で,

$$h(x) = \sum_{i=1}^{\infty} P_i\, v_i(x), \qquad P_i = (h, v_i) \quad (i=1,2,\cdots) \tag{2.76}$$

$$k(x) = \sum_{i=1}^{\infty} Q_i\, v_i(x), \qquad Q_i = (k, v_i) \quad (i=1,2,\cdots) \tag{2.77}$$

とそれぞれ展開する. このとき, (3) を $u(t,x)$ が満たすには,

$$u(t_0, x) = h(x)\ (x \in \overline{\Omega}) \iff C_i(t_0) = P_i \quad (i=1,2,\cdots) \tag{2.78}$$

$$u_t(t_0, x) = k(x)\ (x \in \overline{\Omega}) \iff {C_i}'(t_0) = Q_i \quad (i=1,2,\cdots) \tag{2.79}$$

とならねばならぬ. (2.72), (2.73) を満たす $C_i(t)$ $(i=1,2,\cdots)$ は, じつは,

$$\mu_1 = 0,\ v_1(x) \equiv |\Omega|^{-1/2},\ \mu_i > 0 \quad (\forall\, i = 2, 3, \cdots) \tag{2.80}$$

が成り立つので,

$$\begin{aligned}C_1(t) &= Q_1(t - t_0) + P_1,\\ C_i(t) &= \sqrt{\frac{\rho}{\mu\,\mu_i}}\, Q_i \sin\left(\sqrt{\frac{\mu\,\mu_i}{\rho}}\,(t-t_0)\right)\\ &\quad + P_i \cos\left(\sqrt{\frac{\mu\,\mu_i}{\rho}}\,(t-t_0)\right) \quad (i=2,3,\cdots)\end{aligned} \tag{2.81}$$

となる.

以上より, 膜の振動の問題の解は次のように与えられる.

定理 2.6 (I) (ディリクレ境界条件の場合)

$$h(x) = \sum_{i=1}^{\infty} H_i \, u_i(x), \qquad H_i = (h, u_i) \quad (i = 1, 2, \cdots) \tag{2.82}$$

$$k(x) = \sum_{i=1}^{\infty} K_i \, u_i(x), \qquad K_i = (k, u_i) \quad (i = 1, 2, \cdots) \tag{2.83}$$

とそれぞれ展開するとき, (1), (2), (3), (4) を満たす解 $u(t, x)$ は,

$$u(t, x) = \sum_{i=1}^{\infty} \left\{ \sqrt{\frac{\rho}{\mu \lambda_i}} K_i \sin\left(\sqrt{\frac{\mu \lambda_i}{\rho}}(t - t_0)\right) \right.$$
$$\left. + H_i \cos\left(\sqrt{\frac{\mu \lambda_i}{\rho}}(t - t_0)\right) \right\} u_i(x) \tag{2.84}$$

と与えられる.

(II) (ノイマン境界条件の場合) (1), (2′), (3), (4′) を満たす解 $u(t, x)$ は,

$$h(x) = \sum_{i=1}^{\infty} P_i \, v_i(x), \qquad P_i = (h, v_i) \quad (i = 1, 2, \cdots) \tag{2.85}$$

$$k(x) = \sum_{i=1}^{\infty} Q_i \, v_i(x), \qquad Q_i = (k, v_i) \quad (i = 1, 2, \cdots) \tag{2.86}$$

とそれぞれ展開するとき (ただし $v_1(x) \equiv |\Omega|^{-1/2}$ である),

$$u(t, x) = (Q_1(t - t_0) + P_1) |\Omega|^{-1/2}$$
$$+ \sum_{i=2}^{\infty} \left\{ \sqrt{\frac{\rho}{\mu \lambda_i}} Q_i \sin\left(\sqrt{\frac{\mu \lambda_i}{\rho}}(t - t_0)\right) \right.$$
$$\left. + P_i \cos\left(\sqrt{\frac{\mu \lambda_i}{\rho}}(t - t_0)\right) \right\} v_i(x) \tag{2.87}$$

と与えられる.

定理 2.6 により, 膜の振動の問題 (太鼓の音の問題) は, ディリクレ境界値固有値問題 (2.58) とノイマン境界値固有値問題 (2.59) をそれぞれ解くことに帰着された. 次章以下において, これらの問題を扱うこととする.

第3章 リーマン多様体とラプラシアン

本章では,主として 2 次元リーマン多様体上の微分作用素であるラプラシアン (ラプラス作用素) の定義とその基本的な性質を述べる.

3.1 ユークリッド空間内の平面

$(\mathbb{R}^3, \langle,\rangle)$ を,3 次元ユークリッド空間とする.ここで内積 $\langle,\rangle$ は,

$$\langle x, y \rangle = \sum_{i=1}^{3} x_i y_i \quad (x = (x_1, x_2, x_3),\, y = (y_1, y_2, y_3) \in \mathbb{R}^3)$$

と与えられている.

3.1.1 平面の記述

$\mathbb{R}^3$ 内の平面を方程式で記述する.

定義 3.1 V を $\mathbb{R}^3$ 内の部分集合とする.V が平面であるとは,$\mathbb{R}^3$ 内の点 $a = (a_1, a_2, a_3)$ と 実数 c が存在して,

$$V = \{x = (x_1, x_2, x_3) \in \mathbb{R}^3 \mid \langle a, x \rangle = c\} \tag{3.1}$$

と表示されるときをいう.ただし,点 $a = (a_1, a_2, a_3)$ は $a \neq (0, 0, 0)$ であるとする.c は任意の実数でよい.

命題 3.1 このとき

$$V = \{c \frac{a}{\langle a, a \rangle} + x \mid x \in \mathbb{R}^3,\, \langle a, x \rangle = 0\} \tag{3.2}$$

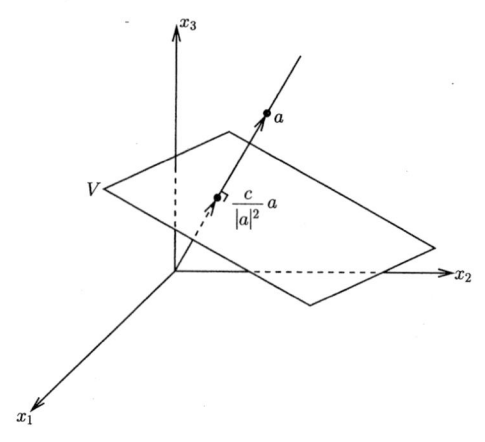

図 3.1 平面 V とベクトル a

が成り立つ. したがって, ベクトル $a \in \mathbb{R}^3$ と直交する 2 個の一次独立な $\mathbb{R}^3$ 内のベクトルを $\{\xi_1, \xi_2\}$ とすると, V の任意の元 x は

$$x = c\frac{a}{\langle a,a \rangle} + \sum_{i=1}^{2} u_i \xi_i$$

と表示できる. 実数の組 (u_1, u_2) を, 平面 V の元 x の, V における $\{\xi_1, \xi_2\}$ に関する座標という.

[証明]

実際, $\langle a, x \rangle = 0$ とすると, $\langle a, c\frac{a}{\langle a,a \rangle} + x \rangle = c$ となるので, (3.2) の右辺の集合は V に含まれる. 逆に, $p := c\frac{a}{\langle a,a \rangle} \in V$ とし, 任意に V の点 q を取ると, $\langle a, q \rangle = c$ であるので,

$$\langle a, q-p \rangle = \langle a, q \rangle - \langle a, p \rangle = c - c = 0$$

である. ここで

$$q = p + (q-p), \quad \langle a, q-p \rangle = 0$$

であるので, q は (3.2) の右辺の集合に属し, したがって, (3.2) の等式が示された. 後半は, (3.2) より明らか. //

3.1.2 直交射影

V を $\mathbb{R}^3$ 内の任意の平面とする. V を $0 \neq a \in \mathbb{R}^3$ により, (3.1), (3.2) により表示する. $\mathbb{R}^3$ 内の任意の元 x は,

$$x = x^\top + x^\perp \tag{3.3}$$

と表示される. ここで

$$x^\top := x + \frac{c - \langle x, a \rangle}{\langle a, a \rangle} a = c \frac{a}{\langle a, a \rangle} + \left(x - \frac{\langle x, a \rangle}{\langle a, a \rangle} a \right) \in V \tag{3.4}$$

および

$$x^\perp := -\frac{c - \langle x, a \rangle}{\langle a, a \rangle} a \tag{3.5}$$

である. このとき, 次式で定義される写像 $\pi_V : \mathbb{R}^3 \longrightarrow V$ を, V 上への**直交射影**という.

$$\pi_V(x) := x^\top = c \frac{a}{\langle a, a \rangle} + P(x) \quad (x \in \mathbb{R}^3) \tag{3.6}$$

ここで $P : \mathbb{R}^3 \to \mathbb{R}^3$ は

$$P(x) := x - \frac{\langle x, a \rangle}{\langle a, a \rangle} a \quad (x \in \mathbb{R}^3) \tag{3.7}$$

によって定義される線形写像である.

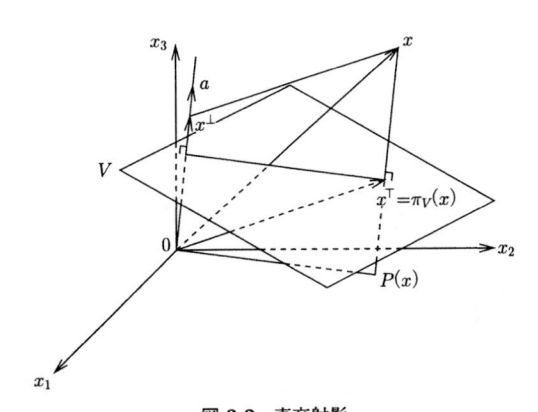

図 3.2 直交射影

命題 3.2 線形写像 $P : \mathbb{R}^3 \to \mathbb{R}^3$ は次の性質を満たす.

(1)　$P(P(x)) = P(x) \quad (x \in \mathbb{R}^3)$
(2)　$\langle P(x), y \rangle = \langle x, P(y) \rangle \quad (x, y \in \mathbb{R}^3)$
(3)　P の像空間 $\mathrm{Im}(P)$ は

$$\mathrm{Im}(P) = \{z \in \mathbb{R}^3 | \langle z, a \rangle = 0\} \tag{3.8}$$

を満たし, $\mathbb{R}^3$ の 2 次元部分空間であり, P の核空間 $\mathrm{Ker}(P)$ は次を満たす.

$$\mathrm{Ker}(P) := \mathbb{R}a \tag{3.9}$$

$$\mathbb{R}^3 = \mathrm{Im}(P) \oplus \mathrm{Ker}(P) \quad (直交直和分解) \tag{3.10}$$

[証明]
(1)　実際, (3.7) より,

$$\begin{aligned} P(P(x)) &= P(x) - \frac{\langle P(x), a \rangle}{\langle a, a \rangle} a \\ &= x - \frac{\langle x, a \rangle}{\langle a, a \rangle} a - \frac{1}{\langle a, a \rangle} \left\langle x - \frac{\langle x, a \rangle}{\langle a, a \rangle} a, a \right\rangle a \\ &= P(x) \end{aligned}$$

(2)　(1) と同様に, $\langle P(x), y \rangle$ と $\langle x, P(y) \rangle$ を計算して確かめられる.

(3)　実際, (3.7) より, $\langle P(x), a \rangle = 0$ なので, $\mathrm{Im}(P) \subset \{z \in \mathbb{R}^3 | \langle z, a \rangle = 0\}$ となり, $\mathrm{Ker}(P) = \mathbb{R}a$ となる. (3.10) は準同型定理であり, $\dim(\mathrm{Ker}(P)) = 1$ より, $\dim(\mathrm{Im}(P)) = 2$ となる. また, $\dim(\{z \in \mathbb{R}^3 | \langle z, a \rangle = 0\}) = 2$ であるので, したがって, $\mathrm{Im}(P) = \{z \in \mathbb{R}^3 | \langle z, a \rangle = 0\}$ が示された.　　//

3.2　多様体

3.2.1　位相空間

極限の概念や連続関数, 連続写像などの概念は, 位相空間において定義される. 集合 M が位相空間であるとは, 次の 3 つの公理を満たす開集合の族 $\mathcal{O}$ が与えられているときをいう.

(i)　$M \in \mathcal{O}$ かつ $\emptyset \in \mathcal{O}$,
(ii)　$O_1, O_2 \in \mathcal{O}$ ならば, $O_1 \cap O_2 \in \mathcal{O}$,

(iii) $O_\lambda \in \mathcal{O} (\lambda \in \Lambda)$ ならば, $\cup_{\lambda \in \Lambda} O_\lambda \in \mathcal{O}$.

このとき, M の点 $p \in M$ を含む部分集合 U が p の近傍であるとは, $p \in O \subset U$ となる開集合 O が存在するときをいう. とくに, この開集合 O を開近傍という. 位相空間 M がハウスドルフ空間であるとは, 相異なる 2 点を分離する公理, すなわち, M の任意の二点 p, q $(p \neq q)$ に対して, $U \cap V = \emptyset$ となる p の近傍 U と q の近傍 V が存在するときをいう (図 3.3).

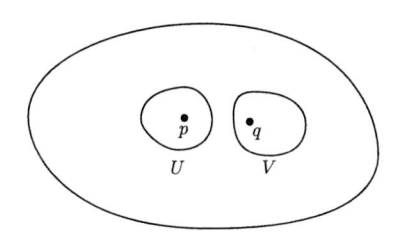

図 **3.3** ハウスドルフ空間

例 3.1

(1) (距離空間)　集合 M の直積集合 $M \times M$ 上の実数値関数 $r: M \times M \longrightarrow \mathbb{R}$ が M 上の距離 (距離関数) であるとは, r が次の 3 条件を満たすときをいう.

(i)　$r(x, y) \geq 0$ $(x, y \in M)$ が成り立つ. さらに,
　　 $r(x, y) = 0$ となるのは, $x = y$ のときであり, かつそのときに限る.

(ii)　$r(x, y) = r(y, x)$ 　　$(x, y \in M)$,

(iii)　$r(x, y) + r(y, z) \geq r(x, z)$ 　　$(x, y, z \in M)$.

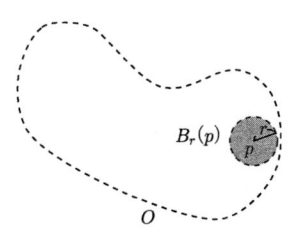

図 **3.4**　開集合と開ボール

このとき, (M, r) を距離空間という. 距離空間には次のようにして, 位相が与えられ, 位相空間となる. M の各点 $p \in M$ と正数 $r > 0$ に対して,

$B_r(p) := \{x \in M | r(x,p) < r\}$ を p を中心, 半径 r の開ボールという (図 3.4). M 内の集合 O が**開集合**であるとは, O にある任意の点 p について, $r > 0$ を十分小さく選ぶと, $p \in B_r(p) \subset O$ が成り立つときをいう. この開集合の定義により, 距離空間 (M,r) は位相空間となる.

(2) ユークリッド空間 $(\mathbb{R}^n, \langle, \rangle)$ は, ユークリッド距離 $r(x,y) := |x-y|$ $(x, y \in \mathbb{R}^n)$ に関して位相空間となる.

(3) 位相空間 M 内の任意の部分集合 V は次のようにして位相空間となる. V の部分集合 U が開集合であるとは, U が M 内の開集合 O により, $U = V \cap O$ と表されるときと定義する.

とくに, ユークリッド空間 $\mathbb{R}^3$ 内の平面
$$V = \{c\frac{a}{\langle a,a \rangle} + x | x \in \mathbb{R}^3, \langle a, x \rangle = 0\}$$
も, 位相空間となる.

2つの位相空間 M と N が与えられ, M から N への写像 $\varphi : M \to N$ が, **連続写像**であるとは, N 内の任意の開集合 O の φ による逆像 $\varphi^{-1}(O) := \{x \in M | \varphi(x) \in O\}$ が M の開集合となるときをいう. 連続写像 $\varphi : M \to N$ が, 1対1, N の上への写像であり, 逆写像 $\varphi^{-1} : N \to M$ も連続であるとき, φ は**位相同相写像**という.

3.2.2 多様体

さて, 2次元多様体の定義をする.

定義 3.2 ハウスドルフ空間 M が 2次元 C^k **多様体**であるとは, 次の3つの条件が成り立つときをいう. (以下たいていは $k = \infty$ とする.)

(1) $M = \cup_{\alpha \in A} U_\alpha$; ここで U_α ($\alpha \in A$) は M 内の開集合である.

(2) (地図の存在) 各 U_α に対して, 連続写像 $\varphi_\alpha : U_\alpha \to \mathbb{R}^3$ と $\mathbb{R}^3$ 内の平面 V_α が存在して, V_α への直交射影 π_{V_α} との合成写像 $\psi_\alpha := \pi_{V_\alpha} \circ \varphi_\alpha : U_\alpha \to V_\alpha$ について, ψ_α は V_α 内の開集合で, $\psi_\alpha : U_\alpha \to \psi_\alpha(U_\alpha)$ が位相同相写像となるときをいう. 各 (U_α, ψ_α) を**地図**, 地図全体 $\{(U_\alpha, \psi_\alpha) | \alpha \in A\}$ を**地図帳**という.

(3) (地図の貼り合わせ) 2枚の地図 $(U_\alpha, \psi_\alpha), (U_\beta, \psi_\beta)$ $(\alpha, \beta \in A)$ に対し

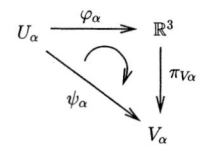

図 3.5 地図における ψ_α と φ_α

て, $U_\alpha \cap U_\beta \neq \emptyset$ であれば,

$$\psi_\alpha \circ \psi_\beta^{-1} : V_\beta \supset \psi_\beta(U_\alpha \cap U_\beta) \to \psi_\alpha(U_\alpha \cap U_\beta) \subset V_\alpha \tag{3.11}$$

は, 上への C^k 微分同相写像となる.

ここで $\mathbb{R}^3$ 内の平面 V_α 内の開集合 U_α から $\mathbb{R}^3$ 内の別の平面 V_β 内の開集合 U_β の上への写像 $\psi := \psi_\alpha \circ \psi_\beta^{-1}$ が C^k 微分同相写像であるとは, V_α の座標 (u_α, v_α) と V_β の座標 (u_β, v_β) とに関して, ψ を

$$(u_\beta, v_\beta) = \psi(u_\alpha, v_\alpha) = (\psi^1(u_\alpha, v_\alpha), \psi^2(u_\alpha, v_\alpha))$$

と表示したとき, 各 $\psi^i(u_\alpha, v_\alpha)$ $(i = 1, 2)$ が U_α 上で (u_α, v_α) の C^k 関数で, ψ は 1 対 1 であり, $\psi = \psi_\alpha \circ \psi_\beta^{-1}$ の逆写像 $\psi^{-1} = \psi_\beta \circ \psi_\alpha^{-1}$ も同様に, U_β 上で (u_β, v_β) の C^k 写像となるときをいう.

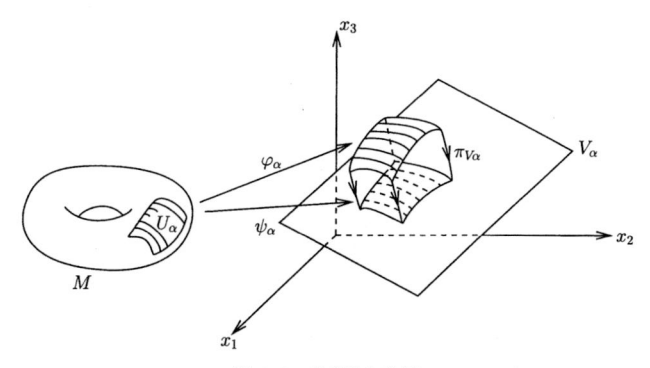

図 3.6 多様体と地図

写像 $\varphi_\alpha : U_\alpha \to \mathbb{R}^3$ を, M の $\mathbb{R}^3$ への局所実現と呼ぶ. $\psi_\alpha(p) = \pi_{V_\alpha}(\varphi_\alpha(p)) \in V_\alpha$ $(p \in U_\alpha)$ となっているので, 平面 V_α における座標 (u_α, v_α) を, U_α 上の**局所座標**という. このとき, u_α と v_α は ψ_α を介して U_α 上の関数

と見なせ, U_α 上の各点は局所座標 (u_α, v_α) によって一意的に定まる.

例 3.2 (パラメトリック曲面) D を $\mathbb{R}^2$ 上の開領域とし, $z = f(x,y)$ を D 上の C^∞ 関数とする. このとき,

$$M = \{(x, y, f(x,y)) \in \mathbb{R}^3 \,|\, (x,y) \in D\} \tag{3.12}$$

は, 2 次元 C^∞ 多様体となる. これをパラメトリック曲面という.

[証明] $a = (0,0,1), c = 0$ とする. このとき, これに対応する (3.2) の $\mathbb{R}^3$ 内の平面 V は

$$V = \{(x,y,z) \in \mathbb{R}^3 \,|\, z = 0\} = \{(x,y,0) \,|\, x,y \in \mathbb{R}\} \tag{3.13}$$

であり, V 上への直交射影 π_V は

$$\pi_V(x,y,z) = (x,y,0)$$

となる.

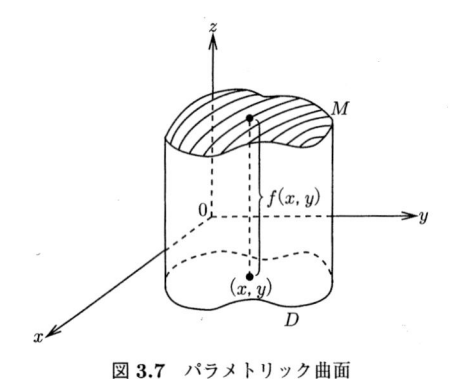

図 3.7 パラメトリック曲面

そこで, M の地図帳としては, 次の 1 枚の地図 (U, ψ) だけからなる地図帳を考えることができる. $U = M, \psi : U \to V$ を,

$$\psi : M \ni (x, y, f(x,y)) \mapsto (x,y,0) \in V \tag{3.14}$$

とすると, ψ は M から V の中への位相同相写像を与える. 1 枚だけの地図からなる地図帳なので, 多様体となる条件 (3) は成り立っている.   //

例 3.3 (2 次元単位球面)
$$S^2 = \{(x_1, x_2, x_3) \in \mathbb{R}^3 \mid x_1{}^2 + x_2{}^2 + x_3{}^2 = 1\} \tag{3.15}$$
は, 2 次元 C^∞ 多様体である. S^2 を **2 次元単位球面**という.

[証明]
$$U_i^\pm = \{(x_1, x_2, x_3) \in S^2 \mid x_i > 0 \quad (x_i < 0)\} \quad \text{(複号同順)}$$
とすれば,
$$S^2 = U_1^+ \cup U_2^+ \cup U_3^+ \cup U_1^- \cup U_2^- \cup U_3^-$$
である.

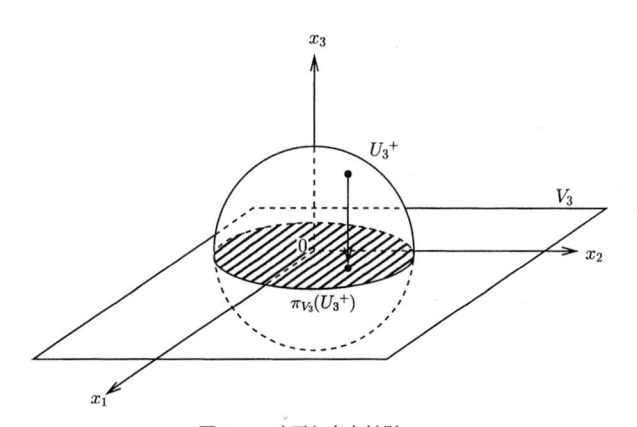

図 3.8 球面と直交射影 π_{V_3}

$a_1 = (1, 0, 0)$, $a_2 = (0, 1, 0)$, $a_3 = (0, 0, 1)$ とし, $c = 0$ とすると, $\mathbb{R}^3$ 内の 3 つの平面
$$V_i = \{x = (x_1, x_2, x_3) \in \mathbb{R}^3 \mid x_i = 0\} \quad (i = 1, 2, 3)$$
が定まる. $\mathbb{R}^3$ から V_i への直交射影 $\pi_{V_i} : \mathbb{R}^3 \to V_i$ $(i = 1, 2, 3)$ は次のように与えられる.
$$\pi_{V_1}(x_1, x_2, x_3) = (0, x_2, x_3)$$
$$\pi_{V_2}(x_1, x_2, x_3) = (x_1, 0, x_3)$$
$$\pi_{V_3}(x_1, x_2, x_3) = (x_1, x_2, 0)$$

各 $i=1,2,3$ について, $\varphi_i : U_i^\pm \to \mathbb{R}^3$ としては, 包含写像 $\iota : U_i^\pm \subset S^2 \subset \mathbb{R}^3$ に取る. そこで,
$$\psi_i^\pm := \pi_{V_i} \circ \iota : U_i^\pm \to V_i \tag{3.16}$$
と定義する.

$i=3$ のとき,
$$\begin{aligned}
U_3^\pm &= \{(x_1, x_2, x_3) \in S^2 | x_3 > 0 \ (x_3 < 0)\} \\
&= \{(x_1, x_2, \pm\sqrt{1-x_1{}^2 - x_2{}^2}) | x_1{}^2 + x_2{}^2 < 1\} \\
\psi_3^\pm &: U_3^\pm \ni (x_1, x_2, \pm\sqrt{1-x_1{}^2 - x_2{}^2}) \mapsto (x_1, x_2, 0) \in V_3 \\
\psi_3^\pm(U_3^+) &= \{(x_1, x_2, 0) | x_1{}^2 + x_2{}^2 < 1\}
\end{aligned}$$
となる. $i=1,2$ のときも, 同様である.

多様体の定義の条件 (3) を見てみよう.
$$U_1^+ \cap U_2^+ = \{(x_1, x_2, x_3) \in \mathbb{R}^3 | x_1 > 0, x_2 > 0, x_1{}^2 + x_2{}^2 + x_3{}^2 = 1\}$$
であり,
$$\begin{aligned}
\psi_1^+(U_1^+ \cap U_2^+) &= \{(0, x_2, x_3) | x_2 > 0, x_2{}^2 + x_3{}^2 < 1\} \\
\psi_2^+(U_1^+ \cap U_2^+) &= \{(x_1, 0, x_3) | x_1 > 0, x_1{}^2 + x_3{}^2 < 1\}
\end{aligned}$$
である. このとき,
$$\begin{aligned}
\psi_1^+ \circ \psi_2^{+-1} : \psi_2(U_1^+ \cap U_2^+) &\ni (x_1, 0, x_3) \\
&\mapsto (x_1, \sqrt{1-x_1{}^2 - x_3{}^2}, x_3) \\
&\mapsto (0, \sqrt{1-x_1{}^2 - x_3{}^2}, x_3) \in \psi_1^+(U_1^+ \cap U_2^+)
\end{aligned}$$
となる. これは, $\psi_2^+(U_1^+ \cap U_2^+)$ から $\psi_1^+(U_1^+ \cap U_2^+)$ の上への 1 対 1 C^∞ 写像を与え, 上への C^∞ 微分同相写像を与えている (各自確かめよ).

他の場合も同様に示される.　　//

例 3.4 (2 次元埋め込みトーラス) $D = \{(u,v) | 0 \le u \le 2\pi, \ 0 \le v \le 2\pi\}$, $0 < b < a$ とする. D から $\mathbb{R}^3 = \{(x,y,z) | x,y,z \in \mathbb{R}\}$ への写像 φ を

$$\varphi(u,v) := (x(u,v), y(u,v), z(u,v))$$
$$= ((a+b\cos u)\cos v, (a+b\cos u)\sin v, b\sin u) \quad (3.17)$$

と定義する．これは xz 平面上にある円板

$$B = \{(x,z) = (a+b\cos u, b\sin u) | 0 \leq u \leq 2\pi, 0 \leq v \leq 2\pi\} \quad (3.18)$$

を z 軸の周りに回転してできる曲面を表している（図 3.9, 図 3.10）．パラメータ v が，点 $\varphi(u,v)$ の x 軸からの回転角を表す．

$$M := \{\varphi(u,v) | 0 \leq u \leq 2\pi, 0 \leq v \leq 2\pi\} \quad (3.19)$$

は 2 次元多様体となる．これを，**2 次元埋め込みトーラス**という．

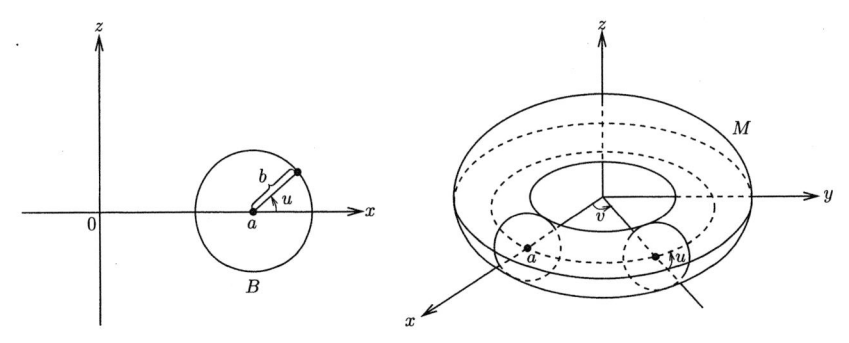

図 **3.9** 円板 B, $(x,z) = (a+b\cos u, b\sin u)$ 　　図 **3.10** トーラス

M を 10 枚程度の地図 $\{(U_i, \psi_i) | i = 1, 2, \cdots, 10\}$ を用意して貼り合わせる．たとえば，

$$U_1 = \{\varphi(u,v) | 0 < u < \pi, 0 < v < \pi\} = \{(x,y,z) \in M | y > 0, z > 0\}$$
$$U_2 = \{\varphi(u,v) | \pi < u < 2\pi, 0 < v < \pi\} = \{(x,y,z) \in M | y > 0, z < 0\}$$
$$U_3 = \{\varphi(u,v) | 0 < u < \pi, 0 \leq v < \frac{\pi}{2}, \text{または} \frac{3\pi}{2} < v \leq 2\pi\}$$
$$= \{(x,y,z) \in M | x > 0, z > 0\}$$

などとする（その他の U_i は省略する）．$c = 0$, $a_1 = (0,1,1)$, $a_2 = (0,1,-1)$, $a_3 = (1,0,1)$ などとして，$\mathbb{R}^3$ 内の平面を，$V_1 = \{(x,y,z) \in \mathbb{R}^3 | y+z = 0\}$,

$V_2 = \{(x,y,z) \in \mathbb{R}^3 \mid y - z = 0\}$, $V_3 = \{(x,y,z) \in \mathbb{R}^3 \mid x + z = 0\}$ と定めると，それぞれの直交射影が (3.6), (3.7) により，

$$\pi_{V_1}(x,y,z) = (x,y,z) - \frac{y+z}{2}(0,1,1) = (x, \frac{y-z}{2}, \frac{-y+z}{2})$$

$$\pi_{V_2}(x,y,z) = (x,y,z) - \frac{y-z}{2}(0,1,-1) = (x, \frac{y+z}{2}, \frac{y+z}{2})$$

$$\pi_{V_3}(x,y,z) = (x,y,z) - \frac{x+z}{2}(1,0,1) = (\frac{x-z}{2}, y, \frac{-x+z}{2})$$

と計算される．したがって，地図 $(U_1, \psi_1), (U_2, \psi_2), (U_3, \psi_3)$ を，

$$\psi_1(\varphi(u,v)) = \psi_1((x(u,v), y(u,v), z(u,v)))$$
$$:= (x(u,v), \frac{y(u,v) - z(u,v)}{2}, \frac{-y(u,v) + z(u,v)}{2}) \in V_1$$

$$\psi_2(\varphi(u,v)) = \psi_2((x(u,v), y(u,v), z(u,v)))$$
$$:= (x(u,v), \frac{y(u,v) + z(u,v)}{2}, \frac{y(u,v) + z(u,v)}{2}) \in V_2$$

$$\psi_3(\varphi(u,v)) = \psi_3((x(u,v), y(u,v), z(u,v)))$$
$$:= (\frac{x(u,v) - z(u,v)}{2}, y(u,v), \frac{-x(u,v) + z(u,v)}{2}) \in V_3$$

などと与える．他の地図 (U_i, ψ_i) も同様に与える．こうしてできた地図帳 $\{(U_i, \psi_i)\}$ が多様体の地図の貼り合わせの条件 (3) を満たすことを，チェックしなければならない (省略する)． //

例 3.5 (回転面) xz 平面内の曲線 C として，

$$\begin{aligned} x = f(z) \quad & (a < z < b) \text{ 上で } C^\infty \text{関数, かつ} \\ & f'(a) = \infty, \quad f'(b) = -\infty \end{aligned} \quad (3.20)$$

を取る．この曲線 C を z 軸のまわりに回転してできる曲面 M を回転面という．M は xyz 空間において，高さ z $(a \le z \le b)$，半径 $f(z)$ の円板を考えるとよい．u $(0 \le u \le 2\pi)$ を回転角とすると

図 3.11 曲線 C 　　　　　図 3.12 回転面

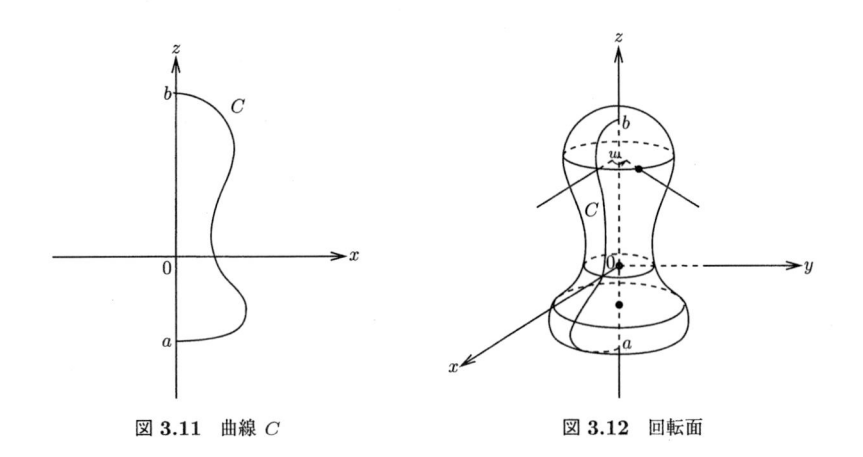

$$\begin{cases} x = f(z)\cos u \\ y = f(z)\sin u \end{cases} \tag{3.21}$$

となるので，M は次のように与えられる．

$$M = \{(f(z)\cos u, f(z)\sin u, z) \mid 0 \le u \le 2\pi, \ a \le z \le b\} \tag{3.22}$$

M も 2 次元 C^∞ 多様体となる．証明は省略するが，図 3.12 を見ながら，M の地図帳を作って示すことができる．

3.3　多様体とベクトル場

3.3.1　微分作用素としてのベクトル場

はじめに，ユークリッド空間上のベクトル場について，微分作用素としてみる見方を述べよう．n 次元ユークリッド空間

$$\mathbb{R}^n = \{(x = (x_1, x_2, \cdots, x_n) \mid x_1, x_2, \cdots, x_n \in \mathbb{R}\}$$

において，$\left(\dfrac{\partial}{\partial x_i}\right)_p$ を，点 $p = (p_1, p_2, \cdots, p_n) \in \mathbb{R}^n$ における x_i 方向微分とする．すなわち，$\mathbb{R}^n$ 上の任意の C^k 関数 f に対して，

$$\left(\frac{\partial}{\partial x_i}\right)_p f := \frac{\partial f}{\partial x_i}(p) = \left.\frac{d}{dt}\right|_{t=0} f(p + t(0, \cdots, 0, \overset{i}{1}, 0, \cdots, 0)) \tag{3.23}$$

とする．また，写像 $\mathbb{R} \ni t \mapsto c(t) = (c_1(t), c_2(t), \cdots, c_n(t)) \in \mathbb{R}^n$ が C^k 曲線であるとは，各 $c_i(t)$ $(i = 1, 2, \cdots, n)$ が t の C^k 関数のときをいう．$c(0) = p$ のとき，曲線 $c(t)$ は，$t = 0$ のとき，p を通るという．このとき，合成写像 $\mathbb{R} \ni t \mapsto f(c(t)) \in \mathbb{R}^n$ の $t = 0$ における微分は

$$\left.\frac{d}{dt}\right|_{t=0} f(c(t)) = \sum_{i=1}^{n} \frac{\partial f}{\partial x_i}(p) \left.\frac{dc_i(t)}{dt}\right|_{t=0} \tag{3.24}$$

を満たす．(3.24) 式において，f を省略して，

$$c'(0) := \left.\frac{d}{dt}\right|_{t=0} c(t) = \sum_{i=1}^{n} \left.\frac{dc_i(t)}{dt}\right|_{t=0} \left(\frac{\partial}{\partial x_i}\right)_p \tag{3.25}$$

となる．この (3.25) を，曲線 $c(t)$ の p における**接ベクトル**という．

$\mathbb{R}^n$ 上の n 個の関数 $X_1, X_2, \cdots, X_n$ の組 $X = (X_1, X_2, \cdots, X_n)$ を $\mathbb{R}^n$ 上のベクトル場と呼んだ．ベクトル場 X を，$\mathbb{R}^n$ 上の C^k 関数 f に作用する微分作用素

$$Xf = \sum_{i=1}^{n} X_i \frac{\partial f}{\partial x_i} \tag{3.26}$$

と考える．関数 f を省略して，

$$X = \sum_{i=1}^{n} X_i \frac{\partial}{\partial x_i} \tag{3.27}$$

と表す．$\mathbb{R}^n$ 上のベクトル場 $X = (X_1, X_2, \cdots, X_n)$ を，このように微分作用

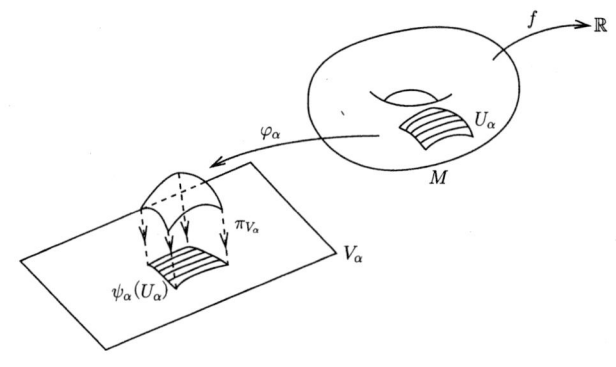

図 **3.13** C^k 関数

素としばしば見なす.

このとき, 任意の $\mathbb{R}^n$ 上の2つの C^k 関数 f と g に対して, かけ算 fg に対する X の作用は,

$$X(fg) = \sum_{i=1}^n X_i \frac{\partial(fg)}{\partial x_i} = (Xf)g + f(Xg) \qquad (3.28)$$

を満たす.

3.3.2 多様体上の C^k 関数

2次元 C^k 多様体 M 上の実数値関数 $f : M \to \mathbb{R}$ が C^k 関数であるとは, M の各地図 (U_α, ψ_α) $(\psi_\alpha = \pi_{V_\alpha} \circ \varphi_\alpha)$ に対して, 平面 V_α 内の開集合 $\psi_\alpha(U_\alpha)$ 上の実数値関数

$$f \circ \psi_\alpha^{-1} : \psi_\alpha(U_\alpha) \xrightarrow{\pi_{V_\alpha}^{-1}} \varphi_\alpha(U_\alpha) \xrightarrow{\varphi_\alpha^{-1}} U_\alpha \xrightarrow{f} \mathbb{R} \qquad (3.29)$$

が C^k 関数となるときをいう (図3.13). すなわち, $f \circ \psi_\alpha^{-1}$ を U_α 上の局所座標 (u_α, v_α) を用いて, $(f \circ \psi_\alpha^{-1})(u_\alpha, v_\alpha)$ と表示したとき,

$$(u_\alpha, v_\alpha) \mapsto (f \circ \psi_\alpha^{-1})(u_\alpha, v_\alpha)$$

が C^k 関数となるときをいう. $(f \circ \psi_\alpha^{-1})(u_\alpha, v_\alpha)$ を簡単に, $f_\alpha(u_\alpha, v_\alpha)$ と書くこともある. M 上の実数値 C^k 関数全体の空間を $C^k(M)$ と書く.

3.3.3 多様体上の C^k 曲線

M を2次元 C^k 多様体とする. $p, q \in M$ を M 内の2点とする. 閉区間 $[a, b]$ から M への写像 c が, 点 p と点 q を結ぶ C^k 曲線であるとは,

$$c(a) = p, \quad c(b) = q \qquad (3.30)$$

であり, 各地図 (U_α, ψ_α) $(\psi_\alpha = \pi_{V_\alpha} \circ \varphi_\alpha)$ に対して, 写像

$$\psi_\alpha \circ c : (a, b) \xrightarrow{c} U_\alpha \xrightarrow{\varphi_\alpha} \mathbb{R}^3 \xrightarrow{\pi_{V_\alpha}} V_\alpha \qquad (3.31)$$

が C^k 写像, すなわち, M 内の開集合 U_α の $\mathbb{R}^3$ への局所表現 φ_α を使って,

$$\varphi_\alpha \circ c(t) = (x_\alpha(t), y_\alpha(t), z_\alpha(t)) \quad (t \in (a, b)) \qquad (3.32)$$

図 3.14　C^k 曲線

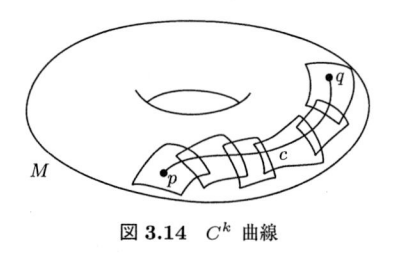

と表すとき, t の 3 個の関数 $x_\alpha(t), y_\alpha(t), z_\alpha(t)$ が C^k 関数となるときをいう.

3.3.4　接ベクトル

(a,b) を 0 を含む開区間とし, $p \in M$ を M の点とする. $t=0$ のとき, p を通る C^k 曲線 $c\colon [a,b] \to M$ に対して, p を含む地図 (U_α, ψ_α) $(\psi_\alpha = \pi_{V_\alpha} \circ \varphi_\alpha)$ を取り,

$$(\varphi_\alpha \circ c)(t) = \varphi_\alpha(c(t)) = (x_\alpha(t), y_\alpha(t), z_\alpha(t)) \quad (t \in [a,b])$$

と表示する. この両辺の t についての微分を

$$(\varphi_\alpha \circ c)'(t) = (x_\alpha'(t), y_\alpha'(t), z_\alpha'(t)) \quad (t \in (a,b))$$

とする.

$t=0$ のとき, 点 p を通る 2 つの C^k 曲線 c と d が同値であるとは, $t=0$ において,

$$(\varphi_\alpha \circ c)'(0) = (\varphi_\alpha \circ d)'(0) \tag{3.33}$$

を満たすときをいう. $t=0$ のとき p を通る C^k 曲線 c を含む (この同値関係に関する) 同値類 u を, p の接ベクトルという. $u = c'(0)$ と書く. $(\varphi_\alpha \circ c)'(0)$ を, $c'(0)$ の地図 (U_α, ψ_α) $(\psi_\alpha = \pi_{V_\alpha} \circ \varphi_\alpha)$ による局所表現という. p を通る C^k 曲線をいろいろ動かしたときの p の接ベクトル u の全体の集合を p における 2 次元 C^k 多様体 M の接空間といい, $T_p M$ と書く. すなわち,

$$T_p M = \{c'(0) \mid c \text{ は } p \text{ を通る } C^k \text{ 曲線}\} \tag{3.34}$$

である. また,

$$\{(\varphi_\alpha \circ c)'(0) \mid c \text{ は } p \text{ を通る } C^k \text{ 曲線}\} \tag{3.35}$$

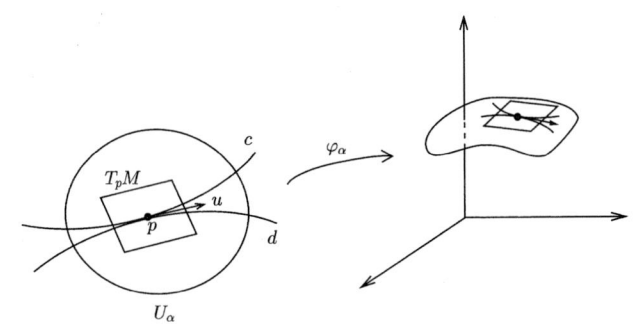

図 3.15 接ベクトルと接空間

を，T_pM の地図 (U_α, ψ_α), $(\psi_\alpha = \pi_{V_\alpha} \circ \varphi_\alpha)$ による $\mathbb{R}^3$ での局所表現という．
M の p における接空間 T_pM は 2 次元ベクトル空間となる．

3.3.5 ベクトル場

多様体 M の各点 p に対して p における接ベクトル $X_p \in T_pM$ を対応させる写像

$$X : M \ni p \mapsto X_p \in T_pM$$

を，M 上のベクトル場という．M 上の任意の地図 (U_α, ψ_α), $(\psi_\alpha = \pi_{V_\alpha} \circ \varphi_\alpha)$ について，U_α 上の局所座標 (u_α, v_α) を用いて，

$$X_p = \xi_\alpha(p) \left(\frac{\partial}{\partial u_\alpha}\right)_p + \eta_\alpha(p) \left(\frac{\partial}{\partial v_\alpha}\right)_p \qquad (p \in U_\alpha) \tag{3.36}$$

と表示できる．任意の地図に対して，U_α 上の 2 つの関数 ξ_α, η_α が共に C^k 関数となるとき，X は，C^k ベクトル場という．

C^∞ ベクトル場 X は，$f \in C^\infty(M)$ に対して，次のように定義される $Xf \in C^\infty(M)$ を対応させる微分作用素として，定義することができる：

$$(Xf)(p) = X_p f = \xi_\alpha(p) \left(\frac{\partial f}{\partial u_\alpha}\right)_p + \eta_\alpha(p) \left(\frac{\partial f}{\partial v_\alpha}\right)_p \qquad (p \in U_\alpha) \tag{3.37}$$

別の地図 U_β $(\psi_\beta = \pi_{V_\beta} \circ \varphi_\beta)$ を取り，U_β 上の局所座標を (u_β, v_β) とすると，$p \in U_\alpha \cap U_\beta$ に対して，

$$X_p = \xi_\alpha(p)\left(\frac{\partial}{\partial u_\alpha}\right)_p + \eta_\alpha(p)\left(\frac{\partial}{\partial v_\alpha}\right)_p$$
$$= \xi_\beta(p)\left(\frac{\partial}{\partial u_\beta}\right)_p + \eta_\beta(p)\left(\frac{\partial}{\partial v_\beta}\right)_p \tag{3.38}$$

とすると,

$$\begin{pmatrix} \xi_\alpha \\ \eta_\alpha \end{pmatrix} = \begin{pmatrix} \frac{\partial u_\alpha}{\partial u_\beta} & \frac{\partial u_\alpha}{\partial v_\beta} \\ \frac{\partial v_\alpha}{\partial u_\beta} & \frac{\partial v_\alpha}{\partial v_\beta} \end{pmatrix} \begin{pmatrix} \xi_\beta \\ \eta_\beta \end{pmatrix} \tag{3.39}$$

が成り立つ.逆に, (3.39) が成り立てば,等式 (3.38) が成り立ち, X が地図の取り方によらずに定義されることがわかる.

M 上の C^∞ ベクトル場全体の空間を $\mathfrak{X}(M)$ と書く.

3.3.6　ベクトル場の交換子

M 上の 2 つの C^∞ ベクトル場 X, Y に対して, M 上の第 3 のベクトル場 $[X, Y]$ が次のように定義される:

$$[X,Y]f = X(Yf) - Y(Xf), \qquad f \in C^\infty(M). \tag{3.40}$$

地図 U_α を取り, U_α 上の局所座標 (u_α, v_α) を用いて,

$$X = \xi_\alpha \frac{\partial}{\partial u_\alpha} + \eta_\alpha \frac{\partial}{\partial v_\alpha}, \quad Y = \lambda_\alpha \frac{\partial}{\partial u_\alpha} + \mu_\alpha \frac{\partial}{\partial v_\alpha}$$

と表示したとき,

$$\begin{aligned}[] [X,Y] &= \left\{\xi_\alpha \frac{\partial \lambda_\alpha}{\partial u_\alpha} + \eta_\alpha \frac{\partial \lambda_\alpha}{\partial v_\alpha} - \frac{\partial \xi_\alpha}{\partial u_\alpha}\lambda_\alpha - \frac{\partial \xi_\alpha}{\partial v_\alpha}\mu_\alpha\right\}\frac{\partial}{\partial u_\alpha} \\ &+ \left\{\xi_\alpha \frac{\partial \mu_\alpha}{\partial u_\alpha} + \eta_\alpha \frac{\partial \mu_\alpha}{\partial v_\alpha} - \frac{\partial \eta_\alpha}{\partial u_\alpha}\lambda_\alpha - \frac{\partial \eta_\alpha}{\partial v_\alpha}\mu_\alpha\right\}\frac{\partial}{\partial v_\alpha} \end{aligned} \tag{3.41}$$

が成り立つ. $[X, Y]$ を 2 つのベクトル場 X と Y の交換子という.

3.4　リーマン多様体

3.4.1　リーマン計量

多様体 M の各点 p での接空間 T_pM 上に内積 $g_p(u,v)$ $(u, v \in T_pM)$ が与

えられているとき，この g を M 上のリーマン計量という．すなわち, g_p は次の内積の性質を満たす.

$$\begin{cases} g_p(u,v) = g_p(v,u) & (u,v \in T_pM) \\ g_p(u_1+u_2,v) = g_p(u_1,v) + g_p(u_2,v) & (u_1,u_2,v \in T_pM) \\ g_p(a\,u,v) = a\,g_p(u,v) & (a \in \mathbb{R},\ u,v \in T_pM) \\ g_p(u,u) > 0 & (0 \neq u \in T_pM) \end{cases} \quad (3.42)$$

さらに，M の地図 (U_α, ψ_α) $(\psi_\alpha = \pi_{V_\alpha} \circ \varphi_\alpha)$ $(\alpha \in A)$ を取り，M 上の2つのベクトル場 X, Y を，

$$X = \xi_\alpha \frac{\partial}{\partial u_\alpha} + \eta_\alpha \frac{\partial}{\partial v_\alpha}, \quad Y = \lambda_\alpha \frac{\partial}{\partial u_\alpha} + \mu_\alpha \frac{\partial}{\partial v_\alpha}$$

と表示したとき，U_α 上で，

$$g(X,Y) = \xi_\alpha \lambda_\alpha E_\alpha + (\xi_\alpha \mu_\alpha + \eta_\alpha \lambda_\alpha) F_\alpha + \eta_\alpha \mu_\alpha G_\alpha \quad (3.43)$$

と表される．ここで $E_\alpha, F_\alpha, G_\alpha$ は，

$$E_\alpha = g\left(\frac{\partial}{\partial u_\alpha}, \frac{\partial}{\partial u_\alpha}\right),\ F_\alpha = g\left(\frac{\partial}{\partial u_\alpha}, \frac{\partial}{\partial v_\alpha}\right),\ G_\alpha = g\left(\frac{\partial}{\partial v_\alpha}, \frac{\partial}{\partial v_\alpha}\right) \quad (3.44)$$

によって定義される U_α 上の関数である．U_α 上の各点で，行列 $(g_\alpha) = \begin{pmatrix} E_\alpha & F_\alpha \\ F_\alpha & G_\alpha \end{pmatrix}$ は正定値行列である．ゆえに，その行列式 $|g_\alpha| := \det(g_\alpha)$ は

$$|g_\alpha| = \det(g_\alpha) = E_\alpha G_\alpha - F_\alpha{}^2 > 0$$

を満たし，(g_α) の逆行列 $(g_\alpha)^{-1}$ が存在する．逆行列 $(g_\alpha)^{-1}$ は次のように計算される.

$$(g_\alpha)^{-1} = \frac{1}{E_\alpha G_\alpha - F_\alpha{}^2} \begin{pmatrix} G_\alpha & -F_\alpha \\ -F_\alpha & E_\alpha \end{pmatrix} \quad (3.45)$$

任意の地図 (U_α, ψ_α) $(\psi_\alpha = \pi_{V_\alpha} \circ \varphi_\alpha)$ について，$E_\alpha, F_\alpha, G_\alpha$ が U_α 上の C^k 関数となるとき，g を $\boldsymbol{C^k}$ **リーマン計量**といい，(M,g) を，$\boldsymbol{C^k}$ **リーマン多様体**という．

(3.43) および (3.44) であることを，

$$(*) \quad g = E_\alpha\, du_\alpha \circ du_\alpha + 2F_\alpha\, du_\alpha \circ dv_\alpha + G_\alpha\, dv_\alpha \circ dv_\alpha$$

と書く．

例 3.6 3次元ユークリッド空間 $\mathbb{R}^3 = \{(x_1, x_2, x_3)|\, x_i \in \mathbb{R}\, (i = 1, 2, 3)\}$ 上のリーマン計量として，任意の点 $p = (x_1, x_2, x_3) \in \mathbb{R}^3$ に対して，

$$(g_0)_p(u, v) := \sum_{i=1}^{3} u_i v_i \left(u = \sum_{i=1}^{3} u_i \left(\frac{\partial}{\partial x_i}\right)_p,\ v = \sum_{i=1}^{3} v_i \left(\frac{\partial}{\partial x_i}\right)_p \in T_p\mathbb{R}^3 \right)$$

を考えることができる．g_0 を $\mathbb{R}^3$ 上の標準リーマン計量という．これを，

$$(**) \quad g_0 = \sum_{i=1}^{3} dx_i \circ dx_i$$

と略記することがある．

例 3.7 M を2次元 C^∞ 多様体とし，M が $\mathbb{R}^3$ 内の閉部分集合であるとし，その包含写像を $\iota: M \subset \mathbb{R}^3$ とする．このとき，

$$\iota(M) = \{\mathbf{r}(p) := (x_1(p), x_2(p), x_3(p)|\, p \in M\}$$

とかける．ここで $\mathbf{r}(p)$ は $p \in M$ の位置ベクトルである．M の任意の地図 (U_α, ψ_α), $\psi_\alpha = \pi_{V_\alpha} \circ \varphi_\alpha$ に対して，(u_α, v_α) を U_α 上の局所座標とする．ここで次のような形式的な計算をする：M 上で

$$\iota^*(dx_i) = \frac{\partial x_i}{\partial u_\alpha}\, du_\alpha + \frac{\partial x_i}{\partial v_\alpha}\, dv_\alpha$$

とおいて，$(**)$ に代入すると，

$$\begin{aligned}
\iota^* g_0 &= \sum_{i=1}^{3} \iota^*(dx_i) \circ \iota^*(dx_i) \\
&= \sum_{i=1}^{3} \left(\frac{\partial x_i}{\partial u_\alpha}\, du_\alpha + \frac{\partial x_i}{\partial v_\alpha}\, dv_\alpha \right) \circ \left(\frac{\partial x_i}{\partial u_\alpha}\, du_\alpha + \frac{\partial x_i}{\partial v_\alpha}\, dv_\alpha \right) \\
&= \sum_{i=1}^{3} \left\{ \left(\frac{\partial x_i}{\partial u_\alpha}\right)^2 du_\alpha \circ du_\alpha + 2 \left(\frac{\partial x_i}{\partial u_\alpha}\right) \left(\frac{\partial x_i}{\partial v_\alpha}\right) du_\alpha \circ dv_\alpha \right.
\end{aligned}$$

$$+ \left(\frac{\partial x_i}{\partial v_\alpha}\right)^2 dv_\alpha \circ dv_\alpha \Big\}$$

$$= \left\langle \frac{\partial \mathbf{r}}{\partial u_\alpha}, \frac{\partial \mathbf{r}}{\partial u_\alpha} \right\rangle du_\alpha \circ du_\alpha + 2 \left\langle \frac{\partial \mathbf{r}}{\partial u_\alpha}, \frac{\partial \mathbf{r}}{\partial v_\alpha} \right\rangle du_\alpha \circ dv_\alpha$$

$$+ \left\langle \frac{\partial \mathbf{r}}{\partial v_\alpha}, \frac{\partial \mathbf{r}}{\partial v_\alpha} \right\rangle dv_\alpha \circ dv_\alpha$$

となる. ただし,

$$\frac{\partial \mathbf{r}}{\partial u_\alpha} := \left(\frac{\partial x_1}{\partial u_\alpha}, \frac{\partial x_2}{\partial u_\alpha}, \frac{\partial x_3}{\partial u_\alpha} \right), \quad \frac{\partial \mathbf{r}}{\partial v_\alpha} := \left(\frac{\partial x_1}{\partial v_\alpha}, \frac{\partial x_2}{\partial v_\alpha}, \frac{\partial x_3}{\partial v_\alpha} \right)$$

である. そこで,

$$E_\alpha := \left\langle \frac{\partial \mathbf{r}}{\partial u_\alpha}, \frac{\partial \mathbf{r}}{\partial u_\alpha} \right\rangle, \quad F_\alpha := \left\langle \frac{\partial \mathbf{r}}{\partial u_\alpha}, \frac{\partial \mathbf{r}}{\partial v_\alpha} \right\rangle, \quad G_\alpha := \left\langle \frac{\partial \mathbf{r}}{\partial v_\alpha}, \frac{\partial \mathbf{r}}{\partial v_\alpha} \right\rangle$$

とおくと, 上の $\iota^* g_0$ は,

$$\iota^* g_0 = E_\alpha \, du_\alpha \circ du_\alpha + 2 F_\alpha \, du_\alpha \circ dv_\alpha + G_\alpha \, dv_\alpha \circ dv_\alpha$$

と表される. この $\iota^* g_0$ が $T_p M$ 上の内積を与えるための必要十分条件は, 次の不等式が成り立つことである:

$$\det \begin{pmatrix} E_\alpha & F_\alpha \\ F_\alpha & G_\alpha \end{pmatrix} = \det \begin{pmatrix} \left\langle \frac{\partial \mathbf{r}}{\partial u_\alpha}, \frac{\partial \mathbf{r}}{\partial u_\alpha} \right\rangle & \left\langle \frac{\partial \mathbf{r}}{\partial u_\alpha}, \frac{\partial \mathbf{r}}{\partial v_\alpha} \right\rangle \\ \left\langle \frac{\partial \mathbf{r}}{\partial u_\alpha}, \frac{\partial \mathbf{r}}{\partial v_\alpha} \right\rangle & \left\langle \frac{\partial \mathbf{r}}{\partial v_\alpha}, \frac{\partial \mathbf{r}}{\partial v_\alpha} \right\rangle \end{pmatrix} > 0$$

$$\iff \left| \left\langle \frac{\partial \mathbf{r}}{\partial u_\alpha}, \frac{\partial \mathbf{r}}{\partial v_\alpha} \right\rangle \right| < \sqrt{\left\langle \frac{\partial \mathbf{r}}{\partial u_\alpha}, \frac{\partial \mathbf{r}}{\partial u_\alpha} \right\rangle} \sqrt{\left\langle \frac{\partial \mathbf{r}}{\partial v_\alpha}, \frac{\partial \mathbf{r}}{\partial v_\alpha} \right\rangle}$$

ここで, 不等式

$$\left| \left\langle \frac{\partial \mathbf{r}}{\partial u_\alpha}, \frac{\partial \mathbf{r}}{\partial v_\alpha} \right\rangle \right| \leq \sqrt{\left\langle \frac{\partial \mathbf{r}}{\partial u_\alpha}, \frac{\partial \mathbf{r}}{\partial u_\alpha} \right\rangle} \sqrt{\left\langle \frac{\partial \mathbf{r}}{\partial v_\alpha}, \frac{\partial \mathbf{r}}{\partial v_\alpha} \right\rangle}$$

は, コーシー・シュワルツの不等式であるのでいつでも成り立つ. さらに, ここでこれが不等号成立となるのは $\frac{\partial \mathbf{r}}{\partial u_\alpha}$ と $\frac{\partial \mathbf{r}}{\partial v_\alpha}$ が平行でないこと, すなわち,

$$\frac{\partial \mathbf{r}}{\partial u_\alpha} = \lambda(p) \frac{\partial \mathbf{r}}{\partial v_\alpha} \quad \text{または} \quad \frac{\partial \mathbf{r}}{\partial v_\alpha} = \mu(p) \frac{\partial \mathbf{r}}{\partial u_\alpha}$$

となる 2 つの実数 $\lambda(p), \mu(p)$ が存在しないことであり, これは

『行列 $\begin{pmatrix} \frac{\partial \mathbf{r}}{\partial u_\alpha} \\ \frac{\partial \mathbf{r}}{\partial v_\alpha} \end{pmatrix} = \begin{pmatrix} \frac{\partial x_1}{\partial u_\alpha} & \frac{\partial x_2}{\partial u_\alpha} & \frac{\partial x_3}{\partial u_\alpha} \\ \frac{\partial x_1}{\partial v_\alpha} & \frac{\partial x_2}{\partial v_\alpha} & \frac{\partial x_3}{\partial v_\alpha} \end{pmatrix}$ の階数が U_α 上の各点で 2 になる』ことと同等である．M の任意の地図 (U_α, ψ_α) についてこの条件が満たされるとき，M は $\mathbb{R}^3$ の部分多様体であるという．このとき得られる M 上のリーマン計量 $\iota^* g_0$ を，$\mathbb{R}^3$ 上のリーマン計量 g_0 の包含写像 $\iota : M \subset \mathbb{R}^3$ による引き戻しという．

3.4.2 リーマン距離

C^∞ リーマン多様体 (M, g) 内の C^1 曲線 $c : [a, b] \to M$ の長さとは，

$$L(c) := \int_a^b \sqrt{g_{c(t)}(\dot{c}(t), \dot{c}(t))} dt \tag{3.46}$$

のことである．ここで，$\dot{c}(t) = \frac{dc}{dt}(t)$ である．曲線の長さはパラメータの取り方によらない．連続曲線 $c : [a, b] \to M$ が M の 2 点 x と y を結ぶ区分的 C^1 曲線であるとは，$c(a) = x$，かつ $c(b) = y$ であり，区間 $[a, b]$ の分割

$$a = t_0 < t_1 < \cdots < t_{k-1} < t_k = b$$

を選び，各 $j = 1, \cdots, k$ について，c の $[t_{j-1}, t_j]$ への制限 $c_j := c|_{[t_{j-1}, t_j]} : [t_{j-1}, t_j] \to M$ が C^1 曲線となるときをいう．このとき，c の長さ $L(c)$ が，

$$L(c) = \sum_{j=1}^k L(c_j)$$

により定義される．

定義 3.3 (リーマン距離) C^∞ リーマン多様体 (M, g) 内の任意の 2 点 x, $y \in M$ に対して，$C_{x,y}$ を M 内の x と y を結ぶ区分的 C^1 曲線全体の集合とする．このとき，

$$r(x, y) := \inf\{L(c) : c \in C_{x,y}\} \tag{3.47}$$

と定義する．次の定理のように，$r(x, y)$ $(x, y \in M)$ は M 上の距離を与える．これをリーマン多様体 (M, g) のリーマン距離という．$x \in M$ と正数 $r > 0$ に対して，

$$B_r(x) := \{y \in M : r(x,y) < r\}$$

を,中心 x, 半径 r の開ボールという.

定理 3.1

(1) 上の定義で与えられる $r(x,y)$ $(x, y \in M)$ は距離となる,すなわち, $x, y, z \in M$ とすると,

(i) $r(x,y) \geq 0$,かつ $r(x,y) = 0$ となるのは $x = y$ のときに限る.

(ii) $r(x,y) = r(y,x)$,

(iii) $r(x,y) + r(y,z) \geq r(x,z)$.

(2) M の距離 r による位相は M にある元の位相と一致する.すなわち, M の任意の開集合 O と任意の O の点 $x \in O$ に対して,十分小さな $r > 0$ を選ぶと, $B_r(x) \subset O$ となる.逆に, M 内の任意の点 $x \in M$ と任意の正数 $r > 0$ に対して, $O' \subset B_r(x)$ となる開集合 O' を選ぶことができる.

(証明は [酒井 [26]], 36 頁を見よ.)

定義 3.4 C^∞ リーマン多様体 (M,g) 内の点列 $\{x_k\}_{k=1}^\infty$ がコーシー列であるとは,

$$r(x_k, x_\ell) \longrightarrow 0 \quad (k, \ell \longrightarrow \infty)$$

が成り立つときをいう.任意のコーシー列が収束するとき,すなわち, (M,g) のリーマン距離 r に関する距離空間 (M,r) が完備距離空間となるとき,リーマン多様体 (M,g) は完備であるという.

M の部分集合 A がコンパクトであるとは, A に属する任意の点列が収束する部分列をもち,その極限点も A に属するときをいう. M の部分集合 A が有界であるとは, $A \subset B_r(x)$ となる点 $x \in M$ と正数 $r > 0$ が存在するときをいう.完備リーマン多様体の任意の有界閉集合はコンパクトである (定理 3.2).

定理 3.2 (ホップ・リノウの定理) C^∞ リーマン多様体 (M,g) について,次の2つの条件は同値である.

(i) リーマン多様体 (M,g) は完備である.

(ii) M の任意の点 $x \in M$ と任意の正数 $r > 0$ に対して, $B_r(x)$ の閉包

$$\overline{B}_r(x) := \{y \in M : r(x,y) \leq r\}$$

はコンパクトである.

このどちらかの条件が成り立つとき, M の任意の 2 点 $x, y \in M$ に対して, $L(c) = r(x,y)$ を満たす x と y を結ぶ最短曲線 c が存在する. とくに, M がコンパクトならば, (M, g) は完備リーマン多様体である.

3.4.3 勾配ベクトル

g を M 上の C^∞ リーマン計量とする. $f \in C^\infty(M)$ に対して, M 上のベクトル場 $\nabla f \in \mathfrak{X}(M)$ を,

$$g(\nabla f, Y) = Yf \qquad (\forall\, Y \in \mathfrak{X}(M)) \tag{3.48}$$

が成り立つように定義することができる. $\nabla f \in \mathfrak{X}(M)$ を関数 f の勾配ベクトルという.

$\nabla f = \xi_\alpha \frac{\partial}{\partial u_\alpha} + \eta_\alpha \frac{\partial}{\partial v_\alpha}$ と表示したとき, U_α 上の 2 つの C^∞ 関数 ξ_α と η_α は,

$$\begin{pmatrix} E_\alpha & F_\alpha \\ F_\alpha & G_\alpha \end{pmatrix} \begin{pmatrix} \xi_\alpha \\ \eta_\alpha \end{pmatrix} = \begin{pmatrix} \frac{\partial f}{\partial u_\alpha} \\ \frac{\partial f}{\partial v_\alpha} \end{pmatrix} \tag{3.49}$$

の解として与えられる.

実際, 任意の $Y \in \mathfrak{X}(M)$ は U_α 上で, $Y = \lambda_\alpha \frac{\partial}{\partial u_\alpha} + \mu_\alpha \frac{\partial}{\partial v_\alpha}$ と書けるので, (3.48) が成り立つ必要十分条件は, U_α 上の任意の C^∞ 関数 $\lambda_\alpha, \mu_\alpha$ に対して,

$$\left(\xi_\alpha E_\alpha + \eta_\alpha F_\alpha - \frac{\partial f}{\partial u_\alpha}\right)\lambda_\alpha + \left(\xi_\alpha F_\alpha + \eta_\alpha G_\alpha - \frac{\partial f}{\partial v_\alpha}\right)\mu_\alpha = 0$$

が成り立つことである. これが成り立つ必要十分条件は (3.49) が成り立つことであるからである. //

したがって, (3.45) と (3.49) により, $\nabla f = \xi_\alpha \frac{\partial}{\partial u_\alpha} + \eta_\alpha \frac{\partial}{\partial v_\alpha}$ は次のように与えられる.

$$\begin{pmatrix} \xi_\alpha \\ \eta_\alpha \end{pmatrix} = (g_\alpha)^{-1} \begin{pmatrix} \frac{\partial f}{\partial u_\alpha} \\ \frac{\partial f}{\partial v_\alpha} \end{pmatrix} = \frac{1}{E_\alpha G_\alpha - F_\alpha^2} \begin{pmatrix} G_\alpha \frac{\partial f}{\partial u_\alpha} - F_\alpha \frac{\partial f}{\partial v_\alpha} \\ -F_\alpha \frac{\partial f}{\partial u_\alpha} + E_\alpha \frac{\partial f}{\partial v_\alpha} \end{pmatrix} \tag{3.50}$$

3.4.4 ベクトル場の発散

M 上の C^∞ リーマン計量 g と C^∞ ベクトル場 $X = \xi_\alpha \frac{\partial}{\partial u_\alpha} + \eta_\alpha \frac{\partial}{\partial v_\alpha} \in \mathfrak{X}(M)$ に対して, X の発散 $\mathrm{div}(X) \in C^\infty(M)$ を,

$$\mathrm{div}(X) := \frac{1}{\sqrt{E_\alpha G_\alpha - F_\alpha{}^2}} \left\{ \frac{\partial}{\partial u_\alpha} \left(\sqrt{E_\alpha G_\alpha - F_\alpha{}^2} \, \xi_\alpha \right) \right.$$
$$\left. + \frac{\partial}{\partial v_\alpha} \left(\sqrt{E_\alpha G_\alpha - F_\alpha{}^2} \, \eta_\alpha \right) \right\}$$
$$= \frac{1}{\sqrt{|g_\alpha|}} \left\{ \frac{\partial}{\partial u_\alpha} \left(\sqrt{|g_\alpha|} \, \xi_\alpha \right) + \frac{\partial}{\partial v_\alpha} \left(\sqrt{|g_\alpha|} \, \eta_\alpha \right) \right\} \quad (3.51)$$

と定義することができる. $\mathrm{div}(X)$ は地図 (U_α, ψ_α) $(\psi_\alpha = \pi_{V_\alpha} \circ \varphi_\alpha)$ $(\alpha \in A)$ の取り方によらない.

3.4.5 リーマン面積要素

C^∞ リーマン計量 g に関するリーマン面積要素とは,

$$v_g = \sqrt{|g_\alpha|} \, du_\alpha \, dv_\alpha = \sqrt{E_\alpha G_\alpha - F_\alpha{}^2} \, du_\alpha \, dv_\alpha \quad (3.52)$$

となる M 上の測度をいう. v_g のこの表示は地図 (U_α, ψ_α) $(\psi_\alpha = \pi_{V_\alpha} \circ \varphi_\alpha)$ $(\alpha \in A)$ の取り方によらない.

3.4.6 1の分割 (単位の分割)

以下では, M の部分集合からなる集合族 $\{V_\alpha | \alpha \in A\}$ が被覆であるとは, $\cup_{\alpha \in A} V_\alpha = M$ となるときをいう. 各 V_α $(\alpha \in A)$ が開集合のとき開被覆という. M の開被覆 $\{V_\alpha | \alpha \in A\}$ が局所有限であるとは, M の任意の点 $x \in M$ に対して, x の近傍 U で, $U \cap V_\alpha \neq \emptyset$ となる $\alpha \in A$ は有限個となる U をもつときをいう. 2つの開被覆 $\{U_\alpha | \alpha \in A\}$ と $\{V_\beta | \beta \in B\}$ について, $\{V_\beta | \beta \in B\}$ が $\{U_\alpha | \alpha \in A\}$ の細分であるとは, 任意の V_β は少なくとも1つの U_α について, $V_\beta \subset U_\alpha$ となるときをいう. 位相空間 M がパラコンパクトであるとは, M の任意の開被覆について, その細分となるような局所有限となる開被覆が存在するときをいう.

定義 3.5 多様体 M の局所有限な開被覆 $\{U_\alpha | \alpha \in A\}$ に対して,M 上の C^∞ 関数の族 $\{f_\alpha | \alpha \in A\}$ が **1 の分解** (単位の分解) であるとは,次の条件 (1), (2), (3) を満たすことをいう.

(1) 各 $\alpha \in A$ に対して,$0 \leq f_\alpha(x) \leq 1$ ($\forall\, x \in M$).

(2) 任意の $\alpha \in A$ に対して,$\mathrm{supp}(f_\alpha) \subset U_\alpha$ が成り立つ.ここで $\mathrm{supp}(f_\alpha)$ は,f_α の台である.

(3) M の任意の点 x に対して,

$$\sum_{\alpha \in A} f_\alpha(x) = 1 \quad (じつは,局所有限性より有限和である)$$

が成り立つ.

ここで M 上の C^∞ 関数 $f \in C^\infty(M)$ の台 (support) $\mathrm{supp}(f)$ とは,

$$\mathrm{supp}(f) := \overline{\{x \in M | f(x) \neq 0\}} \tag{3.53}$$

すなわち,f の零点集合の補集合の閉包のことをいう.

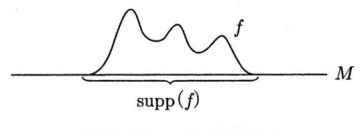

図 3.16 C^∞ 関数の台

定理 3.3 M をパラコンパクト多様体とする.$\{U_\alpha | \alpha \in A\}$ を M の局所有限な開被覆とし,任意の $\alpha \in A$ に対して,$\overline{U_\alpha}$ がコンパクトとする.このとき,$\{U_\alpha | \alpha \in A\}$ に対して,1 の分解 $\{f_\alpha | \alpha \in A\}$ が存在する.

注意:任意の距離空間はパラコンパクトであることが知られている.したがって,任意のリーマン多様体 (M, g) について,この定理 3.3 が成立する.

3.4.7 M 上の積分

M がコンパクトとする.このとき,M 上の連続関数の積分が次のように定義される.M 上の連続関数 f に対して,

$$\int_M f \, v_g := \int_M \sum_{\alpha \in A} f f_\alpha \, v_g$$
$$= \sum_{\alpha \in A} \int_{U_\alpha} f f_\alpha \, v_g$$
$$= \sum_{\alpha \in A} \int_{U_\alpha} f f_\alpha \sqrt{|g_\alpha|} \, du_\alpha dv_\alpha, \tag{3.54}$$

とする．ここで $\{f_\alpha | \alpha \in A\}$ は地図帳 $\{U_\alpha | \alpha \in A\}$ に対応する 1 の分解である．

このとき次の定理が成り立つ．

定理 3.4 (多様体 M 上のグリーンの定理)　M はコンパクトとする．このとき M 上の C^∞ ベクトル場 X と C^∞ 関数 f に対して次が成り立つ．

(1)　$\int_M \mathrm{div}(X) \, v_g = 0$.
(2)　$\int_M f \mathrm{div}(X) \, v_g = -\int_M g(\nabla f, X) \, v_g$.

[証明]　((1) の証明)　$\{f_\alpha | \alpha \in A\}$ を，地図帳 $\{U_\alpha | \alpha \in A\}$ に対する 1 の分解とする．このとき，

$$\int_M \mathrm{div}(X) \, v_g = \int_M \mathrm{div}\left(\sum_{\alpha \in A} f_\alpha X\right) v_g$$
$$= \sum_{\alpha \in A} \int_{U_\alpha} \mathrm{div}(f_\alpha X) \, v_g$$
$$= \sum_{\alpha \in A} \int_{U_\alpha} \left\{\frac{\partial}{\partial u_\alpha}\left(\sqrt{|g_\alpha|} f_\alpha \xi_\alpha\right) + \frac{\partial}{\partial v_\alpha}\left(\sqrt{|g_\alpha|} f_\alpha \eta_\alpha\right)\right\} du_\alpha dv_\alpha$$
$$\triangleq \sum_{\alpha \in A} \int_{\partial U_\alpha} \left\{\sqrt{|g_\alpha|} f_\alpha \xi_\alpha \, dv_\alpha - \sqrt{|g_\alpha|} f_\alpha \eta_\alpha \, du_\alpha\right\}$$
$$= 0$$

ここで最後の等式は，1 の分解において，$f_\alpha = 0$ (∂U_α 上で) となるように取っているからである．また，等式 $\triangleq$ は次のグリーンの定理からいえる．

定理 3.5 (平面領域のグリーンの定理)　uv-平面内の有界領域 Ω 上の 2 つの C^∞ 関数 P, Q に対して，次式が成り立つ．

$$\int_{\partial \Omega} \{P(u,v)du + Q(u,v)dv\} = \iint_{\Omega} \left\{ \frac{\partial Q}{\partial u} - \frac{\partial P}{\partial v} \right\} dudv \tag{3.55}$$

この定理を, $\Omega = U_\alpha$ ($\alpha \in A$) に対して用いればよい.

[証明] ((2) の証明)　M 上の各点で,

$$\mathrm{div}(fX) = f\,\mathrm{div}(X) + g(\nabla f, X) \tag{3.56}$$

が成り立つことを示す. そうすれば, この両辺を M 上で積分して, (1) を使えば求める結果を得る.

$$\int_M f\,\mathrm{div}(X)v_g + \int_M g(\nabla f, X)v_g = \int_M \mathrm{div}(fX)v_g = 0 \tag{3.57}$$

(3.56) は次のように計算して示される. 各地図 U_α 上において, $fX = (f\xi_\alpha)\frac{\partial}{\partial u_\alpha} + (f\eta_\alpha)\frac{\partial}{\partial v_\alpha}$ なので,

$$\begin{aligned}
\mathrm{div}(fX) &= \frac{1}{\sqrt{|g_\alpha|}} \left\{ \frac{\partial}{\partial u_\alpha}\left(\sqrt{|g_\alpha|}\,f\xi_\alpha\right) + \frac{\partial}{\partial v_\alpha}\left(\sqrt{|g_\alpha|}\,f\eta_\alpha\right) \right\} \\
&= \frac{\partial f}{\partial u_\alpha}\xi_\alpha + \frac{\partial f}{\partial v_\alpha}\eta_\alpha + f\left\{ \frac{\partial}{\partial u_\alpha}\left(\sqrt{|g_\alpha|}\,\xi_\alpha\right) + \frac{\partial}{\partial v_\alpha}\left(\sqrt{|g_\alpha|}\,\eta_\alpha\right) \right\} \\
&= Xf + f\,\mathrm{div}(X) \\
&= g(\nabla f, X) + f\,\mathrm{div}(X)
\end{aligned}$$

ゆえに, (3.56) を得た. 以上より, 定理 3.4 は示された.　　//

3.4.8　ラプラス作用素 (ラプラシアン)

リーマン多様体 (M, g) に対して, 次のような M 上の C^∞ 関数に作用する微分作用素を定義する.

定義 3.6　$f \in C^\infty(M)$ に対して,

$$\begin{aligned}
\Delta_g f &:= -\mathrm{div}(\nabla f) \\
&= -\frac{1}{\sqrt{|g_\alpha|}} \left\{ \frac{\partial}{\partial u_\alpha}\left(\sqrt{|g_\alpha|}\,\xi_\alpha\right) + \frac{\partial}{\partial v_\alpha}\left(\sqrt{|g_\alpha|}\,\eta_\alpha\right) \right\}
\end{aligned} \tag{3.58}$$

ここで $\nabla f = \xi_\alpha \frac{\partial}{\partial u_\alpha} + \eta_\alpha \frac{\partial}{\partial v_\alpha}$ であり, ξ_α, η_α は (3.50) により与えられる. また, $|g_\alpha| = \det(g_\alpha) = E_\alpha G_\alpha - F_\alpha{}^2$ である. したがって,

$$\Delta_g f = -\frac{1}{\sqrt{|g_\alpha|}} \left\{ \frac{\partial}{\partial u_\alpha} \left(\frac{1}{\sqrt{|g_\alpha|}} \left(G_\alpha \frac{\partial f}{\partial u_\alpha} - F_\alpha \frac{\partial f}{\partial v_\alpha} \right) \right) \right.$$
$$\left. + \frac{\partial}{\partial v_\alpha} \left(\frac{1}{\sqrt{|g_\alpha|}} \left(-F_\alpha \frac{\partial f}{\partial u_\alpha} + E_\alpha \frac{\partial f}{\partial v_\alpha} \right) \right) \right\}$$
$$= -\frac{1}{|g_\alpha|} \left\{ G_\alpha \frac{\partial^2 f}{\partial u_\alpha{}^2} - 2F_\alpha \frac{\partial^2 f}{\partial u_\alpha \partial v_\alpha} + E_\alpha \frac{\partial^2 f}{\partial v_\alpha{}^2} \right\}$$
$$- \frac{1}{\sqrt{|g_\alpha|}} \left\{ \left(\frac{\partial}{\partial u_\alpha} \left(\frac{G_\alpha}{\sqrt{|g_\alpha|}} \right) - \frac{\partial}{\partial v_\alpha} \left(\frac{F_\alpha}{\sqrt{|g_\alpha|}} \right) \right) \frac{\partial f}{\partial u_\alpha} \right.$$
$$\left. + \left(-\frac{\partial}{\partial u_\alpha} \left(\frac{F_\alpha}{\sqrt{|g_\alpha|}} \right) + \frac{\partial}{\partial v_\alpha} \left(\frac{E_\alpha}{\sqrt{|g_\alpha|}} \right) \right) \frac{\partial f}{\partial v_\alpha} \right\} \quad (3.59)$$

となる. ここで $-\Delta_g$ の 2 階偏微分の項に関する係数行列は

$$\frac{1}{|g_\alpha|} \begin{pmatrix} G_\alpha & -F_\alpha \\ -F_\alpha & E_\alpha \end{pmatrix} = (g_\alpha)^{-1} \quad (3.60)$$

となり, これは正定値行列である. したがって, Δ_g は楕円型偏微分作用素である. ラプラス作用素 (ラプラシアン) という.

ラプラシアン Δ_g は次の性質を満たす.

定理 3.6 (M, g) が 2 次元 C^∞ コンパクト・リーマン多様体とする. 次が成り立つ.

(1) $f_1, f_2 \in C^\infty(M)$ に対して,

$$\int_M (\Delta_g f_1) f_2 \, v_g = \int_M f_1 (\Delta_g f_2) \, v_g = \int_M g(\nabla f_1, \nabla f_2) \, v_g. \quad (3.61)$$

(2) とくに, $f_1 = f_2 = f \in C^\infty(M)$ とおいて,

$$\int_M (\Delta_g f) f \, v_g = \int_M g(\nabla f, \nabla f) \, v_g \geq 0. \quad (3.62)$$

ゆえに, $\Delta_g f = 0$ (M 上) が成り立てば, f は定数関数となる.

(3) 任意の $f \in C^\infty(M)$ に対して,

$$\int_M (\Delta_g f) \, v_g = 0. \tag{3.63}$$

[証明] (1) について, 定理 3.4 (2) により, $f_1, f_2 \in C^\infty(M)$ に対して,

$$\begin{aligned}\int_M (\Delta_g f_1) \, f_2 \, v_g &= \int_M (-\mathrm{div}(\nabla f_1) \, f_2 \, v_g \\ &= \int_M g(\nabla f_2, \nabla f_1) \, v_g \\ &= \int_M f_1 \, (\Delta_g f_2) \, v_g\end{aligned}$$

(2) について, (1) により (3.62) 式が得られる. また, $\Delta_g f = 0$ とすれば, (3.62) 式の両辺は零なので, $\nabla f = 0$ となる. これから, f は定数関数であることが導かれる. (3) について, (3.61) において, $f_1 = f, f_2 = 1$ (定数関数) とおくと, $\nabla f_2 = \nabla 1 = 0$ なので,

$$\int_M (\Delta_g f) \, v_g = \int_M g(\nabla f, \nabla 1) \, v_g = 0$$

以上により, 定理 3.6 を得た. //

3.5 n 次元リーマン多様体

以上の話は, 一般の n 次元 C^∞ リーマン多様体でも成立する. ここで, まとめておこう.

3.5.1 n 次元 C^∞ 多様体

n 次元 C^∞ 多様体 M とは, M の各点の周りに開近傍 U_α ($\alpha \in A$) (地図, あるいは座標近傍という) と $\mathbb{R}^n$ の中への同相写像 $\psi_\alpha : U_\alpha \to \mathbb{R}^n$ が存在して, M の開被覆 $\{(U_\alpha, \psi_\alpha) | \alpha \in A\}$ (地図帳という) が次の性質を満たすときをいうのであった: $U_\alpha \cap U_\beta \neq \emptyset$ ならば,

$$\psi_\beta \circ \psi_\alpha^{-1} : \mathbb{R}^n \supset \psi_\alpha(U_\alpha \cap U_\beta) \to \psi_\beta(U_\alpha \cap U_\beta) \subset \mathbb{R}^n$$

が C^∞ 微分同相となる.

$\mathbb{R}^n$ の標準座標を $(x_1, x_2, \cdots, x_n)$ としたとき, 地図 U_α 上の座標 (局所座標

という) $(x_\alpha^1, x_\alpha^2, \cdots, x_\alpha^n)$ が

$$x_\alpha^i := x_i \circ \psi_\alpha : U_\alpha \to \mathbb{R} \qquad (i = 1, 2, \cdots, n)$$

により，与えられる．

3.5.2 ベクトル場とラプラシアン

M 上の C^∞ ベクトル場 X とは，U_α 上において，

$$X_p = \sum_{i=1}^n \xi_\alpha^i(p) \left(\frac{\partial}{\partial x_\alpha^i}\right)_p \qquad (p \in U_\alpha)$$

と表示され，ここで，各 ξ_α^i $(i = 1, \cdots, n)$ は U_α 上の C^∞ 関数であり，さらに，別の座標近傍 (U_β, ψ_β) を取ると，

$$\xi_\beta^i = \sum_{j=1}^n \frac{\partial x_\beta^i}{\partial x_\alpha^j} \xi_\alpha^j \qquad (U_\alpha \cap U_\beta \text{ 上})$$

が成り立つものをいう．M 上の C^∞ ベクトル場全体を $\mathfrak{X}(M)$ と書く．2 つのベクトル場 $X, Y \in \mathfrak{X}(M)$ に対して，その交換子 $[X, Y] \in \mathfrak{X}(M)$ が (3.40) により定義されていた．

M 上の C^∞ リーマン計量 g とは，M の各点 p に対して，g_p が接空間 T_pM の内積であって，(3.42) を満たし，座標近傍 (U_α, ψ_α) に対して，

$$g_{ij}^\alpha(p) = g_p\left(\left(\frac{\partial}{\partial x_\alpha^i}\right)_p, \left(\frac{\partial}{\partial x_\alpha^j}\right)_p\right) \qquad (p \in U_\alpha)$$

とするとき，各 g_{ij}^α が U_α 上の C^∞ 関数であるものをいう．このとき，n 次の対称行列 $(g_{ij}^\alpha(p))$ は正定値行列である $(p \in U_\alpha)$．行列 (g_{ij}^α) の逆行列 $(g_\alpha^{k\ell})$ も正定値行列である．

C^∞ 関数 $f \in C^\infty(M)$ に対して，f の勾配ベクトル場 $X = \nabla f \in \mathfrak{X}(M)$ が次のように定義される．$X \in \mathfrak{X}(M)$ は

$$g(X, Y) = Yf, \qquad \forall\, Y \in \mathfrak{X}(M) \tag{3.64}$$

によりただ 1 つ定まるベクトル場である．$X = \nabla f = \mathrm{grad}(f)$ と書く．座標近傍 (U_α, ψ_α) をとり，U_α 上の局所座標 $(x_\alpha^1, x_\alpha^2, \cdots, x_\alpha^n)$ を使って，$X = \nabla f$ を

次のように表示することができる.

$$X = \nabla f = \mathrm{grad}(f) = \sum_{i,j=1}^{n} g_\alpha^{ij} \frac{\partial f}{\partial x_\alpha^j} \frac{\partial}{\partial x_\alpha^i} \tag{3.65}$$

ここで g_α^{ij} は行列 (g_{ij}^α) の逆行列 $(g_\alpha^{k\ell})$ の (i,j) 成分を表す.

M 上の C^∞ ベクトル場 $X \in \mathfrak{X}(M)$ に対して, X の発散と呼ばれる C^∞ 関数 $\mathrm{div}(X) \in C^\infty(M)$ が次のように定義される. 座標近傍 (U_α, ψ_α) をとり, U_α 上の局所座標 $(x_\alpha^1, x_\alpha^2, \cdots, x_\alpha^n)$ を使って, X を次のように表示する.

$$X = \sum_{i=1}^{n} X_\alpha^i \frac{\partial}{\partial x_\alpha^i} \tag{3.66}$$

ここで X_α^i は U_α 上の C^∞ 関数である $(i = 1, \cdots, n)$.

$$\mathrm{div}(X) = \frac{1}{\sqrt{|g_\alpha|}} \sum_{i=1}^{n} \frac{\partial}{\partial x_\alpha^i} \left(\sqrt{|g_\alpha|} X_\alpha^i \right) \tag{3.67}$$

ここで, $|g_\alpha| := \det(g_{ij}^\alpha)$ は行列 (g_{ij}^α) の行列式を表す.

定義 3.7 C^∞ 関数 $f \in C^\infty(M)$ に対して,

$$\Delta f := -\mathrm{div}(\nabla f) = -\mathrm{div}(\mathrm{grad}(f)) \in C^\infty(M) \tag{3.68}$$

と定義される微分作用素 Δ をラプラス作用素 (ラプラシアン) という. 座標近傍 (U_α, ψ_α) をとり, U_α 上の局所座標 $(x_\alpha^1, x_\alpha^2, \cdots, x_\alpha^n)$ を使って, 次のように表示される.

$$\Delta_g f = -\frac{1}{\sqrt{|g_\alpha|}} \sum_{i,j=1}^{n} \frac{\partial}{\partial x_\alpha^i} \left(\sqrt{|g_\alpha|} g_\alpha^{ij} \frac{\partial f}{\partial x_\alpha^j} \right) \tag{3.69}$$

$f \in C^\infty(M)$ が $\Delta_g f = 0$ を満たすとき, f は調和であるという.

3.5.3 レビ・チビタ接続と指数写像

C^∞ 多様体 M の接続 (共変微分) ∇ とは, 双線形写像

$$\nabla : \mathfrak{X}(M) \times \mathfrak{X}(M) \to \mathfrak{X}(M) \tag{3.70}$$

で, 次の性質を満たすものをいう.

(i) $\nabla_X(Y+Z) = \nabla_X Y + \nabla_X Z$,
(ii) $\nabla_{X+Y} Z = \nabla_X Z + \nabla_Y Z$,
(iii) $\nabla_{fX} Y = f\nabla_X Y$,
(iv) $\nabla_X(fY) = (Xf)Y + f\nabla_X Y$.

ここで $f \in C^\infty(M)$, $X, Y, Z \in \mathfrak{X}(M)$ である．性質 (ii), (iii) より, $\nabla_X Y \in \mathfrak{X}(M)$ の点 $p \in M$ における接ベクトル $(\nabla_X Y)_p \in T_p M$ は $Y \in \mathfrak{X}(M)$ と $u = X_p \in T_p M$ のみに依存していることがわかるので, $\nabla_u Y = (\nabla_X Y)_p$ とも書く．

定理 3.7 (M, g) を C^∞ リーマン多様体とする．このとき, 次式により M 上の接続を与えることができる (レビ・チビタ接続という).

$$2g(\nabla_X Y, Z) = X(g(Y,Z)) + Y(g(Z,X)) - Z(g(X,Y))$$
$$+ g(Z, [X,Y]) + g(Y, [Z,X]) - g(X, [Y,Z]) \qquad (3.71)$$

ここで $X, Y, Z \in \mathfrak{X}(M)$ である．このとき, レビ・チビタ接続は

$$X(g(Y,Z)) = g(\nabla_X Y, Z) + g(Y, \nabla_X Z) \qquad (3.72)$$
$$\nabla_X Y - \nabla_Y X - [X,Y] = 0 \qquad (3.73)$$

を満たす．逆に, (3.72) と (3.73) を満たす接続はレビ・チビタ接続に限る．

M 上の座標近傍 (U_α, ψ_α) を取って,

$$\nabla_{\frac{\partial}{\partial x_\alpha^i}} \frac{\partial}{\partial x_\alpha^j} = \sum_{k=1}^n \Gamma_{ij}^k \frac{\partial}{\partial x_\alpha^k} \qquad (\Gamma_{ij}^k \in C^\infty(U_\alpha)) \qquad (3.74)$$

と表示したとき, (3.71) 式において $[\frac{\partial}{\partial x_\alpha^i}, \frac{\partial}{\partial x_\alpha^j}] = 0$ を用いて計算すると,

$$\Gamma_{ij}^k = \frac{1}{2} \sum_{\ell=1}^n g_\alpha^{k\ell} \left(\frac{\partial g_{j\ell}^\alpha}{\partial x_\alpha^i} + \frac{\partial g_{i\ell}^\alpha}{\partial x_\alpha^j} - \frac{\partial g_{ij}^\alpha}{\partial x_\alpha^\ell} \right) \qquad (3.75)$$

を得る．Γ_{ij}^k はレビ・チビタ接続 ∇ のクリストッフェルの記号と呼ばれている．

C^k 曲線 $c: [a,b] \to M$ に対して, $X: [a,b] \ni t \to X(t) \in T_{c(t)} M$ が c に沿った C^k ベクトル場であるとは, $X(t) = \sum_{i=1}^n \xi_\alpha^i(t) \left(\frac{\partial}{\partial x_\alpha^i} \right)_{c(t)}$ と表すとき,

ξ_α^i が t について C^k 関数であるときをいう．このようなベクトル場 X が

$$\nabla_{c'(t)} X = 0, \qquad t \in (a, b) \tag{3.76}$$

を満たすとき，X は c に沿って平行であるという．局所座標 $(x_\alpha^1, x_\alpha^2, \cdots, x_\alpha^n)$ を用いて，曲線 $c(t)$ を $c(t) = (c_\alpha^1(t), c_\alpha^2(t), \cdots, c_\alpha^n(t))$ と表すとき，$c'(t) = \sum_{i=1}^n \frac{dc_\alpha^i(t)}{dt} \left(\frac{\partial}{\partial x_\alpha^i}\right)_{c(t)}$ となるので，∇ の性質を使って (3.76) の右辺を計算して，(3.76) は $(\xi_\alpha^1, \xi_\alpha^2, \cdots, \xi_\alpha^n)$ を未知関数とする次の常微分方程式系となる：

$$\frac{d\xi_\alpha^i(t)}{dt} + \sum_{j,k=1}^n \Gamma_{jk}^i(c(t)) \frac{dc_\alpha^j(t)}{dt} \xi_\alpha^k(t) = 0 \qquad (i = 1, \cdots, n) \tag{3.77}$$

そこで曲線 $c(t)$ と点 $p = c(a)$ での初期条件 $(\xi_\alpha^1(a), \xi_\alpha^2(a), \cdots, \xi_\alpha^n(a))$ が与えられれば，常微分方程式系の解の存在定理と初期値に関する一意性定理より，$\xi_\alpha^i(t)$ $(i = 1, \cdots, n)$ が一意に定まり，とくに，$q = c(b)$ での値 $(\xi_\alpha^1(b), \xi_\alpha^2(b), \cdots, \xi_\alpha^n(b))$ が一意に定まる．こうして，(3.76) を満たす c に沿ったベクトル場 X が初期条件 $X(a)$ を与えるごとに一意に定まり，対応

$$P_c : T_{c(a)} M \ni X(a) \mapsto X(b) \in T_{c(b)} M \tag{3.78}$$

が得られる．この対応 P_c は線形同型で等長，すなわち，

$$g_{c(b)}(P_c(u), P_c(v)) = g_{c(a)}(u, v) \qquad (u, v \in T_{c(a)} M)$$

である．なぜなら，c に沿った 2 つの平行なベクトル場 Y, Z として，$Y(a) = u$, $Z(a) = v$ を取り，$X = c'$ として (3.72) 式を使うと，(3.76) より

$$\frac{d}{dt} g_{c(t)}(Y(t), Z(t)) = X(g(Y, Z)) = g(\nabla_{c'} Y, Z) + g(Y, \nabla_{c'} Z) = 0$$

となり，$g_{c(t)}(Y(t), Z(t))$ は t について定数となるからである．

対応 P_c を曲線 c に沿った**平行移動**という．

I を 0 を含む開区間とし，M 内の C^k 曲線 $c : I \to M$ が測地線であるとは，c の接ベクトル場 $X := c'$ が c に沿って平行，すなわち，

$$\nabla_{c'} c' = 0 \tag{3.79}$$

を満たすときをいう．このとき，$\xi_\alpha^i(t) = \frac{dc_\alpha^i(t)}{dt}$ なので，常微分方程式系 (3.77) は

$$\frac{d^2 c_\alpha^i(t)}{dt^2} + \sum_{j,k=1}^n \Gamma_{jk}^i(c(t)) \frac{dc_\alpha^j(t)}{dt} \frac{dc_\alpha^k(t)}{dt} = 0 \quad (i=1,\cdots,n) \quad (3.80)$$

となる．ゆえに，$\xi_\alpha^i(t) = \frac{dc_\alpha^i(t)}{dt}$ を未知関数とする 1 階の常微分方程式系

$$(*) \quad \frac{d\xi_\alpha^i}{dt} = -\sum_{j,k=1}^n \Gamma_{jk}^i \xi_\alpha^j \xi_\alpha^k \quad (i=1,\cdots,n)$$

を得る．ゆえに，先ほどと同様に，$t=0$ での初期条件 $(c_\alpha^1(0), c_\alpha^2(0), \cdots, c_\alpha^n(0))$, $\left(\frac{dc_\alpha^1}{dt}(0), \frac{dc_\alpha^2}{dt}(0), \cdots, \frac{dc_\alpha^n}{dt}(0)\right)$ を与えると，$|t|$ が小さい範囲 ($|t|<\epsilon$) 内で，常微分方程式 $(*)$ の解 $(c_\alpha^1(t), c_\alpha^2(t), \cdots, c_\alpha^n(t))$ が一意的に存在する，すなわち，$p \in M$ と $u \in T_pM$ が与えられるとき，$c(0)=p, c'(0)=u$ となる測地線 $c(t)$ ($|t|<\epsilon$) が一意に定まる．この測地線を $c(t) = \exp_p(tu)$ と書く．こうして，T_pM における 0 の十分小さな近傍上の接ベクトル u に対して，$c(1) = \exp_p(u) \in M$ を対応させることにより，**指数写像**

$$\exp_p : T_pM \to M \quad (3.81)$$

が T_pM の 0 の近傍上で定義された．ホップ・リノウの定理は次のようになる．

定理 3.8 (ホップ・リノウの定理) n 次元 C^∞ リーマン多様体 (M,g) について，次は同値である．
  (i) (M,g) は完備である．
  (ii) 任意の点 $p \in M$ に対して，指数写像 $\exp_p : T_pM \to M$ が T_pM 全体で定義される．

とくに，M がコンパクトであれば，各点 $p \in M$ において，$\exp_p : T_pM \to M$ が T_pM 全体で定義される．

3.5.4 曲　　率

n 次元 C^∞ リーマン多様体 (M,g) のレビ・チビタ接続 ∇ について，$X, Y, Z \in \mathfrak{X}(M)$ に対して，$R(X,Y)Z \in \mathfrak{X}(M)$ を

$$R(X,Y)Z := \nabla_X \nabla_Y Z - \nabla_Y \nabla_X Z - \nabla_{[X,Y]} Z \quad (3.82)$$

により定義する. R は

$$R(f_1 X, f_2 Y)(f_3 Z) = f_1 f_2 f_3 R(X,Y)Z, \qquad f_1, f_2, f_3 \in C^\infty(M) \quad (3.83)$$

を満たす. R を曲率テンソルという. (3.83) により, $(R(X,Y)Z)_p \in T_p M$ は点 $p \in M$ における接ベクトル $u = X_p, v = Y_p, w = Z_p$ にのみで定まるので, $R(u,v)w = (R(X,Y)Z)_p$ と書くことができる. M 上の座標近傍 (U_α, ψ_α) を取り, 局所座標 $(x_\alpha^1, x_\alpha^2, \cdots, x_\alpha^n)$ によって, $i, j, k = 1, \cdots, n$ に対して,

$$R\left(\frac{\partial}{\partial x_\alpha^i}, \frac{\partial}{\partial x_\alpha^j}\right)\frac{\partial}{\partial x_\alpha^k} = \sum_{\ell=1}^n R^\ell{}_{kij} \frac{\partial}{\partial x_\alpha^\ell} \quad (3.84)$$

と表示すると,

$$R^\ell{}_{kij} = \frac{\partial}{\partial x_\alpha^i}\Gamma^\ell_{kj} - \frac{\partial}{\partial x_\alpha^j}\Gamma^\ell_{ki} + \sum_{a=1}^n \{\Gamma^a_{kj}\Gamma^\ell_{ai} - \Gamma^a_{ki}\Gamma^\ell_{aj}\} \quad (3.85)$$

である. M の各点 p の接空間 $T_p M$ 内の 1 次独立な元 u, v に対して,

$$K(u,v) := \frac{g(R(u,v)v, u)}{g(u,u)g(v,v) - g(u,v)^2} \quad (3.86)$$

を, $T_p M$ 内の $\{u, v\}$ の張る平面の**断面曲率**という. $\{e_i\}_{i=1}^n$ を $T_p M$ の g_p に関する正規直交基底とするとき,

$$\rho(u) := \sum_{i=1}^n R(u, e_i) e_i \in T_p M \quad (3.87)$$

によって定義される線形作用素 $T_p M \ni u \mapsto \rho(u) \in T_p M$ をリッチ作用素といい, $g_p(\rho(u), u)$ を $u \in T_p M$ 方向の (M, g) のリッチ曲率という. $S(p) := \sum_{j=1}^n g_p(\rho(e_j), e_j)\ (p \in M)$ により定義される M 上の C^∞ 関数 S を (M, g) のスカラー曲率という. これらの定義は $\{e_i\}_{i=1}^n$ の取り方によらない.

3.5.5 積　分

n 次元 C^∞ リーマン多様体 (M, g) に対して, リーマン測度 (**体積要素**) と呼ばれる M 上の測度

$$v_g := \sqrt{|g_\alpha|}\, dx_\alpha^1 \cdots dx_\alpha^n \quad (3.88)$$

が定義される．別の座標近傍 (U_β, ψ_β) を取り，U_β 上の座標 $(x_\beta^1, \cdots, x_\beta^n)$ によって，v_g を表示すると，

$$v_g = \sqrt{|g_\alpha|}\, dx_\alpha^1 \cdots dx_\alpha^n = \sqrt{|g_\beta|}\, dx_\beta^1 \cdots dx_\beta^n$$

となるので，v_g は座標近傍の取り方によらず M 全体で定義される．

n 次元リーマン多様体 (M,g) についても，全く同様に，リーマン距離 $r(x,y)$ $(x,y \in M)$ が定義できて，(M,r) は距離空間となり，完備であること，コンパクト集合などの定義ができ，定理 3.2（ホップ・リノウの定理）が成り立つ．

また，M がコンパクトのときには，M 上の連続関数 f の積分が (3.54) と同様に，地図帳 $\{U_\alpha | \alpha \in A\}$ に対する 1 の分解（単位の分解）$\{f_\alpha | \alpha \in A\}$ が存在するので，これを使って同様に定義される：

$$\int_M f\, v_g := \int_M \sum_{\alpha \in A} f f_\alpha\, v_g = \sum_{\alpha \in A} \int_{U_\alpha} f f_\alpha \sqrt{|g_\alpha|}\, dx_\alpha^1 \cdots dx_\alpha^n \qquad (3.89)$$

(3.89) において，$f = 1$（定数関数）とする．

$$\mathrm{Vol}(M,g) := \int_M v_g$$

を (M,g) の**体積**という．

(M,g) が n 次元コンパクト・リーマン多様体のときにも，定理 3.4, 3.6 が成り立つ．証明は全く同様なので，割愛する．

定理 3.9 (M,g) が n 次元 C^∞ コンパクト・リーマン多様体であるとし，$X \in \mathfrak{X}(M)$, $f \in C^\infty(M)$ とする．次が成り立つ．

(1) $\int_M \mathrm{div}(X)\, v_g = 0$.

(2) $\int_M f \mathrm{div}(X)\, v_g = -\int_M g(\nabla f, X)\, v_g$.

(3) $f_1, f_2 \in C^\infty(M)$ に対して，

$$\int_M (\Delta_g f_1) f_2\, v_g = \int_M f_1 (\Delta_g f_2)\, v_g = \int_M g(\nabla f_1, \nabla f_2)\, v_g. \qquad (3.90)$$

(4) とくに，$f_1 = f_2 = f \in C^\infty(M)$ とおいて，

$$\int_M (\Delta_g f)\, f\, v_g = \int_M g(\nabla f, \nabla f)\, v_g \geq 0. \qquad (3.91)$$

ゆえに, $\Delta_g f = 0$ (M 上) が成り立てば, f は定数関数となる.

(5) 任意の $f \in C^\infty(M)$ に対して,

$$\int_M (\Delta_g f) \, v_g = 0. \tag{3.92}$$

定理 3.10 (グリーンの定理) (M,g) を n 次元 C^∞ 完備リーマン多様体とし, $\Omega \subset M$ を境界 $\partial \Omega$ が区分的に C^∞ である M 内の有界領域とする. このとき, 関数 f, f_1, f_2 は $\overline{\Omega}$ 上 C^∞ 関数とし, X は $\overline{\Omega}$ 上の C^∞ ベクトル場とする. このとき次が成り立つ.

(1) $\displaystyle\int_\Omega \mathrm{div}(X) \, v_g = -\int_{\partial \Omega} g(X, \mathbf{n}) \, d\sigma,$

(2) $\displaystyle\int_\Omega f \, \mathrm{div}(X) \, v_g = -\int_\Omega g(\nabla f, X) \, v_g - \int_{\partial \Omega} f \, g(X, \mathbf{n}) \, d\sigma,$

(3) $\displaystyle\int_\Omega f_1 \, (\Delta_g f_2) \, v_g = \int_\Omega g(\nabla f_1, \nabla f_2) \, v_g + \int_{\partial \Omega} f_1 \frac{\partial f_2}{\partial \mathbf{n}} \, d\sigma,$

(4) $\displaystyle\int_\Omega \{f_1 \, (\Delta_g f_2) - (\Delta_g f_1) \, f_2\} \, v_g = \int_{\partial \Omega} \left\{ f_1 \frac{\partial f_2}{\partial \mathbf{n}} - \frac{\partial f_1}{\partial \mathbf{n}} f_2 \right\} d\sigma.$

ここで, $v_g = \sqrt{|g_\alpha|} \, dx_\alpha^1 \cdots dx_\alpha^n$ は (M,g) 上のリーマン測度を表し, $d\sigma$ は g から $\partial \Omega$ 上に自然に誘導される $(n-1)$ 次元測度を表す. $\mathbf{n}$ は $\partial \Omega$ 上の内向きの単位法ベクトルで, $\frac{\partial}{\partial \mathbf{n}}$ は, $\partial \Omega$ 上の $\mathbf{n}$ 方向微分を表す.

3.5.6 ソボレフ空間

(M,g) を n 次元 C^∞ コンパクト・リーマン多様体とする. $f, f_1, f_2 \in C^\infty(M)$ に対して,

$$(f_1, f_2) := \int_M f_1 f_2 \, v_g \tag{3.93}$$

を, f_1 と f_2 の M 上の $\boldsymbol{L^2}$ 内積といい,

$$(f_1, f_2)_1 := \int_M f_1 f_2 \, v_g + \int_M g(\nabla f_1, \nabla f_2) \, v_g \tag{3.94}$$

を f_1 と f_2 の M 上のソボレフ内積という.

$$\|f\|^2 := (f, f) = \int_M f^2 \, v_g \tag{3.95}$$

を f の M 上の L^2 ノルムといい,

$$\|f\|_1{}^2 := (f, f)_1 = \|f\|^2 + \|\nabla f\|^2 = \int_M f^2 \, v_g + \int_M g(\nabla f, \nabla f) \, v_g \tag{3.96}$$

を f の M 上のソボレフ・ノルムという. $C^\infty(M)$ の $L^2(M)$ でのソボレフ・ノルム $\|\ \|_1$ に関する閉包を M 上のソボレフ空間といい, $H_1^2(M)$ と書く.

次に, (M, g) を n 次元完備リーマン多様体とし, $\Omega \subset M$ を M 内の有界領域とする. $f, f_1, f_2 \in C^\infty(\Omega)$ に対して,

$$(f_1, f_2) := \int_\Omega f_1 f_2 \, v_g \tag{3.97}$$

を f_1 と f_2 の Ω 上の L^2 内積といい,

$$\|f\|^2 := (f, f) = \int_\Omega f^2 \, v_g \tag{3.98}$$

を f の Ω 上の L^2 ノルムという. Ω 上の L^2 空間を

$$L^2(\Omega) := \{f \mid \|f\| < \infty\} \tag{3.99}$$

とする.

$$(f_1, f_2)_1 := \int_\Omega f_1 f_2 \, v_g + \int_\Omega g(\nabla f_1, \nabla f_2) \, v_g \tag{3.100}$$

を f_1 と f_2 の Ω 上のソボレフ内積といい,

$$\|f\|_1{}^2 := (f, f)_1 = \|f\|^2 + \|\nabla f\|^2 = \int_\Omega f^2 \, v_g + \int_\Omega g(\nabla f, \nabla f) \, v_g \tag{3.101}$$

を f の Ω 上のソボレフ・ノルムという. $C^\infty(\Omega)$ のソボレフ・ノルム $\|\ \|_1$ に関する $L^2(\Omega)$ での閉包を Ω 上のソボレフ空間といい, $H_1^2(\Omega)$ と書く.

$$\overset{\circ}{H}_1^2(\Omega) := \{f \in H_1^2(\Omega) \mid f = 0 \quad (\partial\Omega \text{ 上})\} \tag{3.102}$$

もやはりソボレフ空間という.

定理 3.11 (ソボレフ埋蔵定理)

(1) (M, g) を n 次元コンパクト・リーマン多様体とする. このとき, 包含

写像 $H_1^2(M) \subset L^2(M)$ は連続, かつ, コンパクト作用素である.

(2) (M,g) を n 次元完備リーマン多様体とし, $\Omega \subset M$ を $\partial\Omega$ が区分的に C^∞ となる有界領域とする. このとき, 包含写像 $H_1^2(\Omega) \subset L^2(\Omega)$ も連続, かつ, コンパクト作用素である.

ここで, 包含写像が連続とは, (1), (2) の場合とも, 正の定数 $C > 0$ が存在して,
$$\|u\| \leq C\|u\|_1 \quad (\forall u \in H_1^2(M) \text{ (または } H_1^2(\Omega)))$$
が成り立つことである (ソボレフの不等式という).

また, 包含写像がコンパクト作用素であるとは, $H_1^2(M)$ (または $H_1^2(\Omega)$) 内のノルム $\|\ \|_1$ に関して有界な任意の列 $\{u_k\}_{k=1}^\infty$ (すなわち, 正の定数 $D > 0$ が存在して,
$$\|u_k\|_1 \leq D \quad (\forall k = 1, 2, \cdots)$$
とする) は, $L^2(M)$ (または $L^2(\Omega)$) 内において収束する部分列 $\{u_{k_m}\}_{m=1}^\infty$ をもつ, すなわち, $u \in L^2(M)$ (または $u \in L^2(\Omega)$) が存在して,
$$\|u_{k_m} - u\| \longrightarrow 0 \quad (m \longrightarrow \infty)$$
が成り立つことである.

(証明は [島倉 [28)]], 232 頁を見よ.)

第4章 ラプラス作用素の固有値問題

本章では, n 次元リーマン多様体 (M,g) 上のラプラシアン Δ_g について, ポアソン方程式, 固有値問題, 固有値を特徴づけるミニマックス原理, 高い番号の固有値の漸近公式, 等スペクトル領域の構成などを扱う.

4.1 ポアソン方程式

4.1.1 問題設定

(M,g) を n 次元 C^∞ コンパクト・リーマン多様体とする. このとき, $f \in C^\infty(M)$ に対して, u を未知関数とする方程式

$$\Delta_g u = f \qquad (M \text{ 上}) \tag{4.1}$$

をポアソン方程式という.

また, (M,g) を n 次元 C^∞ 完備リーマン多様体, $\Omega \subset M$ を, 境界 $\partial\Omega$ が区分的に C^∞ となる有界領域とし, $f \in C^\infty(\Omega)$, $h \in C^\infty(\partial\Omega)$ とする. このとき,

$$\begin{cases} \Delta_g v = f & (\Omega \text{ 上}) \\ v = 0 & (\partial\Omega \text{ 上}) \end{cases} \tag{4.2}$$

を, ディリクレ境界値ポアソン方程式といい,

$$\begin{cases} \Delta_g w = f & (\Omega \text{ 上}) \\ \dfrac{\partial w}{\partial \mathbf{n}} = h & (\partial\Omega \text{ 上}) \end{cases} \tag{4.3}$$

を, ノイマン境界値ポアソン方程式と呼ぶ. ここで, $\mathbf{n}$ は $\partial\Omega$ 上の内向きの単位法線ベクトル場であり, $\frac{\partial}{\partial \mathbf{n}}$ は $\mathbf{n}$ 方向微分を表す.

注意：(M,g) が非コンパクト完備リーマン多様体の場合にも，

$$\Delta_g u = f \quad (M \text{ 上}) \tag{4.4}$$

を考えるのは大変興味ある問題であるが，ここでは扱わない．

補題 4.1

(1)　(4.1) が解をもつならば，$f \in C^\infty(M)$ は次の条件を満たさなければならない．

$$\int_M f\, v_g = 0 \tag{4.5}$$

(2)　(4.3) が解をもつならば，次の条件を満たさなければならない．

$$\int_\Omega f\, v_g = \int_{\partial\Omega} h\, d\sigma \tag{4.6}$$

ここで Ω の境界 $\partial\Omega$ 上の測度 $d\sigma$ は，M 上のリーマン計量 g より $\partial\Omega$ 上に自然に誘導される $(n-1)$ 次元測度である．

[証明]

(1)　定理 3.9 (3) の (3.90) 式において，$f_1 = 1, f_2 = u$ とおくと，

$$\int_M \Delta_g u\, v_g = 0$$

を得る．したがって，(4.1) が解 u をもつならば，

$$\int_M f\, v_g = \int_M \Delta_g u\, v_g = 0$$

でなければならぬ．

(2)　定理 3.10 (3) 式において，$f_1 = 1, f_2 = w$ とおくと，

$$\int_\Omega \Delta_g w\, v_g = \int_{\partial\Omega} \frac{\partial w}{\partial \mathbf{n}}\, d\sigma$$

である．ここで (4.3) が解 w をもつとすれば，(4.3) を上式に代入して，(4.6) を得る．　　　　//

4.1.2　コンパクト・リーマン多様体の場合

(M,g) がコンパクト・リーマン多様体の場合にポアソン方程式 (4.1) の弱解

の存在を示す.

定理 4.1 (M, g) を n 次元コンパクト・リーマン多様体とし, $f \in L^2(M)$ とする. ポアソン方程式 (4.1) が $H_1^2(M)$ に弱解 u_0 をもつ, すなわち,

$$\int_M \langle \nabla u_0, \nabla \psi \rangle \, v_g = \int_M f \psi \, v_g \qquad (\forall \, \psi \in H_1^2(M)) \tag{4.7}$$

を満たす $u_0 \in H_1^2(M)$ をもつための必要十分条件は

$$\int_M f \, v_g = 0 \tag{4.8}$$

が成り立つことである. このとき弱解 u_0 は定数差を除いて一意的である.

[証明]

必要性: u_0 が (4.1) の弱解, すなわち, (4.7) を満たすとすれば, $\psi = 1$ (定数関数) とすれば, (4.7) の左辺 $= 0$ なので, (4.8) を得る.

十分性: (弱解の一意性) $u_1, u_2 \in H_1^2(M)$ が (4.1) の弱解とすると, $u := u_1 - u_2 \in H_1^2(M)$ とおくと,

$$\int_M g(\nabla u, \nabla \psi) \, v_g = 0 \qquad (\forall \, \psi \in H_1^2(M))$$

を満たさねばならない. ここで $\psi := u$ とすると,

$$\int_M g(\nabla u, \nabla u) \, v_g = 0$$

を得る. ゆえに, $\nabla u = 0$, すなわち $u = c$ (定数関数) となることがほとんどいたるところで成立している.

(弱解の存在) $f \in L^2(M)$ が定数関数の場合. (4.8) より, $f = 0$. したがって, $u = c$ (定数関数) は解である.

以下, $f \in L^2(M)$ は定数関数でなく, (4.8) $\int_M f \, v_g = 0$ を満たすとする. このとき, $H_1^2(M)$ の閉部分集合

$$\mathcal{A} := \{ u \in H_1^2(M) | \int_M f u \, v_g = 0 \}$$

を定義し, この上の $\mathcal{A}$ 上の次の汎関数 I を考えて,

$$I(u) := \frac{1}{2} \int_M g(\nabla u, \nabla u) \, v_g - \int_M f u \, v_g \qquad (u \in \mathcal{A})$$

$$\mu := \inf\{I(u) \,|\, u \in \mathcal{A}\}$$

とおく.

(第 1 段) $-\infty < -\frac{1}{\lambda_2}\|f\|^2 \leq \mu$ が成り立つ.
ここで, $\lambda_2 > 0$ は (M, g) のラプラシアン Δ_g の固有値問題 "$\Delta_g u = \lambda u$ (M 上)" の第 2 固有値である (次節参照).

[証明] $\lambda_2 > 0$ は

$$\lambda_2 = \inf\left\{\frac{\|\nabla u\|^2}{\|u\|^2} \,|\, 0 \not\equiv u \in \mathcal{A}\right\} \tag{4.9}$$

と特徴づけられる (次節参照). したがって, とくに,

$$\lambda_2 \leq \frac{\|\nabla u\|^2}{\|u\|^2} \qquad (0 \not\equiv \forall u \in \mathcal{A}) \tag{4.10}$$

である. したがって, 任意の正数 $\epsilon > 0$ に対して,

$$I(u) \geq \frac{1}{2}\left\{\|\nabla u\|^2 - \epsilon\|u\|^2 - \frac{1}{\epsilon}\|f\|^2\right\} \qquad (0 \not\equiv \forall u \in \mathcal{A}) \tag{4.11}$$

が成り立つ. 実際, 任意の $u \in \mathcal{A}$ に対して,

$$\begin{aligned} I(u) &= \frac{1}{2}\|\nabla u\|^2 - \int_M f\, u\, v_g \\ &\geq \frac{1}{2}\|\nabla u\|^2 - \frac{1}{2}\left\{\epsilon\|u\|^2 + \frac{1}{\epsilon}\|f\|^2\right\} \end{aligned} \tag{4.12}$$

である. というのは, (4.12) の 2 番目の不等式は, 次のように示される.

$$0 \leq \left\|\sqrt{\epsilon}\,u \pm \frac{1}{\sqrt{\epsilon}}f\right\|^2 = \epsilon\|u\|^2 \pm 2\int_M f\, u\, v_g + \frac{1}{\epsilon}\|f\|^2$$

だから,

$$\pm 2\int_M f\, u\, v_g \leq \epsilon\|u\|^2 + \frac{1}{\epsilon}\|f\|^2$$

すなわち,

$$2\left|\int_M f\, u\, v_g\right| \leq \epsilon\|u\|^2 + \frac{1}{\epsilon}\|f\|^2$$

となるからである.

そこで, (4.10) を (4.11) の右辺に代入すると,

$$I(u) \geq \frac{1}{2}\left\{\|\nabla u\|^2 - \epsilon\, \lambda_2^{-1}\|\nabla u\|^2 - \frac{1}{\epsilon}\|f\|^2\right\}$$
$$= \frac{1}{2}\left\{(1 - \epsilon\,\lambda_2^{-1})\|\nabla u\|^2 - \frac{1}{\epsilon}\|f\|^2\right\}$$

ここで, $\epsilon := \frac{\lambda_2}{2} > 0$ と取ると,

$$I(u) \geq \frac{1}{2}\left\{\frac{1}{2}\|\nabla u\|^2 - \frac{2}{\lambda_2}\|f\|^2\right\} \geq -\frac{1}{\lambda_2}\|f\|^2$$

(第 2 段) $\{u_i\}_{i=1}^\infty$ を汎関数 I の $\mathcal{A}$ における最小化列とする,すなわち, $u_i \in \mathcal{A}$ $(i=1,2,\cdots)$ で,

$$I(u_i) \longrightarrow \mu := \inf_{u \in \mathcal{A}} I(u) \quad (i \longrightarrow \infty \text{ のとき})$$

とする. このとき, 次が成り立つとしてよい.

$$\mu + \frac{1}{2} \geq I(u_i) \geq \frac{1}{2}\left\{\frac{1}{2}\|\nabla u_i\|^2 - \frac{2}{\lambda_2}\|f\|^2\right\}$$

ゆえに,

$$\|\nabla u_i\|^2 \leq 4\left(\mu + \frac{1}{2}\right) + \frac{2}{\lambda_2}\|f\|^2$$

となるので, 集合 $\{\|\nabla u_i\|^2\}_{i=1}^\infty$ は有界である. また, $u_i \in \mathcal{A}$ より, $\lambda_2 \leq \frac{\|\nabla u_i\|^2}{\|u_i\|^2}$ となるので,

$$\|u_i\|^2 \leq \frac{1}{\lambda_2}\|\nabla u_i\|^2$$

を得る. ゆえに, 集合 $\{\|u_i\|^2\}_{i=1}^\infty$ も有界である. 以上より, 集合 $\{u_i\}_{i=1}^\infty$ は $H_1^2(M)$ 内の有界集合である. ゆえに, ソボレフ埋蔵定理 3.11 (1) により, $\{u_i\}_{i=1}^\infty$ の部分列 $\{u_{i_k}\}_{k=1}^\infty$ と $u_0 \in L^2(M)$ が存在して,

$$\|u_{i_k} - u_0\| \longrightarrow 0 \quad (k \longrightarrow \infty) \tag{4.13}$$

となる.

(第 3 段) ここで, 一般のヒルベルト空間に関する次の定義と定理を使う.

定義 4.1 H を内積 $(\,,\,)_1$ をもつ任意のヒルベルト空間とする. $\|x\|_1^2 = (x,x)_1$ $(x \in H)$ とする. H 内の点列 $\{x_n\}_{n=1}^\infty$ が H 内の点 x に**弱収束する**

とは，任意の $y \in H$ に対して，
$$(y, x_n)_1 \longrightarrow (y, x)_1 \qquad (n \longrightarrow \infty)$$
が成り立つときをいう．次の定理は [吉田[36)]], 174 頁, 定理 6.4, 6.3 を見よ．

定理 4.2

(1) ヒルベルト空間 $(H, (\,,\,)_1)$ 内の任意の有界集合は弱コンパクトである．すなわち，H 内の任意の有界点列 $\{x_n\}_{n=1}^{\infty}$ に対して，部分列 $\{x_{n_k}\}_{k=1}^{\infty}$ と $x \in H$ が存在して，$\{x_{n_k}\}_{k=1}^{\infty}$ は x に弱収束する．

(2) ヒルベルト空間 $(H, (\,,\,)_1)$ 内の点列 $\{x_n\}_{n=1}^{\infty}$ が $x \in H$ に弱収束するならば，
$$\|x\|_1 \leq \liminf_{n \to \infty} \|x_n\|_1$$
が成り立つ．

この定理を，ヒルベルト空間 $(H_1^2(M), (\,,\,)_1)$ 内の点列 $\{u_{i_k}\}_{k=1}^{\infty}$ に対して適用すると，その部分列で (同じ $\{u_{i_k}\}_{k=1}^{\infty}$ で表す), $H_1^2(M)$ の元 u_0' に弱収束するものが存在する．とくに，$\{u_{i_k}\}_{k=1}^{\infty}$ は u_0' に $L^2(M)$ で弱収束する．他方，(4.13) より, $\|u_{i_k} - u_0\| \to 0 \ (k \to \infty)$ であるので，$u_0 = u_0'$ でなければならない．したがって，$u_0 \in H_1^2(M)$ となり，さらに，$\{u_{i_k}\}_{k=1}^{\infty}$ が $H_1^2(M)$ において，u_0 に弱収束するので, 定理4.2 (2) により，
$$\|u_0\|_1 \leq \liminf_{k \to \infty} \|u_{i_k}\|_1 \tag{4.14}$$
となる．また，
$$\big|\|u_{i_k}\| - \|u_0\|\big| \leq \|u_{i_k} - u_0\| \to 0 \quad (k \to \infty), \tag{4.15}$$
$$|(f, u_{i_k}) - (f, u_0)| = |(f, u_{i_k} - u_0)|$$
$$\leq \|f\| \|u_{i_k} - u_0\| \longrightarrow 0 \quad (k \longrightarrow \infty). \tag{4.16}$$
なので，(4.14), (4.15), (4.16) を合わせて汎関数 I の定義より，
$$I(u_0) \leq \liminf_{k \to \infty} I(u_{i_k}) = \mu \tag{4.17}$$

となる. $\int_M f u_{i_k} v_g = 0$ $(\forall k = 1, 2, \cdots)$ であるので, (4.16) より, $u_0 \in \mathcal{A}$ となり, $I(u_0) = \mu$ である.

(第 4 段) この $u_0 \in \mathcal{A}$ が求める弱解である.

[証明] 任意の $\psi \in H_1^2(M)$ に対して,
$$\psi_a := \psi - \frac{1}{\text{Vol}(M, g)} \int_M \psi \, v_g \in \mathcal{A}$$
である. したがって, $\epsilon \mapsto I(u_0 + \epsilon \psi_a)$ は $\epsilon = 0$ で最小値を取る. ゆえに,

$$0 = \frac{d}{d\epsilon}\bigg|_{\epsilon=0} I(u_0 + \epsilon \psi_a)$$
$$= \frac{d}{d\epsilon}\bigg|_{\epsilon=0} \left\{ \frac{1}{2} \int_M g(\nabla u_0 + \epsilon \nabla \psi_a, \nabla u_0 + \epsilon \nabla \psi_a) \, v_g - \int_M f(u_0 + \epsilon \psi_a) \, v_g \right\}$$
$$= \int_M g(\nabla u_0, \nabla \psi) \, v_g - \int_M f \psi_a \, v_g$$
$$\stackrel{\triangle}{=} \int_M g(\nabla u_0, \nabla \psi) \, v_g - \int_M f \psi \, v_g$$

ここで上の等式 $\stackrel{\triangle}{=}$ で $\int_M f v_g = 0$ ということを使った. したがって,

$$\int_M g(\nabla u_0, \nabla \psi) \, v_g = \int_M f \psi \, v_g \quad (\forall \psi \in H_1^2(M))$$

となる. これは u_0 が求める弱解であることを意味する. //

4.1.3 有界領域の場合

(M, g) を完備リーマン多様体とし, $\Omega \subset M$ を有界領域とする. はじめに次の定理を示す.

定理 4.3 (トレース写像定理) (M, g) を C^∞ 完備リーマン多様体, $\Omega \subset M$ を境界 $\partial \Omega$ が区分的に C^∞ である有界領域とする. $d\sigma$ を M 上のリーマン計量 g を境界 $\partial \Omega$ 上に制限して得られるリーマン計量から得られる $(n-1)$ 次元体積要素とし, $L^2(\partial \Omega)$ を $\partial \Omega$ 上の $d\sigma$ に関する L^2 空間とする. すなわち,

$$L^2(\partial \Omega) := \{h \mid h \text{ は } \partial \Omega \text{ 上の可測関数}, \|h\|_{\partial \Omega}{}^2 := \int_{\partial \Omega} h^2 \, d\sigma < \infty\}$$

このとき，トレース写像と呼ばれる写像 $\gamma_0: H_1^2(\Omega) \ni v \mapsto v|_{\partial\Omega} \in L^2(\partial\Omega)$ が定義されて，しかもこれは有界作用素である，すなわち，(M,g) と Ω にのみ依存する正の定数 $C > 0$ が存在して，

$$\|\gamma_0(v)\|_{\partial\Omega} = \|v|_{\partial\Omega}\|_{\partial\Omega} \le C\|v\|_1 \quad (\forall\, v \in H_1^2(\Omega)) \quad (4.18)$$

ここで $\|v\|_1$ は $v \in H_1^2(\Omega)$ のソボレフ・ノルムである．

これから，とくに，$\overset{\circ}{H}_1^2(\Omega) = \mathrm{Ker}(\gamma_0)$ は $H_1^2(\Omega)$ の閉部分空間となり，内積 $(\,,\,)_1$ に関してヒルベルト空間となる．

注意 1：$\gamma_0(C^\infty(\overline{\Omega})) = C^\infty(\partial\Omega)$ なので，$\mathrm{Im}\,(\gamma_0)$ は $L^2(\partial\Omega)$ において稠密である．$\mathrm{Im}\,(\gamma_0) = H^{\frac{1}{2}}(\partial\Omega)$ であることが知られている ([Kesavan[16]], 103 頁, Theorem 2.7.4(ii))．

注意 2：次のポアンカレの不等式が成り立つので，セミ・ノルム

$$|v|_1 := \|\nabla v\| = \left(\int_\Omega g(\nabla v, \nabla v)\, v_g\right)^{\frac{1}{2}} \quad (v \in \overset{\circ}{H}_1^2(\Omega))$$

は $\overset{\circ}{H}_1^2(\Omega)$ 上のノルムとなり，$\|\,\|_1$ と同等となる．というのは，

$$\|\nabla v\|^2 \le \|v\|_1^2 = \|v\|^2 + \|\nabla v\|^2 \le (C^2+1)\|\nabla v\|^2 \quad (\forall\, v \in \overset{\circ}{H}_1^2(\Omega))$$

となるからである．ここで

(ポアンカレの不等式) $\qquad \|v\| \le C\|\nabla v\| \qquad (\forall\, v \in \overset{\circ}{H}_1^2(\Omega)).$

この $C > 0$ は Ω にのみ依存する定数である．(証明は補題 7.1 を見よ.)

[定理 4.3 の証明]

(第 1 段) 最初に，$v \in C^1(\overline{\Omega})$ に対して，$\partial\Omega$ 上の連続関数 $v|_{\partial\Omega}$ が定義されていることに注意．このとき，(4.18) が成り立つことを示す．実際に，十分小さな $\epsilon > 0$ に対して，

$$\Omega_\epsilon := \{x \in \Omega\,|\, r(x, \partial\Omega) < \epsilon\}$$

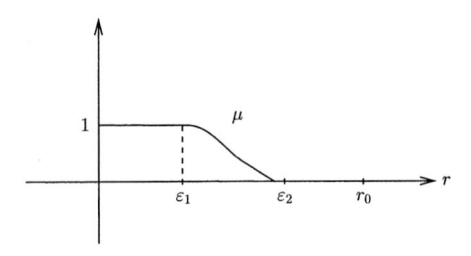

図 4.1 関数 η

とおく. ここで $r := r(x, \partial\Omega)$ は Ω の境界 $\partial\Omega$ からの距離関数である. このとき, 十分小さな $\epsilon_2 > 0$ が存在して, 任意の $0 < \epsilon < \epsilon_2$ に対して,

$$\Omega_\epsilon = \{(x', r) |\ x' \in \partial\Omega, 0 < r < \epsilon\}$$

と見なせる. $r_0 := \max_{x \in \Omega} r(x, \partial\Omega) > \epsilon_2 > \epsilon_1 > 0$ とする. そこで $[0, \infty)$ 上の実数値関数 $\eta : [0, \infty) \to \mathbb{R}$ を次のような条件を満たす C^∞ 関数とする.

$$\begin{cases} 0 \leq \mu(r) \leq 1 & (0 \leq r < r_0) \\ \eta(r) = 1 & (0 \leq r < \epsilon_1) \\ |\eta'(r)| \leq 1 & (\epsilon_1 < r < \epsilon_2) \\ \eta(r) = 0 & (\epsilon_2 < r < \infty). \end{cases} \quad (4.19)$$

この η に対して, $\overline{\Omega}$ 上の C^∞ 関数を, $\varphi(x) := \mu(r(x, \Omega))\ (x \in \overline{\Omega})$ と定義する. このとき, 任意の $\epsilon_2 < \epsilon < r_0$ と, 任意の $v \in H^2_1(\Omega)$ に対して,

$$\begin{aligned}
&-\int_0^\epsilon \frac{\partial}{\partial r}(v(x', r)\varphi(x', r))^2\, dr \\
&= (v(x', 0)\,\varphi(x', 0))^2 - (v(x', \epsilon)\,\varphi(x', \epsilon))^2 \\
&= v(x', 0)^2
\end{aligned} \quad (4.20)$$

となる. 上式 (4.20) の左辺は,

$$\begin{aligned}
&-2\int_0^\epsilon v(x', r)\,\varphi(x', r)\left\{\frac{\partial v}{\partial r}(x', r)\,\varphi(x', r) + v(x', r)\frac{\partial \varphi}{\partial r}(x', r)\right\} dr \\
&= -2\int_0^\epsilon \left\{(v(x', r)\,\varphi(x', r))\left(\frac{\partial v}{\partial r}(x', r)\,\varphi(x', r)\right)\right.
\end{aligned}$$

4.1 ポアソン方程式

$$
\begin{aligned}
&\quad + (v(x',r)\,\varphi(x',r))\left(v(x',r)\frac{\partial\varphi}{\partial r}(x',r)\right)\bigg\}\,dr \\
&\leq \int_0^\epsilon \bigg\{ 2(v(x',r)\varphi(x',r))^2 + \left(\frac{\partial v}{\partial r}(x',r)\,\varphi(x',r)\right)^2 \\
&\qquad\qquad + \left(v(x',r)\,\frac{\partial\varphi}{\partial r}(x',r)\right)^2 \bigg\}\,dr \quad (4.21)
\end{aligned}
$$

となる. 両辺を $x' \in \partial\Omega$ について積分すると,

$$
\begin{aligned}
\int_{\partial\Omega} v(x',0)^2\,d\sigma &\leq \int_{\partial\Omega}\int_0^\epsilon \bigg\{ 2(v(x',r)\varphi(x',r))^2 + \left(\frac{\partial v}{\partial r}(x',r)\,\varphi(x',r)\right)^2 \\
&\qquad\qquad + \left(v(x',r)\,\frac{\partial\varphi}{\partial r}(x',r)\right)^2 \bigg\}\,dr\,dx' \\
&\leq C^2\,\|v\|_1^{\,2} \quad (4.22)
\end{aligned}
$$

となる. これは求める不等式 (4.18) である.

(第2段) $v \in H_1^2(\Omega)$ とする. $C^1(\overline{\Omega})$ は $H_1^2(\Omega)$ 内で稠密であるので, $C^1(\overline{\Omega})$ 内の関数列 $\{v_i\}_{i=1}^\infty$ で, $\|v - v_i\|_1 \longrightarrow 0\ (i \to \infty)$ となるものが存在する. このとき, $\{v_i\}_{i=1}^\infty$ は $H_1^2(\Omega)$ のコーシー列, すなわち, $\|v_i - v_j\|_1 \longrightarrow 0\ (i,j \to \infty)$ である. $v_i - v_j \in C^1(\overline{\Omega})$ に (4.18) を適用して,

$$
\|v_i|_{\partial\Omega} - v_j|_{\partial\Omega}\|_{\partial\Omega} \leq C\,\|v_i - v_j\|_1 \longrightarrow 0 \quad (i,j \to \infty)
$$

である. したがって, $\{v_i|_{\partial\Omega}\}_{i=1}^\infty$ は $L^2(\Omega)$ におけるコーシー列である. したがって, 収束する. その極限関数を $w \in L^2(\Omega)$ とする, すなわち,

$$
(*) \qquad \|v_i|_{\partial\Omega} - w\|_{\partial\Omega} \longrightarrow 0 \quad (i \to \infty)
$$

そこで, $\gamma_0(v) = w$ と定義すると, (4.18) が任意の $v \in H_1^2(\Omega)$ に対して成り立つ. なぜなら, v_i に対しては, (4.18) が成り立つので,

$$
\|v_i|_{\partial\Omega}\|_{\partial\Omega} \leq C\,\|v_i\|_1 \quad (\forall i = 1, 2, \cdots)
$$

である. ここで $\|v_i - v\|_1 \longrightarrow 0\ (i \to \infty)$ であるので, $(*)$ と合わせて,

$$
\|w\|_{\partial\Omega} \leq C\,\|v\|_1
$$

を得た. こうして, γ_0 は $H_1^2(\Omega)$ から $L^2(\partial\Omega)$ への有界線形作用素に拡張されることが示された. $C^1(\overline{\Omega})$ は $H_1^2(\Omega)$ で稠密なので, この拡張は一意的であり, $\{v_i\}_{i=1}^{\infty}$ の取り方に依存しない. また, $\overset{\circ}{H}_1^2(\Omega)$ 内の関数列 $\{v_i\}_{i=1}^{\infty}$ が $v \in H_1^2(\Omega)$ に収束したとすれば, (4.18) により, $\|v_i|_{\partial\Omega} - v|_{\partial\Omega}\|_{\partial\Omega} \longrightarrow 0 \ (i \to \infty)$ となるので, $v \in \overset{\circ}{H}_1^2(\Omega)$ となり, $\overset{\circ}{H}_1^2(\Omega)$ は $H_1^2(\Omega)$ の閉部分空間となる. //

4.1.4 ディリクレ境界値問題

さて, 完備リーマン多様体 (M, g) 内の境界 $\partial\Omega$ が区分的に C^{∞} である有界領域 $\Omega \subset M$ について, ディリクレ境界値ポアソン方程式

$$\begin{cases} \Delta_g v = f & (\Omega \ 上) \\ v = 0 & (\partial\Omega \ 上) \end{cases} \tag{4.23}$$

を考える. $f \in L^2(\Omega)$ とする. v が方程式 (4.23) の**古典解**であるとは, $v \in C^2(\overline{\Omega})$ であって, 各点で (4.23) を満たすことをいう.

$v \in \overset{\circ}{H}_1^2(\Omega)$ が (4.23) を満たすとき, v は

$$\int_{\Omega} g(\nabla v, \nabla \psi) \, v_g = \int_{\Omega} f \psi \, v_g \qquad (\forall \ \psi \in \overset{\circ}{H}_1^2(\Omega)) \tag{4.24}$$

を満たす (このとき, v は (4.23) の**弱解**であるという).

[証明] 実際, $C_c^{\infty}(\Omega)$ を台がコンパクトであるような $\varphi \in C^{\infty}(\Omega)$ の全体のなす空間とする. $C_c^{\infty}(\Omega)$ は $\overset{\circ}{H}_1^2(\Omega)$ でノルム $\| \ \|_1$ に関して稠密である. $\varphi \in C_c^{\infty}(\Omega)$ に対して,

$$\int_{\Omega} (\Delta_g v) \varphi \, v_g = \int_{\Omega} f \varphi \, v_g \tag{4.25}$$

が成り立つ. ここでグリーンの定理 3.10 (3) により, (4.25) の左辺は,

$$\int_{\Omega} g(\nabla v, \nabla \varphi) \, v_g + \int_{\partial\Omega} \varphi \frac{\partial v}{\partial \mathbf{n}} d\sigma = \int_{\Omega} g(\nabla v, \nabla \varphi) \, v_g \tag{4.26}$$

と一致する. ここで $\varphi = 0 \ (\partial\Omega \ 上)$ を使った. したがって,

$$\int_{\Omega} g(\nabla v, \nabla \varphi) \, v_g = \int_{\Omega} f \varphi \, v_g \qquad (\forall \ \varphi \in C_c^{\infty}(\Omega)) \tag{4.27}$$

を得た. ここで $C_c^{\infty}(\Omega)$ は $\overset{\circ}{H}_1^2(\Omega)$ において稠密であり, (4.27) の両辺は, ノル

ム $\| \;\|_1$ に関して, φ について連続であるので, (4.24) を得る. $\qquad //$

定理 4.4 (M, g) を C^∞ 完備リーマン多様体とし, $\Omega \subset M$ を境界 $\partial \Omega$ が区分的に C^∞ となる有界領域とする. このとき, (4.23) の弱解 v_0 がただ 1 つ存在する.

さらに $\mathring{H}_1^2(\Omega)$ 上の汎関数 J を

$$J(v) := \frac{1}{2} \int_\Omega g(\nabla v, \nabla v)\, v_g - \int_\Omega f\, v\, v_g \qquad (v \in \mathring{H}_1^2(\Omega)) \tag{4.28}$$

と定義するとき, 上記の弱解 $v_0 \in \mathring{H}_1^2(\Omega)$ は

$$J(v_0) = \inf_{v \in \mathring{H}_1^2(\Omega)} J(v) \tag{4.29}$$

と特徴づけられる.

[証明] (弱解の一意性) $v_1, v_2 \in \mathring{H}_1^2(\Omega)$ が共に, (4.23) の弱解, すなわち, $i = 1, 2$, について,

$$\int_\Omega g(\nabla v_i, \nabla v)\, v_g = \int_\Omega f\, v\, v_g \qquad (v \in \mathring{H}_1^2(\Omega)) \tag{4.30}$$

を満たすとする. このとき, (4.30) より,

$$\int_\Omega g(\nabla(v_1 - v_2), \nabla v)\, v_g = 0 \qquad (\forall\, v \in \mathring{H}_1^2(\Omega))$$

となる. $v = v_1 - v_2 \in \mathring{H}_1^2(\Omega)$ に取ると,

$$\int_\Omega g(\nabla(v_1 - v_2), \nabla(v_1 - v_2))\, v_g = 0$$

となるので, $\nabla(v_1 - v_2) = 0$ を得る. これから, $v_1 - v_2 = C$ (定数) であるが, $v_1 - v_2 = 0$ ($\partial \Omega$ 上) であるので, $C = 0$, すなわち, $v_1 = v_2$ を得る.

(弱解の存在性) (4.23) の弱解が存在することを示す.

(第 1 段)

$$\mu := \inf_{v \in \mathring{H}_1^2(\Omega)} J(v)$$

とする. このとき,

$$-\infty < -\frac{1}{\mu_1}\|f\|^2 \leq \mu$$

が成り立つ. ここで, $\mu_1 > 0$ は, ディリクレ固有値問題

$$\begin{cases} \Delta_g v = \mu v & (\Omega \text{ 上}) \\ v = 0 & (\partial\Omega \text{ 上}) \end{cases} \tag{4.31}$$

の第1固有値であり,

$$\mu_1 = \inf_{0 \neq v \in \overset{\circ}{H}{}_1^2(\Omega)} \frac{\|\nabla v\|^2}{\|v\|^2} \tag{4.32}$$

と特徴づけられている (次節参照). とくに,

$$\mu_1 \leq \frac{\|\nabla v\|^2}{\|v\|^2} \qquad (0 \neq \forall\, v \in \overset{\circ}{H}{}_1^2(\Omega)). \tag{4.33}$$

実際, 第1段は次のように示される. (4.11) と同様にして, 任意の $\epsilon > 0$ に対して,

$$J(v) \geq \frac{1}{2}\left\{\|\nabla v\|^2 - \epsilon\|v\|^2 - \frac{1}{\epsilon}\|f\|^2\right\} \qquad (0 \neq v \in \overset{\circ}{H}{}_1^2(\Omega)) \tag{4.34}$$

が成り立つ. ここで, (4.33) により,

$$(4.34) \text{ の右辺} \geq \frac{1}{2}\left\{(1 - \epsilon\mu_1^{-1})\|\nabla v\|^2 - \frac{1}{\epsilon}\|f\|^2\right\}$$

ここで $\epsilon := \frac{\mu_1}{2}$ を代入して,

$$\text{上式の右辺} = \frac{1}{2}\left\{\frac{1}{2}\|\nabla v\|^2 - \frac{2}{\mu_1}\|f\|^2\right\} \geq -\frac{1}{\mu_1}\|f\|^2 \tag{4.35}$$

(第2段) ここで, $\{v_i\}_{i=1}^\infty$ を汎関数 J の $\overset{\circ}{H}{}_1^2(\Omega)$ における最小化列, すなわち, $v_i \in \overset{\circ}{H}{}_1^2(\Omega)$ $(i = 1, 2, \cdots)$ で,

$$J(v_i) \longrightarrow \mu := \inf_{v \in \overset{\circ}{H}{}_1^2(\Omega)} J(v) \qquad (i \longrightarrow \infty \text{ のとき})$$

とする. このとき,

$$\mu + \frac{1}{2} \geq J(v_i) \geq \frac{1}{2}\left\{\frac{1}{2}\|\nabla v_i\|^2 - \frac{2}{\mu_1}\|f\|^2\right\} \geq -\frac{1}{\mu_1}\|f\|^2 \qquad (i = 1, 2, \cdots)$$

より, $\{\|\nabla v_i\|\}_{i=1}^{\infty}$ は有界集合であり, $\|v_i\|^2 \leq \frac{1}{\mu_1}\|\nabla v_i\|^2$ より $\{\|v_i\|^2\}_{i=1}^{\infty}$ もまた有界集合である. ゆえに, $\{v_i\}_{i=1}^{\infty}$ は $\overset{\circ}{H}{}_1^2(\Omega)$ 内の有界集合となる. ゆえに, ソボレフ埋蔵定理 3.11 (2) および $\overset{\circ}{H}{}_1^2(\Omega)$ は $H_1^2(\Omega)$ のソボレフノルム $\|\ \|_1$ により閉部分空間であることより, $\{v_i\}_{i=1}^{\infty}$ の部分列 $\{v_{i_k}\}_{k=1}^{\infty}$ と $v_0 \in L^2(\Omega)$ が存在して,

$$\|v_{i_k} - v_0\| \longrightarrow 0 \qquad (k \longrightarrow \infty) \tag{4.36}$$

となる.

(第 3 段) ここで定理 4.2 を, ヒルベルト空間 $(\overset{\circ}{H}{}_1^2(\Omega), (\ ,\ )_1)$ 内の点列 $\{v_{i_k}\}_{k=1}^{\infty}$ に対して適用すると, その部分列で (同じ $\{v_{i_k}\}_{k=1}^{\infty}$ と表す), $\overset{\circ}{H}{}_1^2(\Omega)$ の元 v_0' に弱収束するものが存在する. やはり, $v_0' = v_0$ となり, $v_0 \in \overset{\circ}{H}{}_1^2(\Omega)$ で,

$$J(v_0) \leq \liminf_{k \to \infty} J(v_{i_k}) = \mu \tag{4.37}$$

となり, $J(v_0) = \mu$ を得る.

(第 4 段) この $v_0 \in \overset{\circ}{H}{}_1^2(\Omega)$ が求める弱解である.

[証明] 実際, 任意の $v \in \overset{\circ}{H}{}_1^2(\Omega)$ に対して, $J(v_0 + \epsilon v)$ は $\epsilon = 0$ で最小値を取るので,

$$\begin{aligned}
0 &= \frac{d}{d\epsilon}\bigg|_{\epsilon=0} J(v_0 + \epsilon v) \\
&= \frac{d}{d\epsilon}\bigg|_{\epsilon=0} \frac{1}{2}\int_\Omega g(\nabla(v_0+\epsilon v), \nabla(v_0+\epsilon v))\, v_g - \int_\Omega f(v_0+\epsilon v)\, v_g \\
&= \int_\Omega g(\nabla v_0, \nabla v)\, v_g - \int_\Omega f v\, v_g \qquad (\forall\, v \in \overset{\circ}{H}{}_1^2(\Omega))
\end{aligned}$$

となるからである. //

4.1.5 ノイマン境界値問題

今度はノイマン境界値ポアソン方程式

$$\begin{cases} \Delta_g w = f & (\Omega \text{ 上}) \\ \dfrac{\partial w}{\partial \mathbf{n}} = h & (\partial\Omega \text{ 上}) \end{cases} \tag{4.38}$$

を考える．ただし，Ω 上の連続関数 f と $\partial\Omega$ 上の連続関数 h は (4.6)，すなわち，
$$\int_\Omega f\, v_g = \int_{\partial\Omega} h\, d\sigma \tag{4.39}$$
を満たすとする．$w \in C^2(\overline{\Omega})$ が (4.38) を満たすとする．このとき，
$$\int_\Omega g(\nabla w, \nabla \psi)\, v_g = \int_\Omega f\psi\, v_g - \int_{\partial\Omega} h\psi\, d\sigma \quad (\forall\, \psi \in H_1^2(\Omega)) \tag{4.40}$$
が成り立つ．

[証明] 任意の $\psi \in H_1^2(\Omega)$ に対して，グリーンの定理 3.10 より，
$$\begin{aligned}\int_\Omega g(\nabla w, \nabla \psi)\, v_g &= \int_\Omega (\Delta_g w)\psi\, v_g - \int_{\partial\Omega} \frac{\partial w}{\partial \mathbf{n}} \psi\, d\sigma \\ &= \int_\Omega f\psi\, v_g - \int_{\partial\Omega} h\psi\, d\sigma\end{aligned}$$
となるからである． //

(4.40) を満たす $w \in H_1^2(\Omega)$ を (4.38) の**弱解**という．

定理 4.5 (4.39) $\int_\Omega f\, v_g = \int_{\partial\Omega} h\, d\sigma$ が成り立つとき，ノイマン境界値ポアソン方程式 (4.38) の弱解 $w_0 \in H_1^2(\Omega)$ が存在する．弱解 w_0 は定数差を除いて一意的である．

[証明]
(一意性) $w_1, w_2 \in H_1^2(\Omega)$ がともに (4.40) を満たすとする．このとき，
$$\int_\Omega g(\nabla(w_1 - w_2), \nabla\psi)\, v_g = 0 \quad (\forall\, \psi \in H_1^2(\Omega))$$
となる．$\psi = w_1 - w_2$ をとれば，$\nabla(w_1 - w_2) = 0$ すなわち，$w_1 - w_2$ は定数となる．

(存在性) $H_1^2(\Omega)$ 上の汎関数
$$J(w) := \frac{1}{2}\int_\Omega g(\nabla w, \nabla w)\, v_g - \int_\Omega fw\, v_g + \int_{\partial\Omega} hw\, d\sigma \tag{4.41}$$
を考える．この定義において，右辺の第3項でトレース写像定理 4.3 を使っていることに注意．このとき，

(1) $\mu := \inf\{J(w)\,|\, w \in H_1^2(\Omega)\} > -\infty$,
(2) $J(w_0) = \mu$ となる $w_0 \in H_1^2(\Omega)$ が存在する，

ことを示す. そうすれば, この $w_0 \in H_1^2(\Omega)$ は (4.40) を満たし, (4.39) の弱解となる.

なぜなら, $\psi \in H_1^2(\Omega)$ に対して, $J(w_0 + \epsilon \psi)$ は $\epsilon = 0$ のとき, 最小値を取る. ゆえに,

$$
\begin{aligned}
0 &= \left.\frac{d}{d\epsilon}\right|_{\epsilon=0} J(w_0 + \epsilon \psi) \\
&= \left.\frac{d}{d\epsilon}\right|_{\epsilon=0} \left\{ \frac{1}{2} \int_\Omega g(\nabla(w_0 + \epsilon \psi), \nabla(w_0 + \epsilon \psi)) \, v_g - \int_\Omega f(w_0 + \epsilon \psi) \, v_g \right. \\
&\qquad\qquad \left. + \int_{\partial\Omega} h(w_0 + \epsilon \psi) \, d\sigma \right\} \\
&= \int_\Omega g(\nabla w_0, \nabla \psi) \, v_g - \int_\Omega f \psi \, v_g + \int_{\partial\Omega} h \psi \, d\sigma
\end{aligned}
$$

となるからである.

(1) について. $\nu_2 > 0$ をノイマン境界値固有値問題

$$
\begin{cases} \Delta_g w = \nu \, w & (\Omega \text{ 上}) \\ \dfrac{\partial w}{\partial \mathbf{n}} = 0 & (\partial\Omega \text{ 上}) \end{cases} \tag{4.42}
$$

の第 2 固有値とする. このとき, $\int_\Omega w \, v_g = 0$ を満たす任意の $0 \not\equiv w \in H_1^2(\Omega)$ に対して,

$$
\|w\|^2 \le \frac{1}{\nu_2} \|\nabla w\|^2 \tag{4.43}
$$

が成り立つ. というのは,

$$
\nu_2 = \inf \left\{ \frac{\|\nabla w\|^2}{\|w\|^2} \,\middle|\, 0 \not\equiv w \in H_1^2(\Omega), \int_\Omega w \, v_g = 0 \right\} \tag{4.44}
$$

と特徴づけられているからである (次節参照).

このとき, 任意の $w \in H_1^2(\Omega)$ に対して,

$$
J(w) \ge -\frac{4\nu_2}{1 + (\nu_2 + 1)C} (\|f\|^2 + \|h\|_{\partial\Omega}^2) > -\infty \tag{4.45}
$$

となる. ここで, 定数 $C > 0$ はトレース写像定理 4.3 における (4.18) における定数 C である. このことから, 主張 (1) が示されたことになる.

[(4.45) の証明] 任意の $w \in H_1^2(\Omega)$ と正数 $\epsilon > 0$ に対して, Ω 上の積分と

$\partial\Omega$ 上の積分について, それぞれ同様の論法により,

$$\left|\int_\Omega f\,w\,v_g\right| \leq \epsilon \|f\|^2 + \frac{1}{\epsilon}\|w\|^2 \tag{4.46}$$

$$\left|\int_{\partial\Omega} h\,w\,d\sigma\right| \leq \epsilon \|h\|_{\partial\Omega}{}^2 + \frac{1}{\epsilon}\|w|_{\partial\Omega}\|_{\partial\Omega}{}^2 \tag{4.47}$$

となる. ここでトレース写像定理 4.3 により, (4.47) の右辺は次のようになる.

$$(4.47) \text{ の右辺} \leq \epsilon \|h\|_{\partial\Omega}{}^2 + \frac{C}{\epsilon}\|w\|_1{}^2 \tag{4.48}$$

したがって, $J(w)$ は次のように評価される.

$$J(w) := \frac{1}{2}\|\nabla w\|^2 - \int_\Omega f\,w\,v_g + \int_{\partial\Omega} h\,w\,d\sigma$$
$$\geq \frac{1}{2}\|\nabla w\|^2 - \epsilon(\|f\|^2 + \|h\|_{\partial\Omega}{}^2) - \frac{1}{\epsilon}(\|w\|^2 + C\|w\|_1{}^2) \tag{4.49}$$

ここで $\int_\Omega w\,v_g = 0$ を満たす任意の定数関数でない $w \in H_1^2(\Omega)$ に対しては, (4.43) により, $\|w\|^2 \leq \nu_2^{-1}\|\nabla w\|^2$ なので,

$$\|w\|_1{}^2 \leq (1 + \nu_2{}^{-1})\|\nabla w\|^2$$

となる. したがって,

$$J(w) \geq \frac{1}{2}\|\nabla w\|^2 - \epsilon(\|f\|^2 + \|h\|_{\partial\Omega}{}^2)$$
$$- \frac{1}{\epsilon}\left(\nu_2{}^{-1} + (1+\nu_2{}^{-1})C\right)\|\nabla w\|^2 \tag{4.50}$$

となる. ここで $\epsilon := \frac{4}{\nu_2{}^{-1}+(1+\nu_2{}^{-1})C}$ に取ると, 結局, (4.50) は

$$J(w) \geq \frac{1}{4}\|\nabla w\|^2 - \frac{4}{\nu_2{}^{-1}+(1+\nu_2{}^{-1})C}(\|f\|^2 + \|h\|_{\partial\Omega}{}^2)$$
$$\geq -\frac{4}{\nu_2{}^{-1}+(1+\nu_2{}^{-1})C}(\|f\|^2 + \|h\|_{\partial\Omega}{}^2)$$
$$= -\frac{4\nu_2}{1+(\nu_2+1)C}(\|f\|^2 + \|h\|_{\partial\Omega}{}^2) > -\infty \tag{4.51}$$

となる. さらに, 任意の $w \in H_1^2(\Omega)$ に対しては,

$$w_1 := w - \frac{1}{\text{Vol}(\Omega)}\int_\Omega w\,v_g$$

とおくと,

$$\int_\Omega w_1\, v_g = 0 \quad \text{かつ} \quad J(w) = J(w_1) \tag{4.52}$$

が成り立つので, (4.45) が示された. ここで, (4.52) の後半部分は, 次のように計算して示される.

$$\begin{aligned}
J(w_1) &= J\left(w - \frac{1}{\text{Vol}(\Omega)} \int_\Omega w\, v_g\right) \\
&= \frac{1}{2}\int_\Omega |\nabla w|^2\, v_g - \int_\Omega f\, w\, v_g + \int_{\partial\Omega} h\, w\, d\sigma \\
&\quad + \frac{1}{\text{Vol}(\Omega)} \left\{\int_\Omega w\, v_g\right\} \left\{\int_\Omega f\, v_g - \int_{\partial\Omega} h\, d\sigma\right\} \\
&= J(w)
\end{aligned}$$

となる. ここで最後の等式において, 条件 (4.39) を使った.

(2) について. $\mathcal{B} := \{w \in H_1^2(\Omega) \mid (w,1) = \int_\Omega w\, v_g = 0\}$ とおく. 任意の $w \in H_1^2(\Omega)$ に対して, $w_1 := w - \frac{1}{\text{Vol}(\Omega)}\int_\Omega w\, v_g \in \mathcal{B}$ かつ $J(w) = J(w_1)$ であった.

さて, $\mu = \inf_{w \in \mathcal{B}} J(w) > -\infty$ であったので, J の $\mathcal{B}$ における最小化列を $\{w_i\}_{i=1}^\infty$ とする. すなわち, $w_i \in \mathcal{B}$ $(i=1,2,\cdots)$ で,

$$J(w_i) \longrightarrow \mu \quad (i \longrightarrow \infty \text{ のとき})$$

とする. このとき, (4.51) の最初の不等式により,

$$\mu + \frac{1}{2} \geq J(w_i) \geq \frac{1}{4}\|\nabla w_i\|^2 - \frac{4}{\nu_2^{-1} + (1+\nu_2^{-1})C}\left(\|f\|^2 + \|h\|_{\partial\Omega}{}^2\right)$$

ゆえに,

$$\|\nabla w_i\|^2 \leq 4\left(\mu + \frac{1}{2}\right) + \frac{16}{\nu_2^{-1} + (1+\nu_2^{-1})C}\left(\|f\|^2 + \|h\|_{\partial\Omega}{}^2\right)$$

となるので, 集合 $\{\|\nabla w_i\|^2\}_{i=1}^\infty$ は有界である. また, $0 \not\equiv w_i \in \mathcal{B}$ であるので, (4.43) より, $\|w_i\|^2 \leq \frac{1}{\nu_2}\|\nabla w_i\|^2$ なので, $\{\|w_i\|^2\}_{i=1}^\infty$ も有界で, $\{w_i\}_{i=1}^\infty$ は $H_1^2(\Omega)$ 内の有界集合である. ゆえに, ソボレフの埋蔵定理 3.11 (2) により, $\{w_i\}_{i=1}^\infty$ の部分列 $\{w_{i_k}\}_{k=1}^\infty$ と $w_0 \in L^2(\Omega)$ が存在して,

$$\|w_{i_k} - w_0\| \longrightarrow 0 \quad (k \longrightarrow \infty \text{ のとき})$$

となる.次に,定理 4.2 (1) を使い,$\{w_{i_k}\}_{k=1}^{\infty}$ の部分列と (同じ記号で書く),$w_0' \in H_1^2(\Omega)$ で,$\{w_{i_k}\}_{k=1}^{\infty}$ が w_0' に弱収束している.しかし,$w_0 = w_0'$ でなければならず,$w_0 \in H_1^2(\Omega)$ を得る.こうして,$\{w_{i_k}\}_{k=1}^{\infty}$ は $w_0 \in H_1^2(M)$ に弱収束するので,再び,定理 4.2 (2) により,$J(w_0) \leq \liminf_{k \to \infty} J(w_{i_k}) = \mu$ となるので,$J(w_0) = \mu$ を得る.また,$w_{i_k} \in \mathcal{B}$ なので,$w_0 \in \mathcal{B}$ である.以上より,(2) が言えた.こうして,定理 4.5 を得た. //

4.2 ラプラス作用素の固有値問題

4.2.1 固有値問題とは

本節では,ラプラス作用素 (ラプラシアン) の固有値問題を扱う.リーマン多様体 (M,g) のラプラシアンを Δ_g とする.

(M,g) が C^∞ コンパクト・リーマン多様体の場合には,次の固有値問題を考える.

$$\Delta_g u = \lambda u \quad (M \text{ 上}) \tag{4.53}$$

ただし $u \in C^\infty(M)$ は $u \not\equiv 0$ とする.このとき,定数 λ は固有値問題 (4.53) の固有値といい,u を固有値 λ の固有関数という.

(M,g) を C^∞ 完備リーマン多様体とし,$\Omega \subset M$ を境界 $\partial\Omega$ が区分的に C^∞ であるような有界領域とする.このとき,

$$\begin{cases} \Delta_g v = \mu v & (\Omega \text{ 上}) \\ v = 0 & (\partial\Omega \text{ 上}) \end{cases} \tag{4.54}$$

を,ディリクレ境界値固有値問題といい,

$$\begin{cases} \Delta_g w = \nu w & (\Omega \text{ 上}) \\ \dfrac{\partial w}{\partial \mathbf{n}} = 0 & (\partial\Omega \text{ 上}) \end{cases} \tag{4.55}$$

を,ノイマン境界値固有値問題という.ただし,両方の問題とも $v \not\equiv 0$ および $w \not\equiv 0$ とする.定数 μ および ν はそれぞれ,固有値問題 (4.54), (4.55) の固有

値といい, v および w はそれぞれ, 固有値 μ, ν の固有値問題 (4.54), (5.55) の固有関数という.

4.2.2 固有値問題の弱解

まず, 固有値問題の弱解による定式化について述べる.

定理 4.6

(1) (M, g) を C^∞ コンパクトリーマン多様体とし, $u \in C^2(M)$ を (4.53) の固有値 λ の固有関数とする. このとき,

$$\int_M g(\nabla u, \nabla \psi) v_g = \lambda \int_M u \psi v_g \quad (\forall \, \psi \in H_1^2(M)) \tag{4.56}$$

が成り立つ. ($u \in H_1^2(M)$ が (4.56) を満たすとき, u を固有値問題 (4.53) の弱解という.) 逆に, $u \in H_1^2(M)$ が (4.53) の弱解とする. $u \in C^2(M)$ であるならば, w は (4.54) の解である.

(2) (M, g) が C^∞ 完備リーマン多様体とし, $\Omega \subset M$ を境界 $\partial \Omega$ が区分的に C^∞ であるような有界領域とする.

(2-i) $v \in C^2(\overline{\Omega})$ がディリクレ境界値固有値問題 (4.54) の固有値 μ の固有関数とする. このとき,

$$\int_\Omega g(\nabla v, \nabla \psi) v_g = \mu \int_\Omega v \psi v_g \quad (\forall \, \psi \in \overset{\circ}{H}{}_1^2(\Omega)) \tag{4.57}$$

が成り立つ. ($v \in \overset{\circ}{H}{}_1^2(\Omega)$ が (4.57) を満たすとき, v を固有値問題 (4.54) の弱解という.) 逆に, $v \in \overset{\circ}{H}{}_1^2(\Omega)$ が (4.54) の弱解とする. $v \in C^2(\overline{\Omega})$ であるならば, v は (4.54) の解である.

(2-ii) $w \in C^2(\overline{\Omega})$ がノイマン境界値固有値問題 (4.55) の固有値 ν の固有関数とする. このとき,

$$\int_\Omega g(\nabla w, \nabla \psi) v_g = \nu \int_\Omega w \psi v_g \quad (\forall \, \psi \in H_1^2(\Omega)) \tag{4.58}$$

が成り立つ. ($w \in H_1^2(\Omega)$ が (4.58) を満たすとき, w を固有値問題 (4.55) の弱解という.) 逆に, $w \in H_1^2(\Omega)$ が (4.55) の弱解とする. $w \in C^2(\overline{\Omega})$ であるならば, w は (4.55) の解である.

[証明]

(1) $u \in C^2(M)$ が (4.53) を満たすとする. $\psi \in H_1^2(M)$ を (4.53) の両辺にかけて, M で積分すると, 次式を得る.

$$\int_M (\Delta_g u)\, \psi\, v_g = \lambda \int_M u\psi\, v_g$$

この左辺は, 定理 3.9 (3) により $\int_M g(\nabla u, \nabla \psi)\, v_g$ に一致するので, (4.56) 式を得る. 逆に, $u \in C^2(M)$ が (4.56) 式を満たすとすれば, 定理 3.9 (3) により,

$$\int_M (\Delta_g u - \lambda u)\, \psi\, v_g = 0 \qquad (\forall\, \psi \in H_1^2(M)) \tag{4.59}$$

を得る. $H_1^2(M)$ は $L^2(M)$ 内で稠密であり, $\Delta_g u - \lambda u$ は M 上の連続関数となるので, (4.59) より, (4.53) を得る.

(2-i) $v \in C^2(\overline{\Omega})$ が (4.54) を満たすとする. この最初の式の両辺に $\psi \in \overset{\circ}{H}_1^2(\Omega)$ をかけて積分すれば, 定理 3.10 (3) と $\psi = 0$ ($\partial \Omega$ 上) なので,

$$\mu \int_\Omega v\psi\, v_g = \int_\Omega g(\nabla v, \nabla \psi)\, v_g + \int_{\partial \Omega} \psi \frac{\partial v}{\partial \mathbf{n}} d\sigma$$
$$= \int_\Omega g(\nabla v, \nabla \psi)\, v_g$$

となるから, (4.57) を得る. $v \in \overset{\circ}{H}_1^2(\Omega)$ とすると, $v = 0$ (Ω 上) であるので, 逆も同様にできる.

(2-ii) $w \in C^2(\overline{\Omega})$ が (4.55) を満たすとすると, 任意の $\psi \in H_1^2(\Omega)$ に対して, 定理 3.10 (3) より,

$$\nu \int_\Omega w\psi\, v_g = \int_\Omega (\Delta_g w)\, \psi\, v_g$$
$$= \int_\Omega g(\nabla w, \nabla \psi)\, v_g + \int_{\partial \Omega} \psi \frac{\partial w}{\partial \mathbf{n}} d\sigma$$
$$= \int_\Omega g(\nabla w, \nabla \psi)\, v_g$$

を得る. 逆に, $w \in C^2(\overline{\Omega})$ が (4.55) の弱解である, すなわち, (4.58) を満たすとすれば, やはり, 定理 3.10 (3) を使い,

$$\int_\Omega (\Delta_g w)\, \psi\, v_g - \int_{\partial \Omega} \psi \frac{\partial w}{\partial \mathbf{n}} d\sigma = \nu \int_\Omega w\psi\, v_g \qquad (\forall\, \psi \in H_1^2(\Omega)) \tag{4.60}$$

となる．ここでとくに，任意の $\psi \in \overset{\circ}{H}_1^2(\Omega)$ に対しては，$\psi = 0$ ($\partial\Omega$ 上) なので，

$$\int_\Omega (\Delta_g w)\,\psi\,v_g = \nu \int_\Omega w\psi\,v_g$$

を得る．$\overset{\circ}{H}_1^2(\Omega)$ は $L^2(\Omega)$ 内で稠密であるので，$\Delta_g w = \nu w$ (Ω 上) を得る．これを (4.60) 式に代入して，$\int_{\partial\Omega} \psi \frac{\partial w}{\partial \mathbf{n}} d\sigma = 0$ ($\forall\,\psi \in H_1^2(\Omega)$) である．トレース写像定理 (定理 4.3) より，$\{\psi|_{\partial\Omega} | \psi \in H_1^2(\Omega)\}$ が定義され，しかも $L^2(\partial\Omega)$ 内で稠密なので (定理 4.3 注意 1 参照)，$\frac{\partial w}{\partial \mathbf{n}} = 0$ ($\partial\Omega$ 上) を得る． //

4.2.3 レーリー商と固有関数

定義 4.2

(1) (M, g) を C^∞ コンパクト・リーマン多様体とする．このとき，$0 \not\equiv \psi \in H_1^2(M)$ に対して，

$$R(\psi) := \frac{\int_M g(\nabla\psi, \nabla\psi)\,v_g}{\int_M \psi^2\,v_g} \tag{4.61}$$

を ψ のレーリー商という．レーリー商 R は $H_1^2(M)$ 上の汎関数である．

(2) (M, g) を C^∞ 完備リーマン多様体とし，$\Omega \subset M$ を境界 $\partial\Omega$ が区分的に C^∞ である有界領域とする．このとき $0 \not\equiv \psi \in H_1^2(\Omega)$ に対して，

$$R_\Omega(\psi) := \frac{\int_\Omega g(\nabla\psi, \nabla\psi)\,v_g}{\int_\Omega \psi^2\,v_g} \tag{4.62}$$

を ψ の (Ω 上の) レーリー商という．レーリー商 R_Ω は $H_1^2(\Omega)$ 上の汎関数である．

補題 4.2

(1) (M, g) を C^∞ コンパクト・リーマン多様体とする．

$$\lambda_1 := \inf\{R(\psi)|\, 0 \not\equiv \psi \in H_1^2(M)\}$$
$$E_1 := \{\varphi \in H_1^2(M)|\, R(\varphi) = \lambda_1\} \cup \{0\}$$

とする．このとき，E_1 は $\{0\}$ でない $H_1^2(M)$ の有限次元部分空間であり，任意の $u \in E_1$ は $\Delta_g u = \lambda_1 u$ の弱解である．

(2) (M,g) を C^∞ 完備リーマン多様体, Ω を境界 $\partial\Omega$ が区分的に C^∞ である有界領域とする.

$$\mu_1 := \inf\{R_\Omega(\psi)|\, 0 \not\equiv \psi \in \mathring{H}_1^2(\Omega)\}$$
$$E_1' := \{\varphi \in \mathring{H}_1^2(\Omega)|\, R_\Omega(\varphi) = \lambda_1\} \cup \{0\}$$

とする. このとき, E_1' は $\{0\}$ でない $\mathring{H}_1^2(\Omega)$ の有限次元部分空間であり, 任意の $v \in E_1'$ はディリクレ固有値問題

$$\Delta_g v = \mu_1 v \quad (\Omega \text{ 上}); \qquad v = 0 \quad (\partial\Omega \text{ 上}) \tag{4.63}$$

の弱解である.

(3) (2) と同様の場合に,

$$\nu_1 := \inf\{R_\Omega(\psi)|\, 0 \not\equiv \psi \in H_1^2(\Omega)\}$$
$$E_1'' := \{\varphi \in H_1^2(\Omega)|\, R_\Omega(\varphi) = \mu_1\} \cup \{0\}$$

とする. このとき, E_1'' は $\{0\}$ でない $H_1^2(\Omega)$ の有限次元部分空間であり, 任意の $w \in E_1''$ はノイマン固有値問題

$$\Delta_g w = \nu_1 w \quad (\Omega \text{ 上}); \qquad \frac{\partial w}{\partial \mathbf{n}} = 0 \quad (\partial\Omega \text{ 上}) \tag{4.64}$$

の弱解である.

[証明]

(1) $E_1 \neq \{0\}$ を示す. $H_1^2(M)$ 上で $R \geq 0$ なので, $\lambda_1 \geq 0$. R の $H_1^2(M)$ における最小化列 $\{\psi_n\}_{n=1}^\infty$ を取る, すなわち, $\psi_n \in H_1^2(M)$ $(n = 1, 2, \cdots)$ は

$$\lim_{n\to\infty} R(\psi_n) = \lambda_1, \qquad \|\psi_n\| = 1 \ (n = 1, 2, \cdots)$$

となるものとする. $R(\psi_n) < \lambda_1 + 1$ $(n = 1, 2, \cdots)$ としてよい. このとき,

$$\begin{aligned}\|\psi_n\|_1^2 &= \|\psi_n\|^2 + \|\nabla\psi_n\|^2 \\ &= 1 + R(\psi_n) \\ &< 2 + \lambda_1 \quad (n = 1, 2, \cdots)\end{aligned}$$

したがって, $\{\psi_n\}_{n=1}^\infty$ は $H_1^2(M)$ 内の有界集合である. ソボレフ埋蔵定理 3.11 と定理 4.2 (1) により, $\{\psi_i\}_{i=1}^\infty$ の部分列 $\{\psi_{i_k}\}_{k=1}^\infty$ と $u_0 \in H_1^2(M)$ が存在して, ψ_{i_k} は u_0 に $(H_1^2(M), (\ ,\ )_1)$ において弱収束し, $\|\psi_{i_k} - u_0\| \longrightarrow \infty \ (k \longrightarrow \infty)$ となる. したがって, $\|u_0\| = 1$ であり, かつ定理 4.2 (2) により,

$$1 + R(u_0) = \|u_0\|_1{}^2 \leq \liminf_{k \to \infty} \|\psi_{i_k}\|_1{}^2 = \liminf_{k \to \infty}(1 + R(\psi_{i_k})) = 1 + \lambda_1$$

となり, $R(u_0) = \lambda_1$ を得る. とくに, $E_1 \neq \{0\}$ である.

さらに, 任意の $u \in E_1$ は $\Delta_g u = \lambda_1 u$ の弱解である. なぜなら, $R(u) = \lambda_1$ なので, 任意の $\psi \in H_1^2(M)$ に対して, $\epsilon \mapsto R(u + \epsilon\psi)$ は $\epsilon = 0$ において最小値を取る. ゆえに,

$$\begin{aligned}
0 &= \left.\frac{d}{d\epsilon}\right|_{\epsilon=0} R(u + \epsilon\psi) \\
&= \left.\frac{d}{d\epsilon}\right|_{\epsilon=0} \frac{\int_M g(\nabla(u + \epsilon\psi), \nabla(u + \epsilon\psi))\, v_g}{\int_M (u + \epsilon\psi)^2\, v_g} \\
&= \left.\frac{d}{d\epsilon}\right|_{\epsilon=0} \frac{\int_M g(\nabla u, \nabla u)\, v_g + 2\epsilon \int_M g(\nabla u, \nabla\psi)\, v_g + \epsilon^2 \int_M g(\nabla\psi, \nabla\psi)\, v_g}{\int_M u^2\, v_g + 2\epsilon \int_M u\psi\, v_g + \epsilon^2 \int_M \psi^2\, v_g} \\
&= 2 \frac{(\int_M g(\nabla u, \nabla\psi)\, v_g)(\int_M u^2\, v_g) - (\int_M g(\nabla u, \nabla u)\, v_g)(\int_M u\psi\, v_g)}{(\int_M u^2\, v_g)^2} \\
&= 2 \frac{\int_M g(\nabla u, \nabla\psi)\, v_g - \lambda_1 \int_M u\psi\, v_g}{\int_M u^2\, v_g}
\end{aligned}$$

となる. ゆえに,

$$\int_M g(\nabla u, \nabla\psi)\, v_g = \lambda_1 \int_M u\psi\, v_g \qquad (\forall\, \psi \in H_1^2(M)) \tag{4.65}$$

となり, u は求める弱解である. この (4.65) 式より, E_1 は線形空間であることが示される. なぜなら, $u_1, u_2 \in E_1, a, b \in \mathbb{R}$ とすれば, $a\,u_1 + b\,u_2 \in H_1^2(M)$ であり, また, (4.65) より,

$$(\nabla u_1, \nabla u_2) = \lambda_1 (u_1, u_2)$$

したがって,

$$\|\nabla(a\,u_1 + b\,u_2)\|^2 = a^2\, \|\nabla u_1\|^2 + 2\,a\,b\, (\nabla u_1, \nabla u_2) + b^2\, \|\nabla u_2\|^2$$

$$= \lambda_1 \left(a^2 \|u_1\|^2 + 2ab\,(u_1, u_2) + b^2 \|u_2\|^2\right)$$
$$= \lambda_1 \|a\,u_1 + b\,u_2\|^2$$

となるので, $R(a\,u_1 + b\,u_2) = \lambda_1$ を得るからである.

$E_1 \subset H_1^2(M)$ が有限次元部分空間であることは, 次のように示される. 実際, $\{u \in E_1 \mid \|u\| = 1\} \subset H_1^2(M)$ は有界集合である. なぜなら, $u \in E_1$, かつ $\|u\| = 1$ とすると, $\|u\|_1^2 = \|\nabla u\|^2 + \|u\|^2 = (\lambda_1 + 1)\|u\|^2 = \lambda_1 + 1$ となるからである. したがって, $\{u \in E_1 \mid \|u\| = 1\} \subset L^2(M)$ はコンパクト集合である. とくに, $\dim(E_1) < \infty$ となる.

$\Delta_g u = \lambda_1 u$ の弱解の正則性定理 (たとえば [浦川[32]], 付録) より, $E_1 \subset C^\infty(M)$ となるので, E_1 は Δ_g の固有値 λ_1 の固有関数からなる空間 (固有値 λ_1 に属する Δ_g の固有空間という) に含まれる. 逆に, 固有値 λ_1 に属する固有空間は E_1 に含まれるので, E_1 は固有値 λ_1 に属する固有空間と一致する.

(2), (3) も同様に示されるので, 証明は割愛する. //

補題 4.3 補題 4.2 の状況を保つとする.

(1) L_1 を E_1 の $L^2(M)$ における内積 $(\,,\,)$ に関する直交補空間とし, H_1 を E_1 の $H_1^2(M)$ における内積 $(\,,\,)_1$ に関する直交補空間とする. このとき,

$$\lambda_2 := \inf\{R(\psi) \mid 0 \not\equiv \psi \in H_1\}$$
$$E_2 := \{u \in H_1 \mid R(u) = \lambda_2\} \cup \{0\}$$

とする. このとき, E_2 は $\{0\}$ でない $H_1^2(M)$ の有限次元部分空間で, H_1 および L_1 の部分空間となり, E_2 の各元 u は $\Delta_g u = \lambda_2 u$ (M上) の弱解であり, $\lambda_1 < \lambda_2$ となり, 次式が成り立つ:

$$E_2 = \{u \in H_1^2(M) \mid (u, \psi)_1 = (\lambda_2 + 1)(u, \psi) \quad (\forall\,\psi \in H_1^2(M))\} \quad (4.66)$$

(2) L_1' を E_1' の $L^2(\Omega)$ における内積 $(\,,\,)$ に関する直交補空間とし, H_1' を E_1' の $\overset{\circ}{H}{}_1^2(\Omega)$ における内積 $(\,,\,)_1$ に関する直交補空間とする. このとき,

$$\mu_2 := \inf\{R(\psi) \mid 0 \not\equiv \psi \in H_1'\}$$
$$E_2' := \{v \in H_1' \mid R(v) = \mu_2\} \cup \{0\}$$

とする．このとき，E_2' は $\{0\}$ でない $\overset{\circ}{H}{}_1^2(\Omega)$ の有限次元部分空間で，H_1' および L_1' の部分空間となり，E_2' の各元 v は μ_2 に対する (4.54) の弱解であり，$\mu_1 < \mu_2$ となり，次式が成り立つ：

$$E_2' = \{v \in \overset{\circ}{H}{}_1^2(\Omega) | (v,\psi)_1 = (\mu_2+1)(v,\psi) \quad (\forall\,\psi \in \overset{\circ}{H}{}_1^2(\Omega))\} \quad (4.67)$$

(3) L_1'' を E_1'' の $L^2(\Omega)$ における内積 (,) に関する直交補空間とし，H_1'' を E_1'' の $H_1^2(\Omega)$ における内積 (,)$_1$ に関する直交補空間とする．このとき，

$$\nu_2 := \inf\{R(\psi) | 0 \not\equiv \psi \in H_1''\}$$
$$E_2'' := \{w \in H_1'' | R(w) = \nu_2\} \cup \{0\}$$

とする．このとき，E_2'' は $\{0\}$ でない $H_1^2(\Omega)$ の有限次元部分空間で，H_1'' および L_1'' の部分空間となり，E_2'' の各元 w は ν_2 に対する (4.55) の弱解であり，$\nu_1 < \nu_2$ となり，次式が成り立つ：

$$E_2'' = \{w \in H_1^2(\Omega) | (w,\psi)_1 = (\nu_2+1)(w,\psi) \quad (\forall\,\psi \in H_1^2(\Omega))\} \quad (4.68)$$

[証明] 定義と補題 4.2 より，

$$L_1 := \{u \in L^2(M) | (u,\psi) = 0 \ (\forall\,\psi \in E_1)\}$$
$$H_1 := \{u \in H_1^2(M) | (u,\psi)_1 = 0 \ (\forall\,\psi \in E_1\} \text{ および}$$
$$E_1 = \{u \in H_1^2(M) | (u,\psi)_1 = (\lambda_1+1)(u,\psi) \ \forall\,\psi \in H_1^2(M)\}$$

であった．このとき，$H_1 \subset L_1$ である．実際，$u \in H_1$ とする．$\psi \in E_1$ に対して，

$$0 = (u,\psi)_1 = (\lambda_1+1)(u,\psi)$$

であり，$\lambda_1+1 > 0$ なので，$(u,\psi) = 0$．よって $u \in L_1$ となる．

ソボレフ埋蔵定理 3.11 (2) により，包含写像 $H_1^2(M) \subset L^2(M)$ はコンパクト作用素であるので，この包含写像 $H_1 \subset L_1$ もコンパクト作用素である．実際，H_1 内の任意の有界な列 $\{u_n\}_{n=1}^\infty$ は $L^2(M)$ の元 u に収束する L_1 の部分列を持つが，L_1 は $L^2(M)$ 内の閉部分空間であるので，$u \in L_1$ である．

$\lambda_2 \geq 0$ であるので，H_1 における最小化列，すなわち，$u_n \in H_1$ $(n = 1, 2, \cdots)$ で，$R(u_n) \longrightarrow \lambda_2$ $(n \longrightarrow \infty)$ を取ることができる．このとき，上のことと定理 4.2 (1) により，前と同じ議論により，$\{u_n\}_{n=1}^{\infty}$ の部分列 $\{u_{n_k}\}_{k=1}^{\infty}$ と $u_0 \in H_1$ が存在して，$\|u_{n_k} - u_0\| \longrightarrow 0$ $(k \longrightarrow \infty)$ かつ u_{n_k} は u_0 に $k \to \infty$ のとき，ヒルベルト空間 $(H_1^2(M), (,)_1)$ の閉部分空間 $(H_1, (,)_1)$ において弱収束する．したがって，定理 4.2 (2) より，$R(u_0) \leq \liminf_{k \to \infty} R(u_{n_k}) = \lambda_2$ となる．ゆえに，$R(u_0) = \lambda_2$ となり，$E_2 \neq \{0\}$ を得る．

任意の $u \in E_2$ は $\Delta_g u = \lambda_2 u$ の弱解であること，すなわち，

$$E_2 = \{u \in H_1^2(M) | (u, \psi)_1 = (\lambda_2 + 1)(u, \psi) \quad (\forall \psi \in H_1^2(M))\}$$

となることは，補題 4.2 (1) と同様である．このことから，E_2 も線形空間であることが示される．また，$\{u \in E_2 | \|u\| = 1\} \subset H_1^2(M)$ は有界集合となることが同様に示され，$\{u \in E_2 | \|u\| = 1\} \subset L^2(M)$ はコンパクト集合となるので，$\dim(E_2) < \infty$．$\Delta_g u = \lambda_2 u$ の弱解の正則性定理より，$E_2 \subset C^{\infty}(M)$ となり，E_2 は Δ_g の固有値 λ_2 の固有空間と一致する．$\lambda_1 < \lambda_2$ であることは，$\lambda_1 = \inf\{R(\psi) | 0 \not\equiv \psi \in H_1^2(M)\}$，$\lambda_2 = \inf\{R(\psi) | 0 \not\equiv \psi \in H_1\}$，ここで $H_1 \subset H_1^2(M)$ であるので，$\lambda_1 \leq \lambda_2$ である．さらに，H_1 は $E_1 = \{u \in H_1^2(M) | R(u) = \lambda_1\} \cup \{0\}$ の内積 $(,)_1$ に関する直交補空間であり，$E_2 = \{u \in H_1 | R(u) = \lambda_2\} \cup \{0\}$ であるので，$\lambda_1 = \lambda_2$ となることは起こらない．

(2), (3) も同様に示される． //

補題 4.4 補題 4.2, 4.3 の状況を保つとする．
(1) $E_i \subset H_1^2(M)$ を次式で与えられる有限次元部分空間とし，

$$E_i = \{u \in H_1^2(M) | R(u) = \lambda_i\} \cup \{0\}$$
$$= \{u \in H_1^2(M) | (u, \psi)_1 = (\lambda_i + 1)(u, \psi) \; (\forall \psi \in H_1^2(M))\}, \quad (4.69)$$

$0 \leq \lambda_1 < \cdots < \lambda_i$ とする．このとき，L_{i+1} を $E_1 \oplus \cdots \oplus E_i$ の $L^2(M)$ における内積 $(,)$ に関する直交補空間とし，H_{i+1} を $E_1 \oplus \cdots \oplus E_i$ の $H_1^2(M)$ における内積 $(,)_1$ に関する直交補空間とする．このとき，

$$\lambda_{i+1} := \inf\{R(\psi)|\, 0 \not\equiv \psi \in H_{i+1}\},$$
$$E_{i+1} := \{u \in H_{i+1} | R(u) = \lambda_{i+1}\} \cup \{0\}$$

とする．このとき，E_{i+1} は $\{0\}$ でない $H_1^2(M)$ の有限次元部分空間で，H_{i+1} および L_{i+1} の部分空間となり，E_{i+1} の各元 u は $\Delta_g u = \lambda_{i+1} u$ (M 上) の弱解であり，$\lambda_i < \lambda_{i+1}$ となり，次式が成り立つ：

$$E_{i+1} = \{u \in H_1^2(M) | \, (u,\psi)_1 = (\lambda_{i+1}+1)\,(u,\psi) \;(\forall\, \psi \in H_1^2(M))\}. \quad (4.70)$$

(2) $E_i' \subset \overset{\circ}{H}{}_1^2(\Omega)$ を次式で与えられる有限次元部分空間とし，
$$E_i' = \{v \in \overset{\circ}{H}{}_1^2(\Omega)| \, R(v) = \mu_i\} \cup \{0\}$$
$$= \{v \in \overset{\circ}{H}{}_1^2(\Omega)|(v,\psi)_1 = (\mu_i + 1)(v,\psi) \;(\forall\, \psi \in \overset{\circ}{H}{}_1^2(\Omega))\} \quad (4.71)$$

$0 \le \mu_1 < \cdots < \mu_i$ とする．このとき，L'_{i+1} を $E'_1 \oplus \cdots \oplus E'_i$ の $L^2(\Omega)$ における内積 $(\,,\,)$ に関する直交補空間とし，H'_{i+1} を $E'_1 \oplus \cdots \oplus E'_i$ の $\overset{\circ}{H}{}_1^2(\Omega)$ における内積 $(\,,\,)_1$ に関する直交補空間とする．このとき，

$$\mu_{i+1} := \inf\{R(\psi)|\, 0 \not\equiv \psi \in H'_{i+1}\}$$
$$E'_{i+1} := \{v \in H'_{i+1}|R(v) = \mu_{i+1}\} \cup \{0\}$$

とする．このとき，E'_{i+1} は $\{0\}$ でない $\overset{\circ}{H}{}_1^2(\Omega)$ の有限次元部分空間で，H'_{i+1} および L'_{i+1} の部分空間となり，E'_{i+1} の各元 v は μ_{i+1} に対する (4.54) の弱解であり，$\mu_i < \mu_{i+1}$ となり，次式が成り立つ：

$$E'_{i+1} = \{v \in \overset{\circ}{H}{}_1^2(\Omega)| \, (v,\psi)_1 = (\mu_{i+1}+1)\,(v,\psi) \;(\forall\, \psi \in \overset{\circ}{H}{}_1^2(\Omega))\} \quad (4.72)$$

(3) $E_i'' \subset H_1^2(\Omega)$ を次式で与えられる有限次元部分空間とし，
$$E_i'' = \{w \in H_1^2(\Omega)| \, R(w) = \nu_i\} \cup \{0\}$$
$$= \{w \in H_1^2(\Omega)|(w,\psi)_1 = (\nu_i + 1)(w,\psi) \;(\forall\, \psi \in H_1^2(\Omega)\} \quad (4.73)$$

$0 \le \nu_1 < \cdots < \nu_i$ とする．このとき，L''_{i+1} を $E''_1 \oplus \cdots \oplus E''_i$ の $L^2(\Omega)$ における内積 $(\,,\,)$ に関する直交補空間とし，H''_{i+1} を $E''_1 \oplus \cdots \oplus E''_i$ の $H_1^2(\Omega)$ における内積 $(\,,\,)_1$ に関する直交補空間とする．このとき，

$$\nu_{i+1} := \inf\{R(\psi)|\, 0 \not\equiv \psi \in H''_{i+1}\}$$
$$E''_{i+1} := \{w \in H''_{i+1}|\, R(w) = \nu_{i+1}\} \cup \{0\}$$

とする.このとき,E''_{i+1} は $\{0\}$ でない $H_1^2(\Omega)$ の有限次元部分空間で,H''_{i+1} および L''_{i+1} の部分空間となり,E''_{i+1} の各元 w は ν_{i+1} に対する (4.55) の弱解であり,$\nu_i < \nu_{i+1}$ となり,次式が成り立つ:

$$E''_{i+1} = \{w \in H_1^2(\Omega)|\, (w,\psi)_1 = (\nu_{i+1}+1)(w,\psi)\ (\forall\, \psi \in H_1^2(\Omega))\}. \quad (4.74)$$

[証明] 証明は補題 4.3 と同様である. //

こうして,次の補題に到達する.

補題 4.5 補題 4.4 の状況を保つとする.このとき,

(1) 次のような数列 $\{0 \leq \lambda_1 < \lambda_2 < \cdots < \lambda_i < \cdots\}$ と $H_1^2(M)$ の有限次元部分空間の列 $E_i\ (i=1,2,\cdots)$ が存在する:E_i は Δ_g の固有値 λ_i の固有空間である.$i \neq j$ ならば,E_i と E_j は L^2 内積 $(,)$ に関して直交する.$\lim_{i\to\infty}\lambda_i = \infty$ であり,集合 $\{\lambda_i\}_{i=1}^\infty$ は集積点をもたない.$E := \oplus_{i=1}^\infty E_i$ の $H_1^2(M)$ での閉包は $H_1^2(M)$ に一致する.

(2) 次のような数列 $\{0 \leq \mu_1 < \mu_2 < \cdots < \mu_i < \cdots\}$ と $\overset{\circ}{H}_1^2(\Omega)$ の有限次元部分空間の列 $E'_i\ (i=1,2,\cdots)$ が存在する:E'_i は Δ_g の Ω 上でのディリクレ境界値固有値問題 (4.54) の固有値 μ_i の固有空間である.$i \neq j$ ならば,E'_i と E'_j は Ω 上の L^2 内積 $(,)$ に関して直交する.$\lim_{i\to\infty}\mu_i = \infty$ であり,集合 $\{\mu_i\}_{i=1}^\infty$ は集積点をもたない.$E' := \oplus_{i=1}^\infty E'_i$ の $\overset{\circ}{H}_1^2(\Omega)$ での閉包は $\overset{\circ}{H}_1^2(\Omega)$ に一致する.

(3) 次のような数列 $\{0 \leq \nu_1 < \nu_2 < \cdots < \nu_i < \cdots\}$ と $H_1^2(\Omega)$ の有限次元部分空間の列 $E''_i\ (i=1,2,\cdots)$ が存在する:E''_i は Δ_g の Ω 上でのノイマン境界値固有値問題 (4.55) の固有値 ν_i の固有空間である.$i \neq j$ ならば,E''_i と E''_j は Ω 上の L^2 内積 $(,)$ に関して直交する.$\lim_{i\to\infty}\nu_i = \infty$ であり,集合 $\{\nu_i\}_{i=1}^\infty$ は集積点をもたない.$E'' := \oplus_{i=1}^\infty E''_i$ の $H_1^2(\Omega)$ での閉包は $H_1^2(\Omega)$ に一致する.

[証明]

(1) 任意の $u \in E_i$ は $\Delta_g u = \lambda_i u$ の弱解となるので, Δ_g に関する解の正則性定理より, $u \in C^\infty(M)$ となり, E_i は Δ_g の固有値 λ_i の固有空間である. $i \neq j$ であれば, 任意の $u \in E_i$ と $u' \in E_j$ に対して,

$$\lambda_i(u, u') = (\Delta_g u, u') = (u, \Delta_g u') = \lambda_j(u, u')$$

より, $(u, u') = 0$ を得る.

($\lim_{i \to \infty} \lambda_i = \infty$ であることの証明) ある正数 $\lambda > 0$ が存在して, $\lambda_i \leq \lambda$ ($i = 1, 2, \cdots$) とすると, $u_i \in E_i$ ($i = 1, 2, \cdots$) で, $R(u_i) \leq \lambda$ となる. 上記より, $\{u_i\}_{i=1}^\infty$ は L^2 内積 $(,)$ に関して正規直交系としてよい. このとき,

$$\|u_i\|^2 = \|\nabla u_i\|^2 + \|u_i\|^2 \leq \lambda + 1 \quad (\forall\, i = 1, 2, \cdots)$$

となるので, ソボレフの埋蔵定理 3.11 と定理 4.2 (1) より, 今までと同様に, $\{u_i\}_{i=1}^\infty$ の部分列 $\{u_{i_k}\}_{k=1}^\infty$ と $u_0 \in H_1^2(M)$ が存在して,

$$\|u_{i_k} - u_0\| \longrightarrow 0 \quad (k \longrightarrow \infty)$$

が成り立つ. ところが, $(u_{i_k}, u_{i_\ell}) = \delta_{k\ell}$ であるので, これから次のようにして矛盾が導かれる. 実際, $H_1^2(M)$ の部分空間 F を $F := \oplus_{k=1}^\infty \mathbb{R} u_{i_k}$ と定義し, $H_1^2(M)$ から F の上への射影 P を,

$$P(u) := \sum_{k=1}^\infty (u_{i_k}, u)\, u_{i_k} \quad (u \in H_1^2(M))$$

と定義する. このとき, 任意の $u \in H_1^2(M)$ について,

$$\infty > \|P(u)\|^2 = \left(\sum_{k=1}^\infty (u_{i_k}, u)\, u_{i_k}, \sum_{\ell=1}^\infty (u_{i_\ell}, u)\, u_{i_\ell}\right)$$

$$= \sum_{k=1}^\infty |(u_{i_k}, u)|^2 \quad (収束)$$

となるので,

$$|(u_{i_k}, u)|^2 \longrightarrow 0 \quad (k \longrightarrow \infty) \tag{4.75}$$

とならねばならない. ところが, $0 \not\equiv u_0 \in H_1^2(M)$ に対して,

$$|(u_{i_k}, u_0) - (u_0, u_0)| = |(u_{i_k} - u_0, u_0)| \leq \|u_{i_k} - u_0\| \|u_0\| \longrightarrow 0 \ (k \longrightarrow \infty)$$

となるので,

$$|(u_{i_k}, u_0)| \longrightarrow \|u_0\|^2 \qquad (k \longrightarrow \infty) \tag{4.76}$$

となる. また, $0 \neq u_0 \in H_1^2(M)$ は $\|u_0\|^2 > 0$ なので ($u_0 \equiv 0$ とすれば, $\|u_{i_k}\|^2 = 1$ なので, $k \to \infty$ のとき, $\|u_{i_k} - 0\| \to 0$ となることはないので, 矛盾を生じる), (4.75) と (4.76) は矛盾である.

同様の議論により, 集合 $\{\lambda_i\}_{i=1}^\infty$ が集積点をもたないことも示される.

(E の $H_1^2(M)$ での閉包が $H_1^2(M)$ に一致することの証明) 一致していないとする. このとき, $H \neq \{0\}$ を, E の $H_1^2(M)$ における内積 $(\ ,\ )_1$ に関する直交捕空間とし, $L \neq \{0\}$ を, E の $L^2(M)$ における内積 $(\ ,\ )$ に関する直交捕空間とする. ここで,

$$\lambda := \inf\{R(\psi)|\, 0 \not\equiv \psi \in H\} < \infty$$

とし,

$$\widetilde{E} := \{u \in H_1^2(M)|\, R(u) = \lambda\} \cup \{0\}$$

とすると, 同様の議論により, 任意の $u \in \widetilde{E}$ は $\Delta_g u = \lambda u$ の弱解であり,

$$\{0\} = \widetilde{E} = \{u \in H_1^2(M)|\, (u, \psi)_1 = (\lambda + 1)(u, \psi)\ (\forall \psi \in H_1^2(M)\}$$

となり, しかも,

$$\lambda_i \leq \lambda < \infty \qquad (\forall\, i = 1, 2, \cdots)$$

となる. これは先ほど示したように起こりえないので, 矛盾である.

(2), (3) も同様に示される. //

以上より, 次の基本定理を得る.

定理 4.7 (基本定理)

(1) (M, g) が C^∞ コンパクト・リーマン多様体とするとき, 固有値問題

$$\Delta_g = \lambda u \qquad (M \text{ 上})$$

の固有値は非負で, その重複度は有限である. その相異なる固有値を

$$(0 \leq)\lambda_1 < \lambda_2 < \cdots < \lambda_i < \cdots$$

とし, 固有値を並べると, 集合 $\{\lambda_i\}_{i=1}^{\infty}$ は集積点をもたず, $\lim_{i\to\infty} \lambda_i = \infty$ である. 各固有値に対応する固有関数は C^{∞} 関数である. 固有値 λ_i に対応する固有空間を E_i とすると, 相異なる固有値に対する固有空間は互いに M 上の L^2 内積に関して直交する. さらに, $\oplus_{i=1}^{\infty} E_i$ は, $H_1^2(M)$ および $L^2(M)$ において, それぞれ, ノルム $\|\ \|_1, \|\ \|$ に関して稠密である.

(2) (M, g) を C^{∞} 完備リーマン多様体とし, Ω を M 内の境界 $\partial\Omega$ が区分的に C^{∞} となる有界領域とする. このとき, 次が成り立つ.

(2-i) ディリクレ境界値固有値問題

$$\begin{cases} \Delta_g v = \mu v & (\Omega \text{ 上}) \\ v = 0 & (\partial\Omega \text{ 上}) \end{cases}$$

の固有値は非負で, その重複度は有限である. その相異なる固有値を

$$(0 \leq)\mu_1 < \mu_2 < \cdots < \mu_i < \cdots$$

とし, 固有値を並べると, 集合 $\{\mu_i\}_{i=1}^{\infty}$ は集積点をもたず, $\lim_{i\to\infty} \mu_i = \infty$ である. 各固有値に対応する固有関数は C^{∞} 関数である. 固有値 μ_i に対応する固有空間を E_i' とすると, 相異なる固有値に対する固有空間は互いに Ω 上の L^2 内積に関して直交する. さらに, $\oplus_{i=1}^{\infty} E_i'$ は, $\overset{\circ}{H}{}_1^2(\Omega)$ および $L^2(\Omega)$ において, それぞれ, ノルム $\|\ \|_1, \|\ \|$ に関して稠密である.

(2-ii) ノイマン境界値固有値問題

$$\begin{cases} \Delta_g w = \nu w & (\Omega \text{ 上}) \\ \dfrac{\partial w}{\partial \mathbf{n}} = 0 & (\partial\Omega \text{ 上}) \end{cases}$$

の固有値は非負で, その重複度は有限である. その相異なる固有値を

$$(0 \leq)\nu_1 < \nu_2 < \cdots < \nu_i < \cdots$$

とし, 固有値を並べると, 集合 $\{\nu_i\}_{i=1}^{\infty}$ は集積点をもたず, $\lim_{i\to\infty} \nu_i = \infty$ である. 各固有値に対応する固有関数は C^{∞} 関数である. 固有値 ν_i に対応する固有空間を E_i'' とすると, 相異なる固有値に対する固有空間は互いに Ω 上の

L^2 内積に関して直交する.さらに,$\oplus_{i=1}^{\infty} E_i''$ は,$H_1^2(\Omega)$ および $L^2(\Omega)$ において,それぞれ,ノルム $\| \ \|_1, \| \ \|$ に関して稠密である.

4.3 ミニ・マックス原理

本節では,リーマン多様体 (M, g) のラプラシアン Δ_g の 3 つの固有値問題の固有値を特徴づけるミニ・マックス原理を定式化する.

4.3.1 固有関数展開

(M, g) が C^∞ コンパクト・リーマン多様体の場合には,境界なしの固有値問題

$$(F) \qquad \Delta_g u = \lambda u \qquad (M \ \text{上})$$

を考え,(M, g) を C^∞ 完備リーマン多様体で,$\Omega \subset M$ を境界 $\partial \Omega$ が区分的に C^∞ であるような有界領域のときは,ディリクレ境界値固有値問題

$$(D) \qquad \begin{cases} \Delta_g v = \mu v & (\Omega \ \text{上}) \\ v = 0 & (\partial \Omega \ \text{上}) \end{cases}$$

およびノイマン境界値固有値問題

$$(N) \qquad \begin{cases} \Delta_g w = \nu w & (\Omega \ \text{上}) \\ \dfrac{\partial w}{\partial \mathbf{n}} = 0 & (\partial \Omega \ \text{上}) \end{cases}$$

を考える.

定理 4.7 (1) による境界なしの固有値問題 (F) の相異なる固有値を

$$(0 \leq) \lambda_1' < \lambda_2' < \cdots < \lambda_i' < \cdots$$

と表記し,それらの対応する重複度を,

$$\ell_1, \ell_2, \cdots, \ell_i, \cdots$$

とする.同様に,定理 4.7 (2), (3) による境界がある場合のディリクレ境界値固有値問題 (D) とノイマン境界値固有値問題 (N) の相異なる固有値をそれぞれ,

$$(0 \leq) \mu'_1 < \mu'_2 < \cdots < \mu'_i < \cdots$$
$$(0 \leq) \nu'_1 < \nu'_2 < \cdots < \nu'_i < \cdots$$

と表記し，それらの対応する重複度をそれぞれ，

$$m_1, m_2, \cdots, m_i, \cdots$$
$$n_1, n_2, \cdots, n_i, \cdots$$

とする．

さて，(F) の固有値を重複度込みで一列に，

$$\underbrace{\lambda'_1, \cdots, \lambda'_1}_{\ell_1}, \underbrace{\lambda'_2, \cdots, \lambda'_2}_{\ell_2}, \cdots, \underbrace{\lambda'_i, \cdots, \lambda'_i}_{\ell_i}, \cdots$$

と並べる．これを小さい方から順に数え上げて，

$$(0 \leq) \lambda_1 \leq \lambda_2 \leq \lambda_2 \leq \cdots \leq \lambda_k \leq \cdots \tag{4.77}$$

と改めて表記しよう．このとき，λ_k を固有値問題 (F) の第 k 固有値という．同様に，固有値問題 (D) と (N) についても同じことを行ない，それぞれ，

$$(0 \leq) \mu_1 \leq \mu_2 \leq \mu_2 \leq \cdots \leq \mu_k \leq \cdots \tag{4.78}$$
$$(0 \leq) \nu_1 \leq \nu_2 \leq \nu_2 \leq \cdots \leq \nu_k \leq \cdots \tag{4.79}$$

と表記し，μ_k, ν_k を，それぞれ，固有値問題 (D), (N) の第 k 固有値という．また，固有値 λ_k, μ_k, ν_k に対応する固有関数を，それぞれ，u_k, v_k, w_k を書く．

固有値問題 (F) の場合，定理 3.9 (3) の (3.90) 式と定理 4.7 (1) より，各固有関数 u_k を，$\{u_k\}_{k=1}^{\infty}$ が L^2 空間 $L^2(M)$ の正規直交基底となるように取ることができる．したがって，任意の $u \in L^2(M)$ は，

$$u = \sum_{k=1}^{\infty} a_k u_k \quad (ここで a_k = (u, u_k) \quad (k = 1, 2, \cdots)) \tag{4.80}$$

と書ける．すなわち，

$$\lim_{N \to \infty} \left\| u - \sum_{k=1}^{N} a_k u_k \right\| = 0$$

が成り立つ. (4.80) を, 関数 $u \in L^2(M)$ の固有関数展開という (これはフーリエ展開の一般化である). このとき,

$$\|u\| = \sum_{k=1}^{\infty} a_k{}^2 < \infty \tag{4.81}$$

である (これはフーリエ係数に関するパーセバルの等式の一般化である). さらに, $u \in H_1^2(M)$ のときには,

$$\lim_{N \to \infty} \left\| u - \sum_{k=1}^{N} a_k u_k \right\|_1 = 0, \quad R(u) = \frac{\sum_{k=1}^{\infty} \lambda_k a_k{}^2}{\sum_{k=1}^{\infty} a_k{}^2} \tag{4.82}$$

となる. 任意の $u \in C^\infty(M)$ に対しては,

$$u(x) = \sum_{k=1}^{\infty} a_k u_k(x), \quad \Delta_g u(x) = \sum_{k=1}^{\infty} \lambda_k a_k u_k(x) \quad (\forall\, x \in M) \tag{4.83}$$

である.

固有値問題 (D), (N) のときには, 定理 3.10 (4) により, $\psi_1, \psi_2 \in C^\infty(\overline{\Omega})$ がともに (D) の固有関数であるか, ともに (N) の固有関数であれば,

$$\int_\Omega (\Delta_g \psi_1)\, \psi_2\, v_g = \int_\Omega \psi_1\, (\Delta_g \psi_2)\, v_g$$

が成り立つことと定理 4.7 (2) により, 固有関数 v_k, w_k を, $\{v_k\}_{k=1}^{\infty}$ および $\{w_k\}_{k=1}^{\infty}$ がそれぞれともに, $L^2(\Omega)$ の正規直交基底となるようにできる.

このとき任意の $\psi \in L^2(\Omega)$ は

$$\psi = \sum_{k=1}^{\infty} b_k v_k \quad (\text{ここで } b_k = (\psi, v_k)\ (k=1,2,\cdots)) \tag{4.84}$$

$$\psi = \sum_{k=1}^{\infty} c_k w_k \quad (\text{ここで } c_k = (\psi, w_k)\ (k=1,2,\cdots)) \tag{4.85}$$

と $L^2(\Omega)$ において展開され,

$$\|\psi\|^2 = \sum_{k=1}^{\infty} b_k{}^2 = \sum_{k=1}^{\infty} c_k{}^2 < \infty \tag{4.86}$$

となる. さらに, $\psi \in \overset{\circ}{H}_1^2(\Omega)$ のときは,

$$\lim_{N\to\infty}\left\|\psi-\sum_{k=1}^{N}b_k\,v_k\right\|_1=0,\quad R(\psi)=\frac{\sum_{k=1}^{\infty}\mu_k\,b_k{}^2}{\sum_{k=1}^{\infty}b_k{}^2} \tag{4.87}$$

$\psi\in H^2(\Omega)$ のときは,

$$\lim_{N\to\infty}\left\|\psi-\sum_{k=1}^{N}c_k\,w_k\right\|_1=0,\quad R(\psi)=\frac{\sum_{k=1}^{\infty}\nu_k\,c_k{}^2}{\sum_{k=1}^{\infty}c_k{}^2} \tag{4.88}$$

任意の $\psi\in C_c^\infty(\Omega)$ に対して,

$$\psi(x)=\sum_{k=1}^{\infty}b_k\,v_k(x),\quad \Delta_g\psi(x)=\sum_{k=1}^{\infty}\mu_k\,b_k\,v_k(x)\quad (\forall\,x\in\Omega) \tag{4.89}$$

であり, $\psi\in C^\infty(\Omega)$ に対しては,

$$\psi(x)=\sum_{k=1}^{\infty}c_k\,w_k(x),\quad \Delta_g\psi(x)=\sum_{k=1}^{\infty}\nu_k\,c_k\,w_k(x)\quad (\forall\,x\in\Omega) \tag{4.90}$$

が成り立つ.

4.3.2 ミニ・マックス原理

さてここで, ミニ・マックス原理と呼ばれる固有値を特徴づける方法を述べる. この結果は, 有限要素法においても有効に用いられる. 3 つの固有値問題 (F), (D), (N) の第 k 固有値はそれぞれ, 次のように特徴づけられる.

定理 4.8 (ミニ・マックス原理 (その 1))

(1) 固有値問題 (F) の場合, 第 k 固有値 λ_k は次のように与えられる.

$$\lambda_1=\inf\{R(u)|\,0\not\equiv u\in H_1^2(M)\} \tag{4.91}$$

$$\lambda_k=\sup_{U_{k-1}}\inf\{R(u)|\,0\not\equiv u\in H_1^2(M),\,(u,\psi)=0\,(\forall\,\psi\in U_{k-1})\} \tag{4.92}$$

ここで U_{k-1} は $H_1^2(M)$ 内の $(k-1)$ 次元部分空間のすべてにわたる. また,

$$\lambda_1=\inf\{R(u)|\,0\not\equiv u\in C^\infty(M)\} \tag{4.93}$$

$$\lambda_k=\sup_{U'_{k-1}}\inf\{R(u)|\,0\not\equiv u\in C^\infty(M),\,(u,\psi)=0\,(\forall\,\psi\in U'_{k-1})\} \tag{4.94}$$

ここで U'_{k-1} は $C^\infty(M)$ 内の $(k-1)$ 次元部分空間のすべてにわたる.

(2) 固有値問題 (D) の場合, 第 k 固有値 μ_k は次のように与えられる.

$$\mu_1 = \inf\{R(v)|\, 0 \not\equiv v \in \overset{\circ}{H}{}_1^2(\Omega)\} \tag{4.95}$$

$$\mu_k = \sup_{V_{k-1}} \inf\{R(v)|\, 0 \not\equiv v \in \overset{\circ}{H}{}_1^2(\Omega),\, (v,\psi) = 0\ (\forall\ \psi \in V_{k-1})\} \tag{4.96}$$

ここで V_{k-1} は $\overset{\circ}{H}{}_1^2(\Omega)$ 内の $(k-1)$ 次元部分空間のすべてにわたる. また,

$$\mu_1 = \inf\{R(v)|\, 0 \not\equiv v \in C_c^\infty(\Omega)\} \tag{4.97}$$

$$\mu_k = \sup_{V'_{k-1}} \inf\{R(v)|\, 0 \not\equiv v \in C_c^\infty(\Omega),\, (v,\psi) = 0\ (\forall\ \psi \in V'_{k-1})\} \tag{4.98}$$

ここで V'_{k-1} は $C_c^\infty(\Omega)$ 内の $(k-1)$ 次元部分空間のすべてにわたる.

(3) 固有値問題 (N) の場合, 第 k 固有値 ν_k は次のように与えられる.

$$\nu_1 = \inf\{R(w)|\, 0 \not\equiv w \in H_1^2(\Omega)\} \tag{4.99}$$

$$\nu_k = \sup_{W_{k-1}} \inf\{R(w)|\, 0 \not\equiv w \in H_1^2(\Omega),\, (w,\psi) = 0\ (\forall\ \psi \in W_{k-1})\} \tag{4.100}$$

ここで W_{k-1} は $H_1^2(\Omega)$ 内の $(k-1)$ 次元部分空間のすべてにわたる. また,

$$\nu_1 = \inf\{R(w)|\, 0 \not\equiv w \in C^\infty(\Omega)\} \tag{4.101}$$

$$\nu_k = \sup_{W'_{k-1}} \inf\{R(w)|\, 0 \not\equiv w \in C^\infty(\Omega),\, (w,\psi) = 0\ (\forall\ \psi \in W'_{k-1})\} \tag{4.102}$$

ここで W'_{k-1} は $C^\infty(\Omega)$ 内の $(k-1)$ 次元部分空間のすべてにわたる.

次の特徴づけもある. こちらの定理も重要である.

定理 4.9 (ミニ・マックス原理 (その 2))

(1) 固有値問題 (F) の場合, 第 k 固有値 λ_k は次のように与えられる.

$$\lambda_k = \inf_{U_k} \sup\{R(u)|\, 0 \not\equiv u \in U_k\} \tag{4.103}$$

ここで U_k は $H_1^2(M)$ 内の k 次元部分空間のすべてにわたる. また,

$$\lambda_k = \inf_{U'_k} \sup\{R(u)|\, 0 \not\equiv u \in U'_k\} \tag{4.104}$$

ここで U'_k は $C^\infty(M)$ 内の k 次元部分空間のすべてにわたる.

(2) 固有値問題 (D) の場合, 第 k 固有値 μ_k は次のように与えられる.

$$\mu_k = \inf_{V_k} \sup\{R(v)|\, 0 \not\equiv v \in V_k\} \tag{4.105}$$

ここで V_k は $\overset{\circ}{H}{}^2_1(\Omega)$ 内の k 次元部分空間のすべてにわたる. また,

$$\mu_k = \inf_{V'_k} \sup\{R(v)|\, 0 \not\equiv v \in V'_k\} \tag{4.106}$$

ここで V'_k は $C^\infty_c(\Omega)$ 内の k 次元部分空間のすべてにわたる.

(3) 固有値問題 (N) の場合, 第 k 固有値 ν_k は次のように与えられる.

$$\nu_k = \inf_{W_k} \sup\{R(w)|\, 0 \not\equiv w \in W_k\} \tag{4.107}$$

ここで W_k は $H^2_1(\Omega)$ 内の k 次元部分空間のすべてにわたる. また,

$$\nu_k = \inf_{W'_k} \sup\{R(w)|\, 0 \not\equiv w \in W'_k\} \tag{4.108}$$

ここで W'_k は $C^\infty(\Omega)$ 内の k 次元部分空間のすべてにわたる.

注意: 定理 4.9 (ミニ・マックス原理 (その 2)) には, 直交条件がないことに注意せよ. このことは, 理論の驚くべき簡略化を可能にする. この事実は, とくに, 以下の有限要素法の第 6 章において用いられる.

[定理 4.8 の証明] (1) のみ示す. (2), (3) も同様である. $C^\infty(M)$ および $H^2_1(M)$ 内の $(k-1)$ 次元部分空間として, 固有値問題 (F) の 固有関数 $u_1, u_2, \cdots, u_{k-1}$ により生成される $(k-1)$ 次元部分空間 U^0_{k-1} を取る. このとき,

$$\begin{aligned}\lambda_k &= \inf\{R(u)|\, 0 \not\equiv u \in H^2_1(M) \text{ かつ } (u, u_i) = 0 \,(\forall\, i = 1, \cdots, k-1)\} \\ &= \inf\{R(u)|\, 0 \not\equiv u \in H^2_1(M) \text{ かつ } (u, \psi) = 0 \,(\forall\, \psi \in U^0_{k-1})\}\end{aligned}$$

実際, 最初の等式は次のように示される. $u = u_k \in H^2_1(M) \cap C^\infty(M)$ は $R(u) = \lambda_k$ と $(u, u_i) = 0 \,(i = 1, \cdots, k-1)$ を満たすので,

$$\lambda_k \geq \text{最初の等式の右辺}$$

である．逆に，任意の $0 \not\equiv u \in H_1^2(M)$ で，$a_i = (u, u_i) = 0$ $(i = 1, \cdots, k-1)$ を満たすとする．u を固有関数展開して，$u = \sum_{i=1}^{\infty} u_i$ とすると，(4.80) により

$$R(u) = \frac{\sum_{i=1}^{\infty} \lambda_i\, a_i{}^2}{\sum_{i=1}^{\infty} a_i{}^2} = \frac{\sum_{i=k}^{\infty} \lambda_i\, a_i{}^2}{\sum_{i=k}^{\infty} a_i{}^2} \geq \lambda_k$$

となるので，

$$\lambda_k \leq \text{最初の等式の右辺}$$

となる．ゆえに，最初の等式が成立する．後半の等式は U_{k-1}^0 の定義より明らか．したがって，

$$\lambda_k \leq \sup_{U_{k-1}} \inf\{R(u) | 0 \not\equiv u \in H_1^2(M)\ (u, \psi) = 0\ (\forall\ \psi \in U_{k-1})\}. \quad (4.109)$$

逆に，$H_1^2(M)$ 内の任意の $(k-1)$ 次元部分空間 U_{k-1} を取り，その L^2 内積に関する直交補空間を考える：

$$U_{k-1}{}^\perp := \{u \in H_1^2(M) | (u, \psi) = 0 \quad (\forall\ \psi \in U_{k-1})\}$$

このとき，

$$U_{k-1}{}^\perp \cap U_k^0 \neq \{0\}.$$

実際，$U_{k-1}{}^\perp \cap U_k^0 = \{0\}$ とする．U_{k-1} の L^2 内積 $(\ ,\ )$ に関する正規直交基底を $e_1, \cdots, e_{k-1}$ とし，線形写像 $P : H_1^2(M) \to U_{k-1}$ を

$$P(\psi) = \sum_{i=1}^{k-1} (\psi, e_i)\, e_i \qquad (\psi \in H_1^2(M))$$

と定義すると，$P : U_k^0 \to U_{k-1}$ は単射となる．なぜなら，$\psi \in U_k^0$ が $P(\psi) = 0$ を満たすならば，$(\psi, e_i) = 0$ $(i = 1, \cdots, k-1)$ となるから，$\psi \in U_{k-1}{}^\perp$．ゆえに，

$$\psi \in U_{k-1}{}^\perp \cap U_k^0 = \{0\}$$

より，$\psi = 0$ となるからである．このことから，

$$\dim(U_k^0) \leq \dim\{\text{Im}(P : U_k^0 \to U_{k-1})\} \leq \dim U_{k-1} = k-1$$

とならねばならないが，これは矛盾である．

したがって，$0 \not\equiv \psi_0 \in U_{k-1}^\perp \cap U_k^0$ が存在する．このとき，$\psi_0 \in U_{k-1}^\perp$ は，$\psi_0 = \sum_{i=1}^k a_i u_i$ と書けるので，

$$R(\psi_0) = \frac{\sum_{i=1}^k \lambda_i a_i^2}{\sum_{i=1}^k a_i^2} \leq \lambda_k$$

である．ゆえに，

$$\inf\{R(u)|\, 0 \not\equiv u \in H_1^2(M) \text{ かつ } (u,\psi) = 0 \,(\forall\, \psi \in U_{k-1})\} \leq R(\psi_0) \leq \lambda_k$$

となる．U_{k-1} は $H_1^2(M)$ の任意の $(k-1)$ 次元部分空間であったので，

$$\sup_{U_{k-1}} \inf\{R(u)|\, 0 \not\equiv u \in H_1^2(M) \text{ かつ } (u,\psi) = 0 \,(\forall\, \psi \in U_{k-1})\} \leq \lambda_k \tag{4.110}$$

を得る．(4.109) と (4.110) より，求める等式を得る． //

[定理 4.9 の証明]　任意の $u \in U_k^0$ は $u = \sum_{i=1}^k a_i u_i$ と表せるので，

$$R(u) = \frac{\sum_{i=1}^k \lambda_i a_i^2}{\sum_{i=1}^k a_i^2} \leq \lambda_k$$

となる．ゆえに，

$$\sup\{R(u)|\, 0 \not\equiv u \in U_k^0\} \leq \lambda_k$$

を得る．それゆえに，

$$\inf_{U_k} \sup\{R(u)|\, 0 \not\equiv u \in U_k\} \leq \lambda_k. \tag{4.111}$$

逆に，$H_1^2(M)$ の任意の k 次元部分空間 U_k を取り，線形写像 $Q: H_1^2(M) \to U_{k-1}^0$ を，

$$Q(\psi) = \sum_{i=1}^{k-1} (\psi, u_i) u_i \qquad (\psi \in H_1^2(M))$$

と定義し，$Q: U_k \to U_{k-1}^0$ を考えると，これは単射ではあり得ない．単射とすれば，

$$\dim U_k \leq \dim\{\operatorname{Im}(Q: U_k \to U_{k-1}^0)\} \leq k-1$$

となって矛盾を生ずるからである．ゆえに，$Q(u_0) = 0$ となる $0 \not\equiv u_0 \in U_k$ が存在する．このとき，$Q(u_0) = \sum_{i=1}^{k-1}(u_0, u_i)\, u_i = 0$ であるから，

$$(u_0, u_i) = 0 \qquad (\forall i = 1, \cdots, k-1) \tag{4.112}$$

となる．他方，u_0 を固有関数展開すれば，(4.80) と (4.112) より

$$u_0 = \sum_{i=1}^{\infty} a_i\, u_i = \sum_{i=k}^{\infty} a_i\, u_i$$

となるので，

$$R(u_0) = \frac{\sum_{i=1}^{\infty} \lambda_i\, a_i{}^2}{\sum_{i=1}^{\infty} a_i{}^2} = \frac{\sum_{i=k}^{\infty} \lambda_i\, a_i{}^2}{\sum_{i=k}^{\infty} a_i{}^2} \geq \lambda_k$$

である．したがって，

$$\sup\{R(u)\,|\,0 \not\equiv u \in U_k\} \geq \lambda_k$$

となるが，U_k は任意であったから，

$$\inf_{U_k} \sup\{R(u)\,|\,0 \not\equiv u \in U_k\} \geq \lambda_k \tag{4.113}$$

である．(4.111) と (4.113) を合わせて，求める等式を得る． //

4.3.3 長方形領域の固有値と固有関数

ここで xy 平面内の一辺の長さが，それぞれ $a, b > 0$ の長方形領域を，$\Omega_{a,b}$ とし，その上のディリクレ境界値，ノイマン境界値固有値問題を解こう．

例 4.1 (長方形領域の固有値と固有関数)

$$\Omega_{a,b} := \{(x,y)\,|\,0 < x < a,\, 0 < y < b\}$$

とする．

このとき，$\Omega_{a,b}$ 上のディリクレ境界値固有値問題 (D) の固有値と固有関数は次のように与えられる：

$$\text{固有値} \quad \mu_{m,n} = \pi^2 \left(\frac{m^2}{a^2} + \frac{n^2}{b^2} \right)$$

$$\text{固有関数} \quad v_{m,n}(x,y) = \sin\left(\frac{m\pi x}{a}\right) \sin\left(\frac{n\pi y}{b}\right)$$

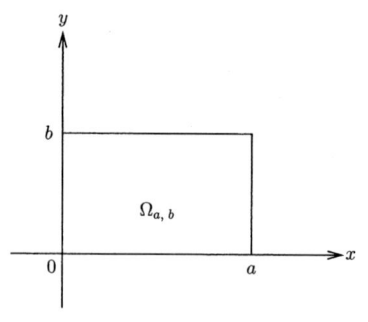

図 4.2 長方形領域 $\Omega_{a,b}$

ここで $m, n = 1, 2, \cdots$ である.

$\Omega_{a,b}$ 上のノイマン境界値固有値問題 (N) の固有値と固有関数は次のように与えられる:

$$\text{固有値} \quad \nu_{m,n} = \pi^2 \left(\frac{m^2}{a^2} + \frac{n^2}{b^2} \right)$$

$$\text{固有関数} \quad w_{m,n}(x,y) = \cos\left(\frac{m\pi x}{a}\right) \cos\left(\frac{n\pi y}{b}\right)$$

ここで $m, n = 0, 1, 2, \cdots$ である.

[証明] 実際, $v_{m,n}$ が $\Omega_{a,b}$ に対する固有値 $\mu_{m,n}$ のディリクレ境界値固有値問題 (D) の固有関数であり, $w_{m,n}$ が固有値 $\nu_{m,n}$ のノイマン境界値固有値問題 (N) 固有関数であることは, 計算で確かめられる. これら以外にないことを示す. μ が $\mu_{m,n}$ 以外の問題 (D) の固有値とし, 対応する固有関数を v とする. グリーンの定理 3.10 (4) により,

$$(\mu - \mu_{m,n})(v_{m,n}, v) = \int_{\Omega_{a,b}} (v_{m,n} \Delta v - \Delta v_{m,n} v) \, dxdy$$

$$= \int_{\partial \Omega_{a,b}} \left\{ v_{m,n} \frac{\partial v}{\partial \mathbf{n}} - \frac{\partial v_{m,n}}{\mathbf{n}} v \right\} d\sigma = 0$$

したがって, $\mu \neq \mu_{m,n}$ $(m, n = 1, 2, \cdots)$ より,

$$(v, v_{m,n}) = \int_{\Omega_{a,b}} v(x,y) \, v_{m,n}(x,y) \, dxdy = 0 \quad (m, n = 1, 2, \cdots) \quad (4.114)$$

となる. よって,

とおくと,
$$v_n(x) = \int_0^b v(x,y) \sin\left(n\pi \frac{y}{b}\right) dy \quad (n=1,2,\cdots) \tag{4.115}$$

$$\int_0^a v_n(x) \sin\left(m\pi \frac{x}{a}\right) dx = 0 \quad (m=1,2,\cdots) \tag{4.116}$$

となる. $v_n(x)$ は $C^1(0,a)$ で, $v_n(0) = v_n(a) = 0$ を満たすので, (4.116) より, $v_n \equiv 0$ となる. したがって,

$$\int_0^b v(x,y) \sin\left(n\pi \frac{y}{b}\right) dy = 0 \quad (n=1,2,\cdots) \tag{4.117}$$

となる. 今度は, $v(x,y)$ は y について C^1 関数で, $v(x,0) = v(x,b) = 0$ を満たすので, $v(x,y) = 0$ $((x,y) \in \Omega_{a,b})$ を得る. よって, (D) の固有値は $\mu_{m,n}$ 以外にはない.

ノイマン境界値固有値問題 (N) のときも同様に示される. //

4.4 固有値の基本的な性質と漸近挙動

本節では, 3つの固有値問題 (F), (D), (N) の固有値と固有関数の基本的な性質を導き, それらの漸近挙動を調べる.

4.4.1 固有値の基本的性質

はじめに固有値の基本的性質について述べる.

命題 4.1

(1) C^∞ コンパクトリーマン多様体 (M,g) について, 固有値問題

$$(\mathrm{F}) \quad \Delta_g u = \lambda u \quad (M \text{ 上})$$

の固有値 λ は $\lambda \geq 0$ を満たす. $\lambda = 0$ の固有関数 u は定数関数である: $\lambda_1 = 0$, $u_1 \equiv \frac{1}{\mathrm{Vol}(M,g)}$.

(2) (M,g) を C^∞ 完備リーマン多様体とし, $\Omega \subset M$ を境界 $\partial\Omega$ が区分的に C^∞ である有界領域とする. このとき,

(2-i) ディリクレ境界値固有値問題

$$\text{(D)} \quad \begin{cases} \Delta_g v = \mu v & (\Omega \text{ 上}) \\ v = 0 & (\partial\Omega \text{ 上}) \end{cases}$$

の固有値 μ は $\mu > 0$ である: $\mu_1 > 0$.

(2-ii) ノイマン境界値固有値問題

$$\text{(N)} \quad \begin{cases} \Delta_g w = \nu w & (\Omega \text{ 上}) \\ \dfrac{\partial w}{\partial \mathbf{n}} = 0 & (\partial\Omega \text{ 上}) \end{cases}$$

の固有値 ν は $\nu \geq 0$ を満たし, $\nu = 0$ の固有関数は定数関数である: $\nu_1 = 0$, $w_1 \equiv \frac{1}{\mathrm{Vol}(\Omega)}$.

[証明] (1) の u を固有値問題 (F) の固有値 λ に対する固有関数とする. このとき, 定理 3.9 (4) において, $f_1 = f_2 = u$ とすれば,

$$\lambda \int_M u^2\, v_g = \int_M (\Delta_g) u\, u\, v_g = \int_M g(\nabla u, \nabla u) v_g \geq 0$$

となる. $u \not\equiv 0$ なのであるから, $\int_M u^2\, v_g > 0$. それゆえ, $\lambda \geq 0$ である. $\lambda = 0$ のときは, $\int_M g(\nabla u, \nabla u)\, v_g = 0$. ゆえに, $\nabla u = 0$ となるので, u は定数関数である. 逆に定数関数は固有値 0 の固有関数である.

(2-i) のとき, $v \not\equiv 0$ が固有値問題 (D) の固有値 μ の固有関数とすれば, グリーンの定理 3.10 (3) において, $f_1 = f_2 = v$ とすれば,

$$\begin{aligned}
\mu \int_\Omega v^2\, v_g &= \int_\Omega v\, (\Delta_g v)\, v_g \\
&= \int_\Omega g(\nabla v, \nabla v) + \int_{\partial\Omega} v\, \frac{\partial v}{\partial \mathbf{n}}\, d\sigma \\
&= \int_\Omega g(\nabla v, \nabla v)\, v_g \geq 0
\end{aligned}$$

同様に, $\int_\Omega v^2\, v_g > 0$ なので, $\mu \geq 0$ を得る. ここで, $\mu = 0$ とすると, $\int_\Omega g(\nabla v, \nabla v)\, v_g = 0$ となるので, v は Ω 上で定数関数となる. v は $\overline{\Omega}$ 上連続であり, $v = 0$ ($\partial\Omega$ 上) であるので, $v \equiv 0$ である. これは矛盾である. したがって, $\mu > 0$ を得た. (2-ii) のときも同様に, グリーンの定理 3.10 (3) から導かれる. //

4.4.2 固有値の漸近挙動

次に，固有値の漸近挙動について調べる．次の補題を使う．

補題 4.6 (M, g) を C^∞ 完備リーマン多様体とする．

(1) Ω_1, Ω_2 を M 内のともに境界が区分的に C^∞ となる 2 つの有界領域とし，$\Omega_1 \subset \Omega_2$ とする (図 4.3).

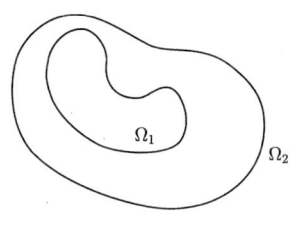

図 4.3 Ω_1 と Ω_2

$\mu_k(\Omega_i)$ $(k=1,2,\cdots)$ をそれぞれ，Ω_i $(i=1,2)$ 上のディリクレ境界値固有値問題 (D) の第 k 固有値とする．このとき，次式が成り立つ：

$$0 < \mu_k(\Omega_2) \leq \mu_k(\Omega_1) \quad (k=1,2,\cdots) \tag{4.118}$$

(2) 境界が区分的に C^∞ となる有界領域 Ω 上のディリクレ境界値固有値問題 (D) とノイマン境界値固有値問題 (N) それぞれの第 k 固有値を $\mu_k(\Omega)$, $\nu_k(\Omega)$ とする．このとき，

$$0 \leq \nu_k(\Omega) \leq \mu_k(\Omega) \quad (k=1,2,\cdots) \tag{4.119}$$

また，命題 4.1 により，$0 < \mu_1(\Omega)$ かつ $0 = \nu_1(\Omega) < \nu_2(\Omega)$ である．

(3) Ω_1 と Ω_2 を互いに共通部分をもたない有界領域とする．このとき，Ω_1 と Ω_2 の和集合 $\Omega_1 \cup \Omega_2$ 上の L^2 空間は次を満たす：

$$L^2(\Omega_1 \cup \Omega_2) = L^2(\Omega_1) \oplus L^2(\Omega_2) \quad (\text{直交直和分解})$$

さらに，$\Omega_1 \cup \Omega_2$ 上のディリクレ境界値固有値問題 (D) の任意の固有値は，Ω_1 上の (D) の固有値かまたは Ω_2 上の (D) の固有値のいずれかとなる．ノイマン境界値固有値問題 (N) についても同様である．

(4) Ω_1 と Ω_2 を互いに共通部分をもたない有界領域とする．$\Omega_1 \cup \Omega_2$ の閉

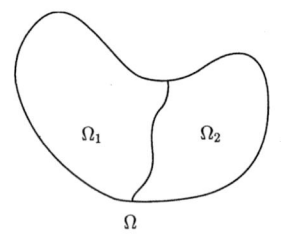

図 4.4 $\Omega_1, \Omega_2, \Omega$

包 $\overline{\Omega_1 \cup \Omega_2}$ の内部を Ω とする. $\Omega_1 \cup \Omega_2$ の Ω における補集合が測度 0 とする (図 4.4 参照).

このとき, 任意の $k = 1, 2, \cdots$ について, 次式が成立する:

$$0 < \mu_k(\Omega) \leq \mu_k(\Omega_1 \cup \Omega_2) \tag{4.120}$$

$$0 \leq \nu_k(\Omega_1 \cup \Omega_2) \leq \nu_k(\Omega) \tag{4.121}$$

[証明]
(1) $\Omega_1 \subset \Omega_2$ とすると,

$$\overset{\circ}{H}{}_1^2(\Omega_1) \subset \overset{\circ}{H}{}_1^2(\Omega_2) \tag{4.122}$$

が成り立つ (図 4.5 参照).

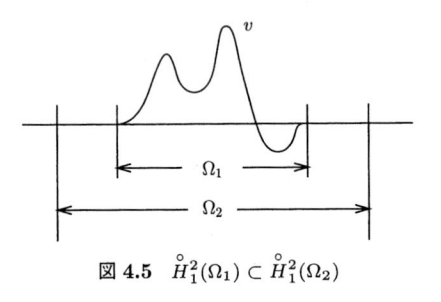

図 4.5 $\overset{\circ}{H}{}_1^2(\Omega_1) \subset \overset{\circ}{H}{}_1^2(\Omega_2)$

実際, $v \in \overset{\circ}{H}{}_1^2(\Omega_1)$ に対して,

$$\widetilde{v}(x) := \begin{cases} v(x) & (x \in \Omega_1) \\ 0 & (x \in \Omega_2 \backslash \Omega_1) \end{cases}$$

とすると, $\widetilde{v} \in \overset{\circ}{H}{}_1^2(\Omega_2)$ であり, さらに,

$$\int_{\Omega_2} |\nabla \widetilde{v}|^2 \, v_g = \int_{\Omega_1} |\nabla v|^2 \, v_g, \quad \int_{\Omega_2} \widetilde{v}^2 \, v_g = \int_{\Omega_1} v^2 \, v_g$$

であるので, Ω_i $(i=1,2)$ 上の $\widetilde{v}$ と v のレーリー商は

$$R_{\Omega_2}(\widetilde{v}) = R_{\Omega_1}(v) \tag{4.123}$$

を満たす. 定理 4.9 の (4.105) により,

$$\mu_k(\Omega_1) = \inf_{V_k} \sup\{R_{\Omega_1}(v) \mid 0 \not\equiv v \in V_k\}$$

$$\mu_k(\Omega_2) = \inf_{\widetilde{V}_k} \sup\{R_{\Omega_2}(\widetilde{v}) \mid 0 \not\equiv \widetilde{v} \in \widetilde{V}_k\}$$

である. ここで V_k は $\overset{\circ}{H}{}_1^2(\Omega_1)$ の k 次元部分空間をわたり, $\widetilde{V}_k$ は $\overset{\circ}{H}{}_1^2(\Omega_2)$ の k 次元部分空間をわたる. 以上より, $\mu_k(\Omega_2) \leq \mu_k(\Omega_1)$ を得る.

(2) 定義より, $\overset{\circ}{H}{}_1^2(\Omega) \subset H_1^2(\Omega)$ であり, 定理 4.9 (2), (3) の (4.105) と (4.107) より,

$$\mu_k(\Omega) = \inf_{V_k} \sup\{R_\Omega(v) \mid 0 \not\equiv v \in V_k\}$$

$$\nu_k(\Omega) = \inf_{W_k} \sup\{R_\Omega(w) \mid 0 \not\equiv w \in W_k\}$$

ここで V_k は $\overset{\circ}{H}{}_1^2(\Omega)$ の k 次元部分空間をわたり, W_k は $H_1^2(\Omega)$ の k 次元部分空間をわたる. ゆえに, $\nu_k(\Omega) \leq \mu_k(\Omega)$ を得る.

(3) $\Omega_1 \cap \Omega_2 = \emptyset$ のとき, $f \in L^2(\Omega_1 \cup \Omega_2)$ に対して, $i=1,2$ について,

$$f_i(x) = \begin{cases} f(x) & (x \in \Omega_i) \\ 0 & (x \notin \Omega_i) \end{cases}$$

とおくと, $f = f_1 + f_2$, $f_i \in L^2(\Omega_i)$ $(i=1,2)$ が成り立ち, L^2 内積について, $(f_1, f_2) = 0$ であるので, 求める最初の主張を得る. 次に, $v \in C^\infty(\Omega_1 \cup \Omega_2)$ が $\Omega_1 \cup \Omega_2$ 上のディリクレ境界値固有値問題 (D) の固有値 μ の固有関数とし, $v = v_1 + v_2$, $v_i \in L^2(\Omega_i)$ $(i=1,2)$ を上記の分解とすると, $\Delta v = \Delta v_1 + \Delta v_2$ (ここで $\Delta v_i \in L^2(\Omega_i)$ $(i=1,2)$ である) も同じ分解であり, $\Delta v = \mu v$ ($\Omega_1 \cup \Omega_2$ 上)

および $v = 0$ $(\partial(\Omega_1 \cup \Omega_2)$ 上$)$ より,

$$\begin{cases} \Delta v_i = \mu v_i & (\Omega_i \text{ 上}) \\ v_i = 0 & (\partial \Omega_i \text{ 上}) \end{cases}$$

となる. ここで $v_1 \not\equiv 0$ または $v_2 \not\equiv 0$ であるので, $v_1 \not\equiv 0$ のときは, μ は Ω_1 上の (D) の固有値となり, $v_2 \not\equiv 0$ のときは, μ は Ω_2 上の (D) の固有値となる. ノイマン境界値固有値問題 (N) のときも同様である.

(4) (4.120) については, 測度 0 の集合を除いて, $\Omega \subset \Omega_1 \cup \Omega_2$ であるので, (1) の議論が使えて, $\overset{\circ}{H}^2_1(\Omega) \subset \overset{\circ}{H}^2_1(\Omega_1 \cup \Omega_2)$ を得る. これから (1) と同様に, $\mu_k(\Omega) \leq \mu_k(\Omega_1 \cup \Omega_2)$ となる. (4.121) については, やはり Ω の条件より $\Omega \supset \Omega_1 \cup \Omega_2$ であるので, 任意の $f \in H^2_1(\Omega)$ に対して, f の $\Omega_1 \cup \Omega_2$ への制限 $\widehat{f} := f|_{\Omega_1 \cup \Omega_2}$ は (3) の議論と同様にして, $H^2_1(\Omega_1 \cup \Omega_2) = H^2_1(\Omega_1) \oplus H^2_1(\Omega_2)$ に属する. $\Omega \setminus (\Omega_1 \cup \Omega_2)$ は測度 0 なので, 次の等式がそれぞれ成立する.

$$\int_\Omega |\nabla f|^2 \, v_g = \int_{\Omega_1 \cup \Omega_2} |\nabla \widehat{f}|^2 \, v_g, \qquad \int_\Omega f^2 \, v_g = \int_{\Omega_1 \cup \Omega_2} \widehat{f}^2 \, v_g$$

したがって, f と $\widehat{f}$ の Ω 上と $\Omega_1 \cup \Omega_2$ 上のレーリー商は

$$R_\Omega(f) = R_{\Omega_1 \cup \Omega_2}(\widehat{f})$$

を満たす. したがって, 定理 4.9 (3) (4.107) により, $\nu_k(\Omega_1 \cup \Omega_2) \leq \nu_k(\Omega)$ を得る. //

注意:ノイマン境界値固有値については, $\Omega_1 \subset \Omega_2$ であっても, $\nu_k(\Omega_1)$ と $\nu_k(\Omega_2)$ との間には, 一般的な大小関係は存在しない. $\nu_k(\Omega_1) > \nu_k(\Omega_2)$ となる例も, $\nu_k(\Omega_1) < \nu_k(\Omega_2)$ となる例も存在する.

次に, 固有値の漸近挙動の結果を紹介する. これは古典的によく知られている.

定義 4.3 正数 $\lambda > 0$ に対して, λ 以下の 3 つの固有値問題 (F), (D), (N) の固有値 λ_k, μ_k, ν_k の個数を数え上げる関数 $N_F(\lambda), N_D(\lambda), N_N(\lambda)$ をそれぞれ,

$$N_{\mathrm{F}}(\lambda) = \#\{\lambda_k \mid \lambda_k \leq \lambda\} \tag{4.124}$$

$$N_{\mathrm{D}}(\lambda) = \#\{\mu_k \mid \mu_k \leq \lambda\} \tag{4.125}$$

$$N_{\mathrm{N}}((\lambda) = \#\{\nu_k \mid \nu_k \leq \lambda\} \tag{4.126}$$

とおく.ここで集合 S の基数 (今の場合, S の元の個数) を, $\#S$ と表す.また,領域 $\Omega \subset M$ を強調するときは, $N_{\mathrm{D}}(\lambda, \Omega)$, $N_{\mathrm{N}}(\lambda, \Omega)$ と記すこととする.

このとき,補題 4.6 より,次の補題が導かれる.

補題 4.7 $\Omega_1 \subset M$ と $\Omega_2 \subset M$ をそれぞれ, 2 つの M 内の有界領域で, $\Omega_1 \cap \Omega_2 = \emptyset$ とする.このとき,次が成り立つ.

$$N_{\mathrm{D}}(\lambda, \Omega_1 \cup \Omega_2) = N_{\mathrm{D}}(\lambda, \Omega_1) + N_{\mathrm{D}}(\lambda, \Omega_2)$$

$$N_{\mathrm{N}}(\lambda, \Omega_1 \cup \Omega_2) = N_{\mathrm{N}}(\lambda, \Omega_1) + N_{\mathrm{N}}(\lambda, \Omega_2)$$

[証明] 補題 4.6 (3) より, $\Omega_1 \cup \Omega_2$ のディリクレ境界値固有値問題 (D) の重複度を込めた固有値全体の集合は, Ω_1 のそれと Ω_2 のそれの和集合となる.したがって求める等式を得る.ノイマン境界値固有値問題 (N) の場合も同様である. //

このとき, $\lambda \longrightarrow \infty$ のときの $N_{\mathrm{F}}(\lambda)$, $N_{\mathrm{D}}(\lambda)$, $N_{\mathrm{N}}(\lambda)$ の挙動を知りたい.これについては,ディリクレ級数

$$Z_{\mathrm{F}}(t) = \sum_{k=1}^{\infty} e^{-\lambda_k t} \quad (t > 0) \tag{4.127}$$

$$Z_{\mathrm{D}}(t) = \sum_{k=1}^{\infty} e^{-\mu_k t} \quad (t > 0) \tag{4.128}$$

$$Z_{\mathrm{N}}(t) = \sum_{k=1}^{\infty} e^{-\nu_k t} \quad (t > 0) \tag{4.129}$$

を考える手法が知られている.すなわち,次のカラマタ (Karamata) のタウバー (Tauber) 型定理 ([アグモン [1]], 306 頁を見よ) を使う方法である.

定理 4.10 $\sigma(\lambda)$ が $\lambda > 0$ の非減少関数とする. このとき, リーマン・スティルチェス積分 $\int_0^\infty e^{-\lambda t} d\sigma(\lambda)$ が $\alpha > 0$ に対して,

$$\int_0^\infty e^{-\lambda t} d\sigma(\lambda) = t^{-\alpha} + o(t^{-\alpha}) \qquad (t \longrightarrow 0) \tag{4.130}$$

を満たすならば,

$$\sigma(\lambda) = \frac{\lambda^\alpha}{\Gamma(\alpha+1)} + o(\lambda^\alpha) \qquad (\lambda \longrightarrow \infty) \tag{4.131}$$

が成り立つ.

定理 4.11 ここで $Z_{\mathrm{F}}(t)$, $Z_{\mathrm{D}}(t)$ および $Z_{\mathrm{N}}(t)$ は次の漸近公式を満たす:

$$Z_{\mathrm{F}}(t) \sim t^{-\frac{n}{2}} \frac{\mathrm{Vol}(M,g)}{(2\sqrt{\pi})^n} \quad (t \longrightarrow 0) \tag{4.132}$$

$$Z_{\mathrm{D}}(t) \sim t^{-\frac{n}{2}} \frac{\mathrm{Vol}(\Omega)}{(2\sqrt{\pi})^n} \quad (t \longrightarrow 0) \quad \text{および} \tag{4.133}$$

$$Z_{\mathrm{N}}(t) \sim t^{-\frac{n}{2}} \frac{\mathrm{Vol}(\Omega)}{(2\sqrt{\pi})^n} \quad (t \longrightarrow 0) \tag{4.134}$$

定理 4.11 の証明には, 熱方程式の基本解のパラメトリックスの構成と, それを用いたトレースに関する漸近公式を用いて示される. 詳細は, たとえば, [砂田 [29])], [酒井 [26])] などを見られたい.

定理 4.11 から次の定理が得られる.

定理 4.12 ([ミナクシスンダラム・プレイジェル [23])]) $N_{\mathrm{F}}(\lambda)$, $N_{\mathrm{D}}(\lambda)$ および $N_{\mathrm{N}}(\lambda)$ は次の漸近公式を満たす:

$$N_{\mathrm{F}}(\lambda) \sim \frac{\mathrm{Vol}(M,g)\,\lambda^{\frac{n}{2}}}{(2\sqrt{\pi})^n \Gamma(\frac{n}{2}+1)} \qquad (\lambda \longrightarrow \infty) \tag{4.135}$$

$$N_{\mathrm{D}}(\lambda) \sim \frac{\mathrm{Vol}(\Omega)\,\lambda^{\frac{n}{2}}}{(2\sqrt{\pi})^n \Gamma(\frac{n}{2}+1)} \qquad (\lambda \longrightarrow \infty) \tag{4.136}$$

$$N_{\mathrm{N}}(\lambda) \sim \frac{\mathrm{Vol}(\Omega)\,\lambda^{\frac{n}{2}}}{(2\sqrt{\pi})^n \Gamma(\frac{n}{2}+1)} \qquad (\lambda \longrightarrow \infty) \tag{4.137}$$

[証明] 実際,

$$\sigma(\lambda) := N_{\mathrm{F}}(\lambda)\frac{(2\sqrt{\pi})^n}{\mathrm{Vol}(\mathrm{M},\mathrm{g})}$$

とおいて, 定理 4.10 を適用すればよい. 他の場合も同様である. //

$\lambda = \lambda_k, \mu_k$ または ν_k とすると, $N_{\mathrm{F}}(\lambda), N_{\mathrm{D}}(\lambda)$ または $N_{\mathrm{N}}(\lambda)$ は k と一致するので, 定理 4.12 より, 次の定理がただちに従う.

定理 4.13 k が十分大きいとき, 固有値問題 (F), (D), (N) の第 k 固有値 λ_k, μ_k および ν_k は漸近的に次のように振る舞う:

$$\lambda_k \sim C_n^{-\frac{2}{n}} \left(\frac{k}{\mathrm{Vol}(\mathrm{M},\mathrm{g})} \right)^{\frac{2}{n}} \qquad (k \longrightarrow \infty) \qquad (4.138)$$

$$\mu_k \sim C_n^{-\frac{2}{n}} \left(\frac{k}{\mathrm{Vol}(\Omega)} \right)^{\frac{2}{n}} \qquad (k \longrightarrow \infty) \qquad (4.139)$$

$$\nu_k \sim C_n^{-\frac{2}{n}} \left(\frac{k}{\mathrm{Vol}(\Omega)} \right)^{\frac{2}{n}} \qquad (k \longrightarrow \infty) \qquad (4.140)$$

ここで係数 C_n は

$$C_n := \frac{1}{(2\sqrt{\pi})^n} \frac{1}{\Gamma(\frac{n}{2}+1)} = \frac{1}{(2\pi)^n} \frac{\pi^{\frac{n}{2}}}{\Gamma(\frac{n}{2}+1)} = \frac{1}{(2\pi)^n} \mathrm{Vol}(\mathbf{B}) \qquad (4.141)$$

である. ただし $\mathbf{B} := \{x \in \mathbb{R}^n \,|\, |x| < 1\}$ (単位開球) である.

[定理 4.12 の $N_{\mathrm{D}}(\lambda)$ に対する別証明] Ω が $\mathbb{R}^n$ の有界領域のとき, ワイルとクーラントらによる古典的な証明 ([クーラント・ヒルベルト [9])] 参照) を紹介しよう. $d > 0$ を十分小さな正数とし, n 次元ユークリッド空間 $\mathbb{R}^n$ を幅が d の格子に分割する. そこで, $\mathcal{I}^d_{\pm}$ を, 次のように定義する.

$\mathcal{I}^d_-$ を, Ω に含まれる 上記の格子の幅が d の立方体全部の集合,
$\mathcal{I}^d_+$ を, Ω と交わる 上記の格子の幅が d の立方体全部の集合,
とする. そこで,

Ω^d_- を, $\overline{\bigcup_{Q \in \mathcal{I}^d_-} Q}$ の内部とし,
Ω^d_+ を, $\overline{\bigcup_{Q \in \mathcal{I}^d_+} Q}$ の内部
とする. このときこれらの定義より,

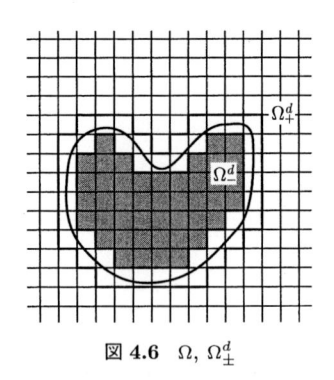

図 4.6 $\Omega, \Omega_\pm^d$

$$\Omega_-^d \subset \Omega \subset \Omega_+^d$$

が成り立つ．

さらに，互いに素な幅 d の立方体の和集合 $\cup_{Q \in \mathcal{I}_\pm^d} Q$ 上のディリクレ境界値固有値問題 (D) の固有値を重複度を込めて大きさの順に並べた集合をそれぞれ，

$$\{\mu_1^{\pm,d} \leq \mu_2^{\pm,d} \leq \cdots \leq \mu_k^{\pm,d} \leq \cdots\} \tag{4.142}$$

とし，ノイマン境界値固有値問題 (N) の固有値についても同様に，

$$\{\nu_1^{\pm,d} \leq \nu_2^{\pm,d} \leq \cdots \leq \nu_k^{\pm,d} \leq \cdots\} \tag{4.143}$$

とする．このとき，次の関係式が成り立つ．

補題 4.8 次の不等式が成り立つ．任意の $k = 1, 2, \cdots$ に対して，

$$\mu_k^{-,d} \geq \mu_k(\Omega_-^d) \geq \mu_k(\Omega) \geq \mu_k(\Omega_+^d) \geq \nu_k(\Omega_+^d) \geq \nu_k^{+,d} \tag{4.144}$$

[証明] 第 1 の不等式は，$\cup_{Q \in \mathcal{I}_-^d} Q$ 上のディリクレ固有値に関する補題 4.6 (3) およびそれらと Ω_-^d とのディリクレ固有値とを比較した補題 4.6 の (4) の (4.120) 式と合わせていえる．同様に，第 5 の不等式は，ノイマン固有値について，補題 4.6 (3) および (4) の (4.121) 式と合わせていえる．第 2 の不等式は，包含関係 $\Omega_-^d \subset \Omega$ に補題 4.6 (1) を適用して (4.117) 式よりいえる．第 3 の不等式は，包含関係 $\Omega \subset \Omega_+^d$ に補題 4.6 (1) を適用して (4.117) 式よりいえる．最後に，第 5 の不等式は，領域 Ω_+^d 上のディリクレ固有値とノイマン固有値とを比較した補題 4.6 (2) の (4.118) 式より従う． //

最後に, 補題 4.8 の (4.144) 式の両端に現れる (4.142) と (4.143) の固有値の個数を勘定する.

補題 4.9 任意の正数 $\lambda > 0$ に対して, λ 以下の (4.142) と (4.143) の固有値の個数をそれぞれ, $N_{\text{D},d}^{\pm}(\lambda)$, $N_{\text{N},d}^{\pm}(\lambda)$ とする.

$$N_{\text{D},d}^{\pm}(\lambda) := \#\{k | \mu_k^{\pm,d} \leq \lambda\} \tag{4.145}$$

$$N_{\text{N},d}^{\pm}(\lambda) := \#\{k | \nu_k^{\pm,d} \leq \lambda\} \tag{4.146}$$

このとき, 次の漸近公式が成り立つ.

$$\lim_{\lambda \to \infty} \lambda^{-\frac{n}{2}} N_{\text{D},d}^{\pm}(\lambda) = \lim_{\lambda \to \infty} \lambda^{-\frac{n}{2}} N_{\text{N},d}^{\pm}(\lambda) = C_n \text{Vol}(\Omega_{\pm}^d) \tag{4.147}$$

ここで複号 $\pm$ は同順とする.

[証明] 各 $Q \in \mathcal{I}_{\pm}^d$ は一辺の長さが d の立方体であるので, 例 4.1 により, そのディリクレ境界値固有値問題 (D) とノイマン境界値固有値問題 (N) の固有値は, それぞれ, 次のようになる.

(ディリクレ固有値) $\frac{\pi^2}{d^2} \sum_{i=1}^n k_i^2$

ここで任意の $i = 1, \cdots, n$ について, $k_i = 1, 2, \cdots$ であり,

(ノイマン固有値) $\frac{\pi^2}{d^2} \sum_{i=1}^n k_i^2$

ここで任意の $i = 1, \cdots, n$ について, $k_i = 0, 1, 2, \cdots$ である.

したがって, $r = \frac{d}{\pi}\sqrt{\lambda}$ とおいて, $\mathbf{B}_r$ を, $\mathbb{R}^n$ 内の原点中心, 半径 r の開球とすると, λ 以下の各 Q のディリクレ固有値とノイマン固有値の個数はそれぞれ,

$N_{\text{D}}(\lambda, Q) \sim \mathbf{B}_r$ 内の正の整数点の個数,

$N_{\text{N}}(\lambda, Q) \sim \mathbf{B}_r$ 内の非負の整数点の個数

と近似される (図 4.7). というのは,

$$\frac{\pi^2}{d^2} \sum_{i=1}^n k_i^2 < \lambda \iff \sum_{i=1}^n k_i^2 < r^2$$

となるからである.

ゆえに,

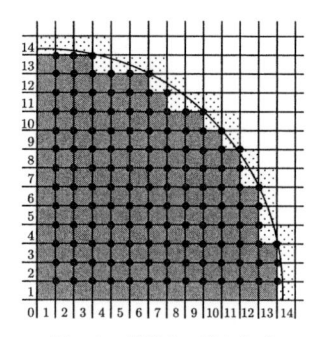

図 4.7 整数点の数え上げ

$$N_{\mathrm{D}}(\lambda, Q) \quad かつ \quad N_{\mathrm{N}}(\lambda, Q) \sim 2^{-n}\,\mathrm{Vol}(\mathbf{B}_r)$$
$$= (2\pi)^{-n} d^n \lambda^{\frac{n}{2}}\,\mathrm{Vol}(\mathbf{B})$$
$$= C_n\,\mathrm{Vol}(Q)\,\lambda^{\frac{n}{2}}$$

となる.

ここで, 補題 4.7 と合わせて,

$$N_{\mathrm{D},d}^{\pm}(\lambda) = \sum_{Q \in \mathcal{I}_{\pm}^d} N_{\mathrm{D}}(\lambda, Q) \sim C_n\,\mathrm{Vol}(\Omega_{\pm}^d)\,\lambda^{\frac{n}{2}}$$

$$N_{\mathrm{N},d}^{\pm}(\lambda) = \sum_{Q \in \mathcal{I}_{\pm}^d} N_{\mathrm{N}}(\lambda, Q) \sim C_n\,\mathrm{Vol}(\Omega_{\pm}^d)\,\lambda^{\frac{n}{2}}$$

を得る. //

[定理 4.12 の $N_{\mathrm{D}}(\lambda)$ に対する証明の続き] 補題 4.8 の (4.144) 式より, 任意の正数 $\lambda > 0$ に対して,

$$\lambda^{-\frac{n}{2}} N_{\mathrm{D},d}^{-}(\lambda) \leq \lambda^{-\frac{n}{2}} N_{\mathrm{D}}(\lambda) \leq \lambda^{-\frac{n}{2}} N_{\mathrm{N},d}^{+}(\lambda)$$

を得る. ここで $\lambda \longrightarrow \infty$ とすると, 補題 4.9 より,

$$\lambda^{-\frac{n}{2}} N_{\mathrm{D},d}^{-}(\lambda) \longrightarrow C_n\,\mathrm{Vol}(\Omega_{-}^d), \quad かつ \quad \lambda^{-\frac{n}{2}} N_{\mathrm{N},d}^{+}(\lambda) \longrightarrow C_n\,\mathrm{Vol}(\Omega_{+}^d)$$

となる. ここで $d > 0$ をどんどん細かくして, $d \longrightarrow 0$ とすれば, $\mathrm{Vol}(\Omega_{\pm}^d) \longrightarrow \mathrm{Vol}(\Omega)$ となるので,

$$\lim_{\lambda \to \infty} \lambda^{-\frac{n}{2}} N_{\mathrm{D}}(\lambda) = C_n \operatorname{Vol}(\Omega)$$

を得る．これは求める結果である． //

第5章 等スペクトル問題

本章では, M. Kac (カッツ) によって提起されたユークリッド空間内の等スペクトル問題を扱い, 様々な等スペクトル領域の例を構成する.

5.1 カッツの問題

1966 年に, 次の論文

M. Kac, Can one hear the shape of a drum?, Amer. Math. Monthly, **73** (1966), 1-23.

により提起された「カッツの問題」とは次のような問題である.

C^∞ コンパクト・リーマン多様体 (M,g) について, ラプラシアン Δ_g の固有値問題 (F) の固有値を重複度を込めて大きさの順に数え上げた固有値全体を,

$$\mathrm{Spec}(M,g) = \{\lambda_1 \leq \lambda_2 \leq \cdots \leq \lambda_k \leq \cdots\}$$

と書き, (M,g) のスペクトルという. また, (M,g) が C^∞ 完備リーマン多様体で, $\Omega \subset M$ を境界が区分的に C^∞ となる M 内の有界領域とするとき, Ω 上のディリクレ境界値固有値問題 (D) およびノイマン境界値固有値問題 (N) の固有値を重複度を込めて大きさの順に数え上げた固有値全体をそれぞれ,

$$\mathrm{Spec}_\mathrm{D}(\Omega) = \{\mu_1 \leq \mu_2 \leq \cdots \leq \mu_k \leq \cdots\}$$
$$\mathrm{Spec}_\mathrm{N}(\Omega) = \{\nu_1 \leq \nu_2 \leq \cdots \leq \nu_k \leq \cdots\}$$

と書き, それぞれ, Ω のディリクレ境界値固有値問題のスペクトル, Ω のノイマン境界値固有値問題のスペクトルという.

これらスペクトルは, M または Ω を「太鼓」と思って, 太鼓を鳴らしたときの「太鼓の音」を表している. このときカッツの問題とは,

---

(1) 2つのコンパクト・リーマン多様体 (M_1, g_1) と (M_2, g_2) に対して,
$$\mathrm{Spec}(M_1.g_1) = \mathrm{Spec}(M_2, g_2) \tag{5.1}$$
とするとき, (M_1, g_1) と (M_2, g_2) は等長となるか?

(2) 完備リーマン多様体 (M, g) 内の2つの有界領域 Ω_1 と Ω_2 に対して,
$$\mathrm{Spec}_\mathrm{D}(\Omega_1) = \mathrm{Spec}_\mathrm{D}(\Omega_2) \text{ または } \mathrm{Spec}_\mathrm{N}(\Omega_1) = \mathrm{Spec}_\mathrm{N}(\Omega_2) \tag{5.2}$$
とする. このとき, Ω_1 と Ω_2 とは等長となるか?

というものである. すなわち, 「2つの太鼓を鳴らしたとき, 同じ音がするが, 形の違う太鼓があるであろうか?」ということを, カッツはとくに (M, g) を n 次元ユークリッド空間 $\mathbb{R}^n$ とするとき, $\mathbb{R}^n$ 内の2つの有界領域 Ω_1 と Ω_2 について, 上記の (2) の問題の場合に, 提起したのであった.

カッツの問題 (1) については, 多くのことが知られており, これに関しては類書に譲る ([Berger-Gauduchon-Mazet[6)]], [砂田[29)]], [酒井[26)]], [Craioveanu-Puta-Rassias[10)]] 等を見られたい). また, 定理 4.11, 4.12, 4.13 等よりただちに, 次のことがわかる.

定理 5.1

(1) 2つのコンパクト・リーマン多様体 (M_1, g_1) と (M_2, g_2) に対して,
$$\mathrm{Spec}(M_1, g_1) = \mathrm{Spec}(M_2, g_2) \tag{5.3}$$
とする. このとき, $\dim M_1 = \dim M_2$ かつ $\mathrm{Vol}(M_1, g_1) = \mathrm{Vol}(M_2, g_2)$ となる.

(2) 完備リーマン多様体 (M, g) 内の2つの有界領域 Ω_1 と Ω_2 に対して,
$$\mathrm{Spec}_\mathrm{D}(\Omega_1) = \mathrm{Spec}_\mathrm{D}(\Omega_2) \text{ または } \mathrm{Spec}_\mathrm{N}(\Omega_1) = \mathrm{Spec}_\mathrm{N}(\Omega_2) \tag{5.4}$$
とする. このとき, $\mathrm{Vol}(\Omega_1) = \mathrm{Vol}(\Omega_2)$ となる.

注意：上記定理 5.1 (2) においては, さらに, $\mathrm{Vol}_{n-1}(\partial\Omega_1) = \mathrm{Vol}_{n-1}(\partial\Omega_2)$ が成り立つことが知られている. ここで, $\mathrm{Vol}_{n-1}(\partial\Omega)$ は Ω の境界 $\partial\Omega$ 上に誘導されるリーマン計量に関する $(n-1)$ 次元体積 ($n=2$ のときは, いわゆる $\partial\Omega$ の長さ) である.

さて, 1982 年に私が, 下記の論文で得た解答は次のようなものである.

H. Urakawa, Bounded domains which are isospectral but not congruent, Ann. scient. Éc. Norm. Sup., **15** (1982), 441-456.

定理 5.2 $n \geq 4$ とする. このとき $\mathbb{R}^n$ 内の 2 つの有界領域 Ω_1 と Ω_2 で,

$$\mathrm{Spec}_{\mathrm{D}}(\Omega_1) = \mathrm{Spec}_{\mathrm{D}}(\Omega_2) \ \text{かつ} \ \mathrm{Spec}_{\mathrm{N}}(\Omega_1) = \mathrm{Spec}_{\mathrm{N}}(\Omega_2) \tag{5.5}$$

であるが, Ω_1 と Ω_2 の形が互いに異なるものが存在する.

$n = 4$ のときの定理 5.2 における有界領域 Ω_1 と Ω_2 は次のように構成される:

$\mathbb{R}^4$ 内の原点 o を始点とする 1 次独立な 4 個のベクトルの 2 つの組 $\{\omega_1, \omega_2, \omega_3, \omega_4\}$ と $\{\eta_1, \eta_2, \eta_3, \eta_4\}$ とを次のように定める.

 (1) ベクトル ω_4 は $\omega_1, \omega_2, \omega_3$ すべてと垂直となるように取る. $\omega_1, \omega_2, \omega_3$ は, 図 5.1 のように, 原点 o を頂点として接する 2 つの同じ辺長の立方体を取り, 原点 o から各立方体の最長の頂点に向かうベクトルを ω_1 と ω_3 とする. ω_2 を, 2 つの立方体が接している辺に沿うベクトルに取る.

図 5.1 ベクトル $\omega_1, \omega_2, \omega_3$

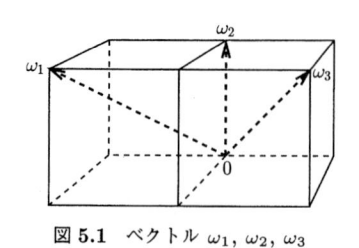

 (2) ベクトル η_1, η_2 とベクトル η_3, η_4 とは垂直となるように取り, η_1 と η_2 がなす角は $60°$, η_3 と η_4 がなす角は $45°$ となるように取る.

そこで任意の正数 $0 < \epsilon < 1$ に対して,

$$\Omega_1^\epsilon := \left\{ x = \sum_{i=1}^4 x_i \omega_i \in \mathbb{R}^4 \mid \epsilon < |x| < 1 \right\}$$

$$\Omega_2^\epsilon := \left\{ y = \sum_{i=1}^4 y_i \eta_i \in \mathbb{R}^4 \mid \epsilon < |y| < 1 \right\}$$

とする. このとき, 任意の $0 < \epsilon < 1$ に対して,

$$\mathrm{Spec}_D(\Omega_1^\epsilon) = \mathrm{Spec}_D(\Omega_2^\epsilon) \text{ かつ } \mathrm{Spec}_N(\Omega_1^\epsilon) = \mathrm{Spec}_N(\Omega_2^\epsilon) \qquad (5.6)$$

が成り立つ. しかし, Ω_1^ϵ と Ω_2^ϵ とは合同でない (形が異なる).

カッツの問題の歴史やこれらの結果とメビウスによる球面の三角形分割との関係については次の文献を見られたい:

浦川 肇, あなたは太鼓の音を聴いてその形がわかりますか？ (上), (下) 数学セミナー, 1983 年, 3 月号, 20-28, 4 月号, 72-77.

その約 10 年後の 1992 年, 下記の論文により, 2 次元平面内の有界領域で, 同じ音がするが, 互いに形の異なる太鼓が得られた.

C. Gordon, D. Webb, S. Wolpert, Isospectral plane domains and surfaces via Riemannian orbits, Invent. math., **110** (1992), 1-22.

その後, 1995 年, 1997 年に新たな例がそれぞれ, 下記の論文と著書により得られている. 以下の節でそれらを紹介する.

S.J. Chapman, Drums that sound the same, Amer. Math. Monthly, **102** (1995), 124-138.

J.H. Conway, The Sensual Quadratic Form, Mathematical Association of America, Washinton D.C., 1997. (J.H. コンウェイ, 「素数が香り, 形がきこえる」 シュプリンガー東京, 2006)

5.2 チャップマンの等スペクトル領域

チャップマンの得た等スペクトルとゴルドン, ウェッブ, ウォルパートらの得た等スペクトル領域を本節で説明する.

チャップマンの得た等スペクトル領域は, 図 5.2 の Ω_1 と Ω_2 である.

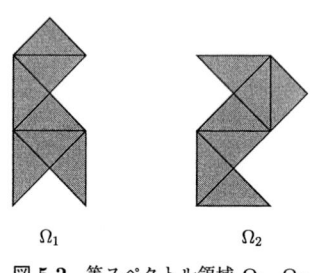

図 5.2 等スペクトル領域 Ω_1, Ω_2

ゴルドン, ウェッブ, ウォルパートらが得た等スペクトル領域 Ω_1' と Ω_2' は, 図 5.3 の領域を単位に, 図 5.2 とを組み合わせて出来る図 5.4 である.

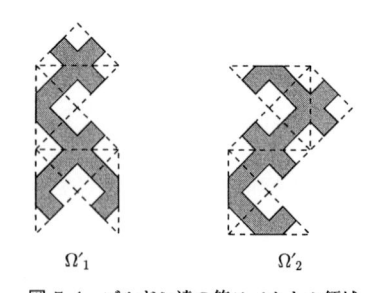

図 5.3 単位ピース

図 5.4 ゴルドン達の等スペクトル領域

このとき, 次の定理が成り立つ.

定理 5.3 (チャップマン; ゴルドン, ウェッブ, ウォルパート) 上記の平面領域 Ω_1 と Ω_2 および Ω_1' と Ω_2' はいずれも等スペクトル領域である. すなわち,

$$\begin{cases} \mathrm{Spec}_D(\Omega_1) = \mathrm{Spec}_D(\Omega_2) & \text{かつ} \quad \mathrm{Spec}_N(\Omega_1) = \mathrm{Spec}_N(\Omega_2) \\ \mathrm{Spec}_D(\Omega_1') = \mathrm{Spec}_D(\Omega_2') & \text{かつ} \quad \mathrm{Spec}_N(\Omega_1') = \mathrm{Spec}_N(\Omega_2') \end{cases} \quad (5.7)$$

が成り立つ．

なぜ，この定理 5.3 が成り立つのであろうか．以下の節で示そう．

5.3 折り紙操作

始めに，折り紙を図 5.2 における Ω_1 と Ω_2 の形に，辺の長さを同じに切り取ったものを，それぞれ 3 枚用意する．そこで，次の折り紙操作 (a) と折り紙操作 (b) を行なう．

折り紙操作 (a) Ω_1 の形に切り取った 3 枚の折り紙を使って次の操作を施して，Ω_2 を作るのである．Ω_1 に切り取った 3 枚の折り紙 (それぞれ I, II, III と名付ける) について，3 枚の表 (おもて) に図 5.2 のように 7 つの三角形を書き込み，これら 7 つの三角形上に順に，$A, B, \cdots, G$ のローマ字を書き記し，裏面には，ちょうど表面と対応するように 7 つの三角形を書き，その三角形上に，$\overline{A}, \overline{B}, \cdots, \overline{G}$ を書き込む．図 5.5 をよく見比べながら，下記の操作を行なって欲しい．

Ω_1 の形の I の折り紙を，太実線部分 ——— が山となるように折り，次に太破線部分 - - - - が谷となるように折り，I' を作る．

Ω_1 の形をした II の折り紙を，太破線部分 - - - - が谷となるように折り，次に太実線部分 ——— が山となるように折り，90° 右回りに廻して，裏返し，II' を作る．

Ω_1 の形をした III の折り紙を 2 つの太実線部分 ——— がどちらも山となるように折り，裏返して III' を作る．

こうしてできた I', II', III' を，図 5.6 の左図のように合体する．そうすると，Ω_2 が得られる．この Ω_2 を構成している 7 つの三角形はすべて折り紙が三重に重なってできている．図 5.6 の右図には，どの三角形の裏表が現れるかその様子が書かれている．

図 5.5 折り紙操作 (a)

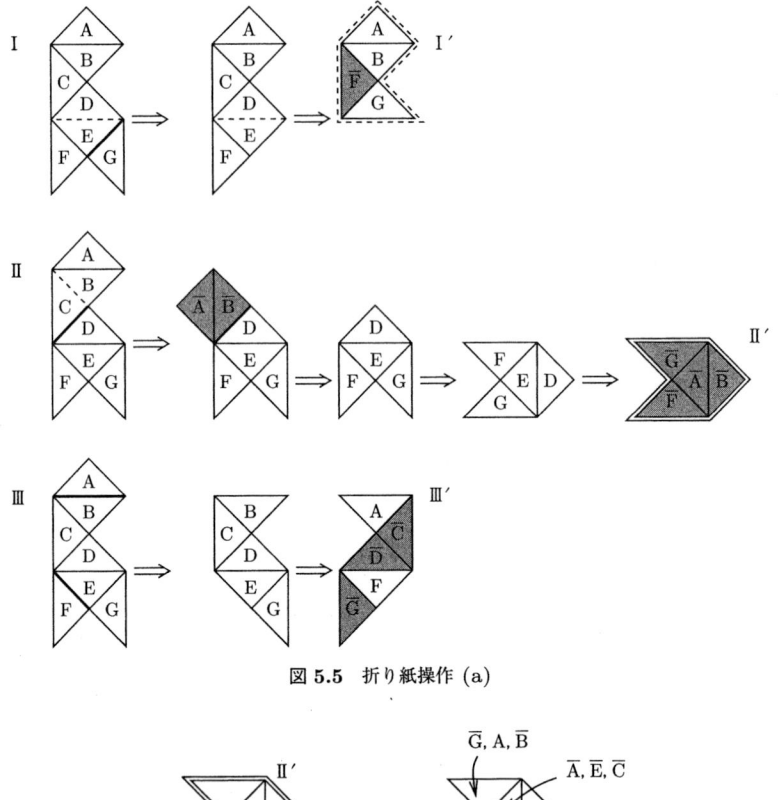

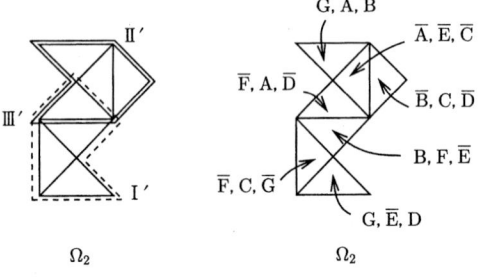

図 5.6 折り紙操作 (a) のつづき

折り紙操作 (b) 今度は逆に, Ω_2 の形に切り取った 3 枚の折り紙を IV, V, VI とする. それらの表 (おもて) の 7 つの三角形に, 順に, a, b, c, $\cdots$, g のローマ字を書き記し, それらの裏面には, 表面と対応する三角形に, $\bar{a}, \bar{b}, \bar{c}, \cdots, \bar{g}$ を書き記す.

 Ω_2 の形の IV の折り紙を, 太実線部分 ——— が山となるように折り, 次に太

破線部分 - - - - が谷となるように折って, 90° 左回りに回転して, 裏返し, IV′ を作る.

Ω_2 の形をした V の折り紙を, 太実線部分 ——— が山となるように折り, 次に太破線部分 - - - - が谷となるように折って, V′ を作る.

Ω_2 の形をした VI の折り紙を, 太実線部分 ——— を山となるように折り, 次に太破線部分 - - - - が谷となるように折って, VI′ を作る (図 5.7).

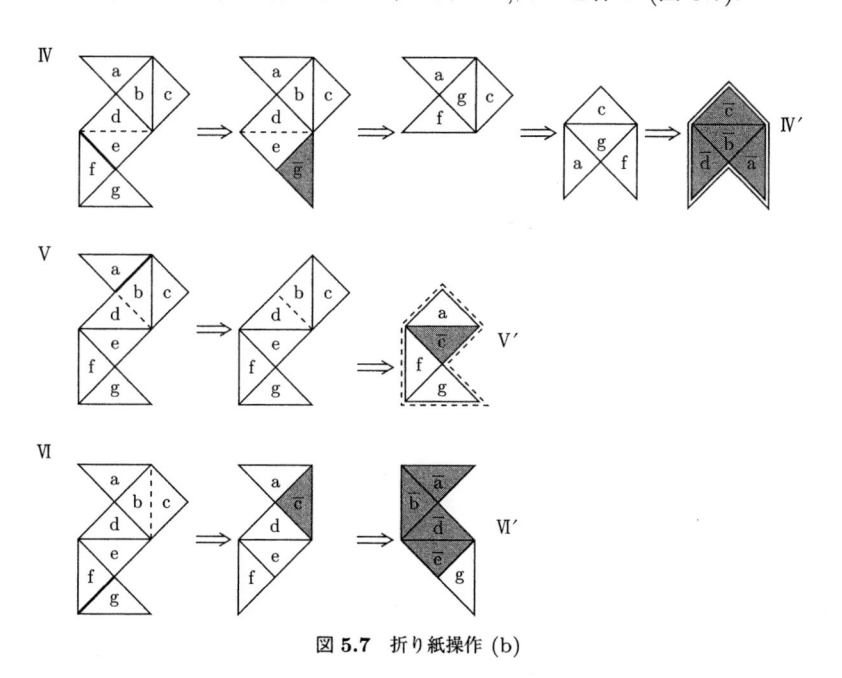

図 5.7 折り紙操作 (b)

図 5.8 折り紙操作 (b) のつづき

5.3 折り紙操作

こうしてできた IV′, V′, VI′ を，図 5.8 の左図のように合体する．その結果，Ω_1 が得られる．この Ω_1 を構成している 7 つの三角形はすべて折り紙が三重に重なってできている．図 5.8 の右図には，どの三角形の裏表が現れるかその様子が書かれている．

5.4　移植操作と等スペクトル性

定義 5.1a (移植操作 (a))　折り紙操作 (a) を用いて，領域 Ω_1 上のディリクレ境界値固有値問題

$$\begin{cases} \Delta u = \lambda u & (\Omega_1 \text{ 上}) \\ u = 0 & (\partial\Omega_1 \text{ 上}) \end{cases}$$

の固有値 λ の固有関数 u から，$\overline{\Omega_2}$ 上の関数 $\widetilde{u}$ を，次のように作る（これを**移植操作 (a)** という）：

点 $\widetilde{x} \in \Omega_2$ が折り紙操作 (a) によってできた図 5.6 の右図の 7 つの三角形の 1 つ，たとえば，3 枚の折り紙 $\overline{G}, A, \overline{B}$ からなるもの（これを三角形 $(\overline{G}, A, \overline{B})$ と呼ぶ）の上にあるとき，

$$\widetilde{u}(\widetilde{x}) := -u(x_G) + u(x_A) - u(x_B) \tag{5.8}$$

と定義する．ここで，$x_G \in G, x_A \in A, x_B \in B$ はそれぞれ，点 $\widetilde{x}$ に針を突いて穴の開いた G, A, B の点を表し，符号 $\pm$ は，A, B, $\cdots$, G のときは $+$，$\overline{A}, \overline{B}, \cdots, \overline{G}$ のときは $-$ を取るものとする．以後，(5.8) を次のように略記しよう：

$$\widetilde{u} = -u_{\overline{G}} + u_A - u_{\overline{B}} \tag{5.9}$$

定義 5.1b (移植操作 (b))　折り紙操作 (b) を用いて，領域 Ω_2 上のディリクレ境界値固有値問題

$$\begin{cases} \Delta \widetilde{u} = \lambda \widetilde{u} & (\Omega_2 \text{ 上}) \\ \widetilde{u} = 0 & (\partial\Omega_2 \text{ 上}) \end{cases}$$

の固有値 λ の固有関数 $\tilde{u}$ から, Ω_1 上の関数 u を, 同様に定義することができる (これを移植操作 (b) という).

このとき, 次の命題が成り立つ.

命題 5.1

(1) u を Ω_1 上のディリクレ境界値固有値問題の固有値 λ の固有関数とする. このとき移植操作 (a) により定義される Ω_2 上の関数 $\tilde{u}$ は, Ω_2 上のディリクレ境界値固有値問題の固有値 λ の固有関数となる.

(2) 逆に, $\tilde{u}$ を Ω_2 上のディリクレ境界値固有値問題の固有値 λ の固有関数とする. このとき移植操作 (b) により定義される Ω_1 上の関数 u は, Ω_1 上のディリクレ境界値固有値問題の固有値 λ の固有関数となる.

[証明] (1) の場合のみ示す. (2) のときも同様である.

(第 1 段) $\tilde{u}$ が Ω_2 上の連続関数となること, たとえば, 図 5.6 の右図における 2 つの三角形 $(\overline{G}, A, \overline{B})$ と $(\overline{A}, \overline{E}, \overline{C})$ が共有する辺 (e と呼ぶ) 上で, 定義 5.1 により定義される関数 $\tilde{u}$ がうまく定義されていること, すなわち,

$$-u_{\overline{G}} + u_A - u_{\overline{B}} = -u_{\overline{A}} - u_{\overline{E}} - u_{\overline{C}} \quad (\text{辺 e 上}) \tag{5.10}$$

を示そう.

図 5.5 と図 5.6 の右図より, 三角形 $(\overline{G}, A, \overline{B})$ において, $\overline{G}$ は II' から来たもので, $A, \overline{B}$ は III' から来たものであることがわかる. また, 三角形 $(\overline{A}, \overline{E}, \overline{C})$ において $\overline{A}, \overline{E}$ は II' から来たもので, $\overline{C}$ は III' から来たものである. したがって, (5.10) において, $-u_{\overline{G}}$ と $-u_{\overline{E}}$ とは連続につながっており, $-u_{\overline{B}}$ は $-u_{\overline{C}}$ に連続につながっている. 残る u_A と $-u_{\overline{A}}$ では, 図 5.5 を見ると, 辺 e 上では, $\partial\Omega_1$ から来ている. したがって, $u_A = 0$ (辺 e 上) および $-u_{\overline{A}} = 0$ (辺 e 上) である. 結局, $\tilde{u}$ の辺 e 上での定義 5.1 の 2 つの定義は一致し, $\tilde{u}$ は辺 e 上で連続であることが示された. 他の辺でも同様であることがわかる.

(第 2 段) $\tilde{u} = 0$ $(\partial\Omega_2$ 上$)$ であること.

たとえば, 三角形 $(\overline{G}, A, \overline{B})$ 上の $\partial\Omega_2$ にある 2 つの辺上で $\tilde{u} = 0$ を示そう.

$$\tilde{u} = -u_{\overline{G}} + u_A - u_{\overline{B}} = -u_{\overline{G}} + (u_A - u_{\overline{B}}) \tag{5.11}$$

において, $u_{\overline{G}}$ は II′ から来たものであるが, II′ において, $\overline{G}$ に対応する 2 つの辺はともに $\partial\Omega_1$ にあるので, この 2 つの辺上では $u_{\overline{G}} = 0$ となっている. 他方, $u_A - u_{\overline{B}}$ においては, 1 つの辺は, III から III′ を作る際に, 三角形 A と B とが共有する辺において折って得られたものであるので, この辺上では, $u_A = u_{\overline{B}}$, すなわち, $u_A - u_{\overline{B}} = 0$ となる. 残りの辺は, 三角形 A, $\overline{B}$ の $\partial\Omega_1$ 上の辺であるので, やはり, その上では $u_A = u_{\overline{B}} = 0$ となっている. したがって, $\tilde{u} = 0$ が上の辺上で成り立つことが示された. 同様に, $\partial\Omega_2$ の他の辺上でも $\tilde{u} = 0$ が示される.

(第 3 段) $\tilde{u}$ の 1 階偏微分に関して, Ω_2 の各三角形の辺上において, 各辺の垂直方向微分が連続であること, たとえば, 三角形 $(\overline{G}, A, \overline{B})$ と 三角形 $(\overline{A}, \overline{E}, \overline{C})$ が共有する辺 e 上において, $\tilde{u}$ の e に垂直な方向微分が連続であることを見てみよう.

(5.10) 式において, $-u_{\overline{G}}$ と $-u_{\overline{E}}$ とは, 同じ折り紙 II の隣り合う 2 つの三角形から来たものであるので, 滑らかにつながっている. $-u_{\overline{B}}$ と $-u_{\overline{C}}$ も折り紙 III の 2 つの隣り合う三角形から来たものなので, 滑らかにつながっている. 残るは, u_A と $-u_{\overline{A}}$ の辺 e 上における垂直方向微分であるが, 一方は三角形 A から出る方向微分で, 他方は三角形 A に入る方向微分である. ゆえに, u_A と $-u_{\overline{A}}$ の垂直方向微分は一致している. Ω_2 の他の辺でも同様に示される.

(第 4 段) $\tilde{u}$ は, Ω_2 上の微分方程式 $\Delta\tilde{u} = \lambda\tilde{u}$ の弱解となる. したがって, 楕円型微分方程式の解の正則性定理 (たとえば, [浦川[32]] 付録 B, 系 (B8) 256 頁を見よ) により, $\tilde{u}$ は Ω_2 上 C^∞ 関数であり, $\Delta\tilde{u} = \lambda\tilde{u}$ を満たすことがいえる.

実際, $\tilde{u}$ が弱解となることを示そう. Ξ を, Ω_2 の 7 つの三角形の辺全部の和集合と Ω_2 の内部との共通部分とする. 定義より, $\tilde{u}$ は Ξ の Ω_2 における補集合 $\Omega_2 \backslash \Xi$ 上で C^∞ で, $\Delta\tilde{u} = \lambda\tilde{u}$ を満たし, 第 2 段より $\tilde{u} = 0$ ($\partial\Omega_2$ 上) であり, 第 3 段より $\tilde{u}$ の Ξ 上での垂直方向微分はそれぞれ連続となっている. このとき, 任意の $\varphi \in C_c^\infty(\Omega_2)$ に対して,

$$\int_{\Omega_2} \tilde{u}(\Delta\varphi - \lambda\varphi)\,dxdy = 0 \tag{5.12}$$

を示せばよい. $\Omega_2 \setminus \Xi = \cup_{i=1}^{7} \overset{\circ}{\Delta}_i$ である. ここで $\overset{\circ}{\Delta}_i$ は 7 つの三角形 Δ_i ($i = 1, \cdots, 7$) のそれぞれの内部を表す. ここで, $i \neq j$ に対して, $\Delta_i \cap \Delta_j = \emptyset$ かまたは $\Delta_i \cap \Delta_j$ は 2 つの三角形 Δ_i と Δ_j が共有する辺となっている. このとき,

$$(5.12) \text{ の左辺} = \sum_{i=1}^{7} \int_{\overset{\circ}{\Delta}_i} \widetilde{u}(\Delta \varphi - \lambda \varphi) \, dx dy$$

$$= \sum_{i=1}^{7} \left\{ \int_{\overset{\circ}{\Delta}_i} (\Delta \widetilde{u} - \lambda \widetilde{u}) \varphi \, dx dy + \int_{\partial \Delta_i} \left\{ \widetilde{u} \frac{\partial \varphi}{\partial \mathbf{n}} - \frac{\partial \widetilde{u}}{\partial \mathbf{n}} \varphi \right\} d\sigma \right\}$$

ここでグリーンの定理 3.10 (4) を使った. ここで各 Δ_i の内部 $\overset{\circ}{\Delta}_i$ においては, $\Delta \widetilde{u} = \lambda \widetilde{u}$ を満たすので, 上式の第 1 項は零となる. したがって,

$$(5.12) \text{ の左辺} = \sum_{i=1}^{7} \int_{\partial \Delta_i} \left\{ \widetilde{u} \frac{\partial \varphi}{\partial \mathbf{n}} - \frac{\partial \widetilde{u}}{\partial \mathbf{n}} \varphi \right\} d\sigma$$

$$= \sum_{i=1}^{7} \int_{\partial \Delta_i \cap \Omega_2} \left\{ \widetilde{u} \frac{\partial \varphi}{\partial \mathbf{n}} - \frac{\partial \widetilde{u}}{\partial \mathbf{n}} \varphi \right\} d\sigma \quad (5.13)$$

となる. なぜなら, $\widetilde{u} = \varphi = 0$ ($\partial \Delta_i \cap \partial \Omega_2$ 上) となっているからである. そこで (5.13) の $\partial \Delta_i \cap \Omega_2$ 上の積分を考えると, 三角形 Δ_i と 1 つの辺 ($\mathbf{e}$ とおく) を共有する三角形が 1 つあるのでそれを Δ_j おくと,

$$\int_{\partial \Delta_i \cap \mathbf{e}} \left\{ \widetilde{u} \frac{\partial \varphi}{\partial \mathbf{n}} - \frac{\partial \widetilde{u}}{\partial \mathbf{n}} \varphi \right\} d\sigma + \int_{\partial \Delta_j \cap \mathbf{e}} \left\{ \widetilde{u} \frac{\partial \varphi}{\partial \mathbf{n}} - \frac{\partial \widetilde{u}}{\partial \mathbf{n}} \varphi \right\} d\sigma = 0 \quad (5.14)$$

となる. というのは, Δ_i と Δ_j は辺 $\mathbf{e}$ を共有しているので, $\partial \Delta_i \cap \mathbf{e} = \partial \Delta_j \cap \mathbf{e}$ である. さらに, $\mathbf{e}$ 上では $\frac{\partial \varphi}{\partial \mathbf{n}}$ は $\partial \Delta_i \cap \mathbf{e}$ と考えたときと $\partial \Delta_j \cap \mathbf{e}$ と考えたときとは符号が異なる. 第 3 段より, $\frac{\partial \widetilde{u}}{\partial \mathbf{n}}$ も連続なので, 同様であるからである. したがって, (5.13) の右辺は零となる. こうして, (5.12) が成り立つことが示された. 以上により, 命題 5.1 が示された. //

補題 5.1 $\widetilde{u} \not\equiv 0$ (Ω_2 上).

[証明] $\widetilde{u} \equiv 0$ (Ω_2 上) とする. このとき, 7 個の等式

$$\begin{cases} -u_{\overline{G}} + u_A - u_{\overline{B}} = 0 \\ -u_{\overline{A}} - u_{\overline{E}} - u_{\overline{C}} = 0 \\ -u_{\overline{B}} + u_C - u_{\overline{D}} = 0 \\ -u_{\overline{F}} + u_A - u_{\overline{D}} = 0 \\ u_B + u_F - u_{\overline{E}} = 0 \\ -u_{\overline{F}} + u_C - u_{\overline{G}} = 0 \\ u_G - u_{\overline{E}} + u_D = 0 \end{cases} \tag{5.15}$$

を得る. ここで $u_{\overline{A}} = u_A$, 等々であるので, (5.15) の辺々を加えると,

$$u_A - u_{\overline{B}} + u_C - u_{\overline{D}} - 3u_{\overline{E}} - u_{\overline{F}} = 0$$

となる. このことは, u を各三角形 $A, \cdots, F$ にそれぞれ制限すると, 零であることを意味する. u は Ω_1 上で連続なので, $u \equiv 0$ を得る. これは u が Ω_1 上の Δ の固有値 λ の固有関数であることに反する. //

命題 5.1 と補題 5.1 により, 移植操作 (a) により, Ω_1 上の固有値 λ の固有関数は, 同じ固有値 λ の Ω_2 上の固有関数に写ることが示された. このことから,

$$\mathrm{Spec}_D(\Omega_1) \subset \mathrm{Spec}_D(\Omega_2) \tag{5.16}$$

となることがいえた. 逆に, 移植操作 (b) を考えると,

$$\mathrm{Spec}_D(\Omega_2) \subset \mathrm{Spec}_D(\Omega_1) \tag{5.17}$$

を得る. したがって, 求める

$$\mathrm{Spec}_D(\Omega_1) = \mathrm{Spec}_D(\Omega_2) \tag{5.18}$$

を得る.

(ノイマン境界値固有値問題の場合) v を Ω_1 上のノイマン境界値固有値問題の固有値 μ の固有関数とする, すなわち,

$$\begin{cases} \Delta v = \mu v & (\Omega_1 \ \text{上}) \\ \dfrac{\partial v}{\partial \mathbf{n}} = 0 & (\partial \Omega_1 \ \text{上}) \end{cases} \quad (5.19)$$

とする. このとき, 定義 5.1 の移植操作 (a) における (5.8) 式の代わりに,

$$\widetilde{v}(\widetilde{x}) := v(x_{\mathrm{G}}) + v(x_{\mathrm{A}}) + v(x_{\mathrm{B}}) \quad (5.20)$$

のように符号をすべて, + に替える. すなわち,

$$\widetilde{v} = v_{\overline{\mathrm{G}}} + v_{\mathrm{A}} + v_{\overline{\mathrm{B}}} \quad (5.21)$$

とする. この (5.19) を満たす Ω_1 上の固有関数 v から Ω_2 上の関数 $\widetilde{v}$ を得る操作を, **移植操作 (a′)** と呼び, 逆に, Ω_2 の固有値 μ のノイマン境界値固有値問題の固有関数 $\widetilde{v}$ から Ω_1 上の関数 v を得る操作を, **移植操作 (b′)** と呼ぶ. このとき, 命題 5.1 と同様のことが, ノイマン境界値固有値問題について成り立つことがわかる.

また, 図 5.4 と今までの議論からわかるように, ゴルドン, ウェッブ, ウォルパートらの与えた 2 つの領域 Ω_1' と Ω_2' も等スペクトル領域であることがわかる. こうして, 定理 5.3 が得られた.　　　//

5.5　コンウェイの等スペクトル領域

5.1 節の文献におけるコンウェイによる等スペクトル領域の例を説明しよう. はじめに図 5.9 のような 2 つの "7 つの正三角形よりなるプロペラ型領域" (a), (b) を用意する.

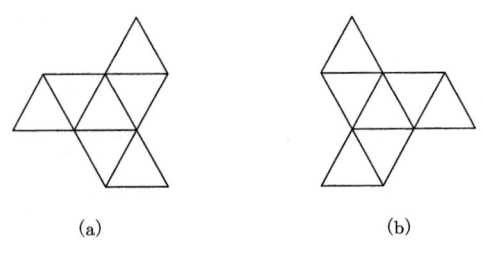

図 **5.9**　プロペラ型領域 (a), (b)

次に, (a) と (b) を構成する 7 つの正三角形を同じ形の不等辺鋭角三角形 (たとえば, 3 つの角が $55°, 60°, 65°$ の三角形) に置き換えて得られる領域を, それぞれ, Ω_1'', Ω_2'' とする (図 5.10 を見よ).

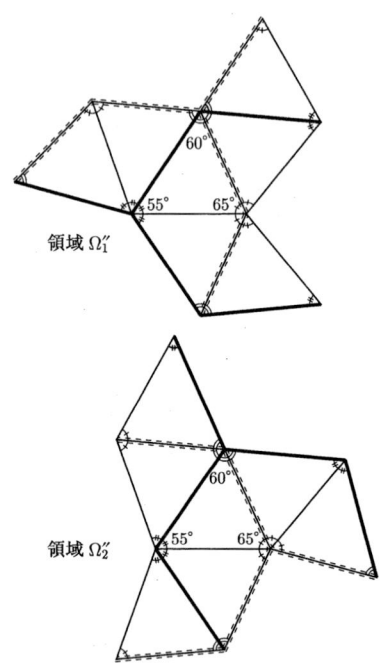

図 5.10 コンウェイの等スペクトル領域 Ω_1'', Ω_2''

定理 5.4 2 つの領域 Ω_1'' と Ω_2'' は等スペクトル領域である, すなわち,

$$\mathrm{Spec}_\mathrm{D}(\Omega_1'') = \mathrm{Spec}_\mathrm{D}(\Omega_2'') \quad \text{かつ} \quad \mathrm{Spec}_\mathrm{N}(\Omega_1'') = \mathrm{Spec}_\mathrm{N}(\Omega_2'') \quad (5.22)$$

が成り立つ.

[証明] この証明法は P. ブーザーによる.

(移植操作) Ω_1'' 上の固有値 μ のディリクレ固有値問題の固有関数を u とする. 固有関数 u の 7 つの三角形へ制限したものを, 図 5.11 のように, $a, b, c, d, -A, -B, -C$ とおく.

このとき, Ω_2'' 上の関数 $\tilde{u}$ を次のように定義する: 図 5.11 の領域 Ω_2'' の真中

図 5.11 移植操作

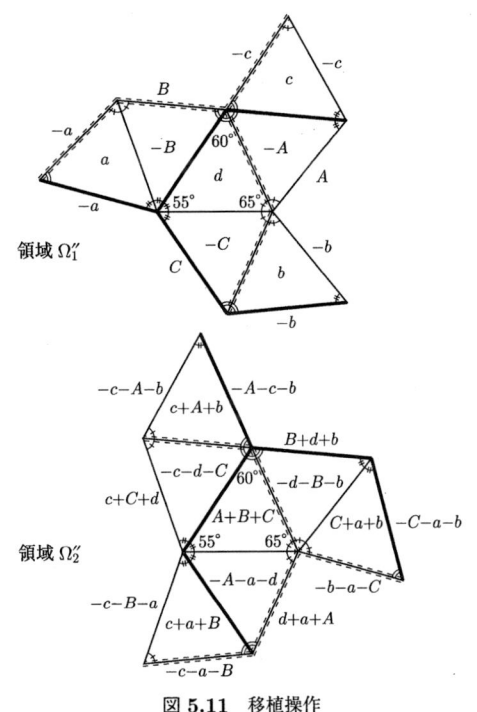

の三角形では, $A(x) + B(x) + C(x)$ とする. $A(x), B(x), C(x)$ はそれぞれ,
(i) 破線で表された境界を, 滑らかに $-d(x), -B(x), -b(x)$ に接続し,
(ii) 太実線で表された境界を, 滑らかに $-c(x), -d(x), -C(x)$ に接続し,
(iii) 細実線で表された境界を, 滑らかに $-A(x), -a(x), -d(x)$ に接続する.

したがって, 図 5.11 のように, $A(x) + B(x) + C(x)$ は破線で表された境界を滑らかにまたいで $-d(x) - B(x) - b(x)$ に接続し, 太実線で表された境界を滑らかにまたいで $-c(x) - d(x) - C(x)$ に接続し, 細実線で表された境界を滑らかにまたいで $-A(x) - a(x) - d(x)$ に接続する. このとき, 次の補題が成り立つ.

補題 5.2 $\tilde{u}$ は領域 Ω_2'' 上の固有値 μ のディリクレ境界値固有値問題の固有関数である.

[証明]

(第 1 段) $\widetilde{u} = 0 \, (\partial \Omega_2'' \text{上})$ である.

図 5.11 の Ω_2'' を見ると, $\partial \Omega_2''$ にかかわるすべての辺における折り返しによって, 関数 $\widetilde{u}(x)$ が $-\widetilde{u}(x)$ に変わるので, $\widetilde{u}(x) = 0 \, (\partial \Omega_2'' \text{上})$ であるから.

(第 2 段) $\widetilde{u}$ が Ω_2'' 上で $\Delta \widetilde{u} - \mu \widetilde{u} = 0$ の弱解であり, Ω_2'' 上で C^∞ である.

実際, 上記のように, $A(x) + B(x) + C(x)$ は Ω_2'' の 7 つの三角形上に滑らかに接続しているので, 命題 5.1 の第 4 段と同様に弱解であることを示すことができる.

(第 3 段) $\widetilde{u} \not\equiv 0 \, (\Omega_2'' \text{上})$ であること.

実際, $\widetilde{u} \equiv 0 \, (\Omega_2'' \text{上})$ とする. このとき, Ω_2'' 上において,

$$\begin{cases} c(x) + A(x) + b(x) \equiv 0 \\ -c(x) - d(x) - C(x) \equiv 0 \\ A(x) + B(x) + C(x) \equiv 0 \\ -d(x) - B(x) - b(x) \equiv 0 \\ C(x) + a(x) + b(x) \equiv 0 \\ -A(x) - a(x) - d(x) \equiv 0 \\ c(x) + a(x) + B(x) \equiv 0 \end{cases} \tag{5.23}$$

が成り立つ. (5.23) の両辺をそれぞれ加えると,

$$A(x) + B(x) + C(x) + a(x) + b(x) + c(x) - 3\,d(x) \equiv 0 \tag{5.24}$$

となる. 関数 $a(x), \cdots, -C(x)$ は $u(x)$ の各三角形への制限であったので, $u \equiv 0$ となり, これは $u(x)$ が Ω_1'' 上の固有値 μ の固有関数であることに反する. //

以上より, 補題 5.2 を得て, $\mathrm{Spec}_\mathrm{D}(\Omega_1'') \subset \mathrm{Spec}_\mathrm{D}(\Omega_2'')$ を得た.

逆に, $\mathrm{Spec}_\mathrm{D}(\Omega_2'') \subset \mathrm{Spec}_\mathrm{D}(\Omega_1'')$ であることを見るには, 図 5.12 を使う.

(逆の**移植操作**) 領域 Ω_2'' 上の固有値 μ のディリクレ境界値固有値問題の固有関数 $\widetilde{u}$ の 7 つの三角形へ制限したものを, 図 5.12 のように, $\alpha, \beta, \gamma, \delta, -X,$

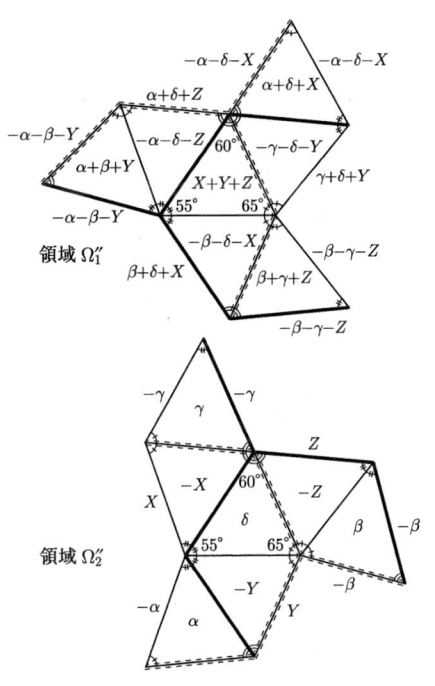

図 5.12 逆の移植操作

$-Y, -Z$ とおく.このとき,Ω_1' 上の関数 u を図 5.12 の領域 Ω_1' の真中の三角形では,$X(x) + Y(x) + Z(x)$ とし,同様の手続きにより定義すると,補題 5.2 と同様に,関数 u は領域 Ω_1'' 上の固有値 μ のディリクレ境界値固有値問題の固有関数となることが示される.こうして,$\mathrm{Spec}_\mathrm{D}(\Omega_2'') \subset \mathrm{Spec}_\mathrm{D}(\Omega_1'')$ を得る.

以上により,
$$\mathrm{Spec}_\mathrm{D}(\Omega_1'') = \mathrm{Spec}_\mathrm{D}(\Omega_2'')$$
を得た.

ノイマン境界値固有値問題について,
$$\mathrm{Spec}_\mathrm{N}(\Omega_1'') = \mathrm{Spec}_\mathrm{N}(\Omega_2'')$$
を示すには,移植操作において,すべての符号を $+$ とすればよい.

以上により,定理 5.4 が示された. //

5.5 コンウェイの等スペクトル領域 153

第6章 有限要素法

本章と以下に続く章では,ラプラシアン Δ_g の固有値問題の,有限要素法による数値解法について学ぶ.

本章では,まずその原理的な事柄について述べる.次章においては,有限要素法で計算した固有値,固有関数と真の固有値,固有関数との誤差評価について扱う.最後の章では,実際のアルゴリズムについて述べ,コンピュータ・シミュレーション結果について紹介する.

6.1 有限要素法による定式化

6.1.1 問題設定状況

この章では,今までの章における状況をそのまま踏襲し,さらに n 次元 C^∞ 多様体 M は,$(n+1)$ 次元ユークリッド空間 $\mathbb{R}^{n+1} = \{(x_1,\cdots,x_n,x_{n+1})|\, x_i \in \mathbb{R}\}$ に埋め込まれているものとする: $\iota : M \hookrightarrow \mathbb{R}^{n+1}$. そこで g_0 を,$\mathbb{R}^{n+1}$ 上の標準リーマン計量とし,g_0 の M の $\mathbb{R}^{n+1}$ への包含写像 ι による引き戻しによる M 上のリーマン計量 $g := \iota^* g_0$ を扱う($n=2$ のときは,例 3.7 を見よ.$n \geq 3$ のときも,同様の計算ができる).$\Delta = \Delta_g$ は常に,(M,g) 上のラプラシアンとする.下付き添字の g は,以下ではしばしば省略する.

さて,次のラプラシアン Δ に関する固有値問題を扱う.

(1) M が n 次元 C^∞ コンパクト多様体のとき,(境界条件のない)固有値問題:

$$(F) \qquad \Delta u = \lambda u \qquad (M \text{ 上}),$$

(2) $\partial \Omega$ が区分的に C^∞ となる有界領域 $\Omega \subset M$ のときには,ディリクレ

境界値固有値問題：

$$(\text{D}) \quad \begin{cases} \Delta v = \mu v & (\Omega \text{ 上}) \\ v = 0 & (\partial\Omega \text{ 上}) \end{cases}$$

またはノイマン境界値固有値問題：

$$(\text{N}) \quad \begin{cases} \Delta w = \nu w & (\Omega \text{ 上}) \\ \dfrac{\partial w}{\partial \mathbf{n}} = 0 & (\partial\Omega \text{ 上}) \end{cases}$$

を考える. そこで, 固有値問題 (F), (D), (N) の固有値と $L^2(M)$ または $L^2(\Omega)$ の正規直交基底を与える固有関数系を, それぞれ,

(F) $\quad \lambda_1 \leq \lambda_2 \leq \cdots \leq \lambda_k \leq \cdots ; \quad u_1, u_2, \cdots, u_k, \cdots$

(D) $\quad \mu_1 \leq \mu_2 \leq \cdots \leq \mu_k \leq \cdots ; \quad v_1, v_2, \cdots, v_k, \cdots$

(N) $\quad \nu_1 \leq \nu_2 \leq \cdots \leq \nu_k \leq \cdots ; \quad w_1, w_2, \cdots, w_k, \cdots$

とする.

以下の目標は, これら固有値と固有関数を数値計算で求める有限要素法の手法と定式化を学ぶことにある. 4 章において, 固有値問題 (F), (D), (N) の固有値を特徴づけるミニ・マックス原理では, レーリー商, すなわち, (F) では,

$$R(\psi) = \frac{\int_M g(\nabla\psi, \nabla\psi)\, v_g}{\int_M \psi^2\, v_g}, \qquad (\psi \in H_1^2(M)),$$

(D), (N) では

$$R_\Omega(\psi) = \frac{\int_\Omega g(\nabla\psi, \nabla\psi)\, v_g}{\int_\Omega \psi^2\, v_g}, \qquad (\psi \in \overset{\circ}{H}{}_1^2(\Omega))$$

$$R_\Omega(\psi) = \frac{\int_\Omega g(\nabla\psi, \nabla\psi)\, v_g}{\int_\Omega \psi^2\, v_g}, \qquad (\psi \in H_1^2(\Omega))$$

をとくに用いた. これらの設定を踏襲して進める.

6.1.2 有限要素

さて, 有限要素法による定式化について進めよう.

境界なしの固有値問題 (F) の場合は, $\mathbb{R}^{n+1}$ 内の n 次元 C^∞ コンパクト・

リーマン多様体 M 内の m 個の点 (節点という) $\{P_1, \cdots, P_m\}$ を取る. $\partial\Omega$ が区分的に C^∞ である有界領域 $\Omega \subset M$ のときの境界値固有値問題 (D), (N) の場合には, $\ell < m$ とおき, $\overline{\Omega}$ の節点 $\{P_1, \cdots, P_m\}$ として, $\{P_1, \cdots, P_\ell\}$ は Ω 内の ℓ 個の節点であり, $\{P_{\ell+1}, \cdots, P_m\}$ は $\partial\Omega$ 上の $m-\ell$ 個の節点となるものとする. $\Xi = \{e_\mu\}_{\mu=1}^s$ を M または, $\overline{\Omega}$ の単体分割とする. ここで, n-単体とは, $\mathbb{R}^{n+1}$ 内の節点 $\{P_1, \cdots, P_m\}$ の中から $(n+1)$-個の節点 $\{P_{i_0}, \cdots, P_{i_n}\}$ を選び, これらを頂点とする n 次元多面体

$$\{a_0 P_{i_0} + \cdots + a_n P_{i_n} | a_0 + \cdots + a_n = 1, a_i \geq 0 \, (i=0, \cdots, n)\}$$

のことをいう. $n = 2$ のときは, 2-単体は $\mathbb{R}^3$ 内の三角形を表し, $n = 3$ のときは, 3-単体は $\mathbb{R}^4$ 内の四面体を表す. ただし,

「2つの n-単体 e_μ と e_ν が共通点をもつのは, e_μ と e_ν がどれかの $k = 0, 1, \cdots, n-1$ について, k-辺単体を共有する場合に限る」

ものとする.

$$G(\Xi) := \overline{\cup_{\mu=1}^s e_\mu} \text{ の内部}$$

とし, 有界領域 $\Omega \subset M$ の場合には, さらに,

$$\Gamma(\Xi) := G(\Xi) \text{ の境界}$$

とおく.

以下では, 単体分割 Ξ を十分細かく取り,

(1) M が $\mathbb{R}^{n+1}$ 内の n 次元 C^∞ コンパクト多様体のとき, $M = G(\Xi)$ と見なせ,

(2) $\partial\Omega$ が区分的に C^∞ である有界領域 $\Omega \subset M$ のとき, $\Omega = G(\Xi)$ かつ $\partial\Omega = \Gamma(\Xi)$ と見なせ, さらに, $\partial\Omega$ の滑らかでない点はすべて, Ξ の節点であるか, $(n-2)$-単体に含まれているように選ぶものとする.

Ξ の n-単体 e_μ $(\mu = 1, \cdots, s)$ は要素と呼ばれる.

6.1.3 基底関数と折れ線関数

このような単体分割 Ξ に対して,基底関数と折れ線関数と呼ばれる関数を定義したい.

定義 6.1 各節点 P_i $(i = 1, \cdots, m)$ に対して,ψ_i を次の性質により定める:
(1) 各節点においては,

$$\psi_i(\mathrm{P}_j) = \delta_{ij} = \begin{cases} 1 & (i = j) \\ 0 & (i \neq j) \end{cases}$$

を満たす.
(2) ψ_i は各要素 e_μ 上においては,$\mathbb{R}^{n+1}$ の座標 $(x_1, \cdots, x_n, x_{n+1})$ の高々 1 次式である,すなわち,

$$\psi_i(x_1, \cdots, x_n, x_{n+1}) = \sum_{k=1}^{n+1} a_{ik}^\mu x_k + a_{i0}^\mu \qquad ((x_1, \cdots, x_n, x_{n+1}) \in e_\mu)$$

が成り立つとする.ここで a_{ik}^μ $(i = 1, \cdots, m;\ k = 0, 1, \cdots, n, n+1)$ は e_μ に依存する定数である.ψ_i を (P_i に関する) **基底関数**という.

ψ_i は,M が $\mathbb{R}^{n+1}$ 内の n 次元 C^∞ コンパクト多様体のときは,$\overline{G(\Xi)} = G(\Xi)$ 上の連続関数であり,$\partial \Omega$ が区分的に C^∞ である有界領域 $\Omega \subset M$ のときは,$\overline{G(\Xi)} = G(\Xi) \cup \Gamma(\Xi)$ 上の連続関数である.

定義 6.2 $\mathbf{u} := (u_1, \cdots, u_m) \in \mathbb{R}^m$ に対して,

$$\widehat{\mathbf{u}}(x) := \widehat{\mathbf{u}}(x_1, \cdots, x_n, x_{n+1}) = \sum_{i=1}^{m} u_i \psi_i(x_1, \cdots, x_n, x_{n+1}) \tag{6.1}$$

$$(x := (x_1, \cdots, x_n, x_{n+1}) \in \overline{G(\Xi)})$$

と定義する.$\widehat{\mathbf{u}}$ を,$\overline{G(\Xi)}$ 上の**折れ線関数**という.

補題 6.1
(1) M が $\mathbb{R}^{n+1}$ 内の n 次元 C^∞ コンパクト多様体のとき,任意の $\mathbf{u} \in \mathbb{R}^m$ に対して,$\widehat{\mathbf{u}} \in H_1^2(M)$ である.

(2) $\partial\Omega$ が区分的に C^∞ である有界領域 $\Omega \subset M$ のとき,任意の $\mathbf{u} \in \mathbb{R}^m$ に対して, $\widehat{\mathbf{u}} \in H_1^2(\Omega)$ である.さらに,次が成り立つ:

$$\widehat{\mathbf{u}}(x) = 0 \quad (\Gamma(\Xi) \ \text{上}) \quad \Longleftrightarrow \quad u_{\ell+1} = \cdots = u_m = 0. \tag{6.2}$$

したがって,任意の $\mathbf{u} \in \mathbb{R}^\ell$ に対して, $\widehat{\mathbf{u}} \in \overset{\circ}{H}_1^2(\Omega)$ となる.

[証明]

(1) 単体分割 Ξ を十分細かく取っているので, $M = G(\Xi)$ となり, $\psi_i \in H_1^2(M)$ であるので, $\widehat{\mathbf{u}} = \sum_{i=1}^m u_i \psi_i \in H_1^2(M)$ である.

(2) 有界領域 $\Omega \subset M$ であるときは,(1) と同様に,任意の $\mathbf{u} \in \mathbb{R}^m$ に対して, $\widehat{\mathbf{u}} \in H_1^2(\Omega)$ である.さらに, $\Gamma(\Xi)$ 上の節点は $\{P_{\ell+1}, \cdots, P_m\}$ よりなるので,

$$\widehat{\mathbf{u}}(x) = 0 \quad (\Gamma(\Xi) \ \text{上}) \quad \Longleftrightarrow \quad \widehat{\mathbf{u}}(P_j) = 0 \quad (j = \ell+1, \cdots, m)$$

である.ここで,定義 6.1 (1) より,

$$\widehat{\mathbf{u}}(P_j) = \sum_{i=1}^m u_i \psi_i(P_j) = u_j$$

となるから,求める結果 (6.2) を得る.これから,とくに,任意の $\mathbf{u} \in \mathbb{R}^\ell$ に対して, $\widehat{\mathbf{u}} \in \overset{\circ}{H}_1^2(\Omega)$ となる. //

定義 6.3 以下では,いずれの場合も,

$$\widehat{\mathbb{R}}^m = \{\widehat{\mathbf{u}} | \, \mathbf{u} \in \mathbb{R}^m\}, \quad \widehat{\mathbb{R}}^\ell = \{\widehat{\mathbf{u}} | \, \mathbf{u} \in \mathbb{R}^\ell\} \tag{6.3}$$

と表すこととする.

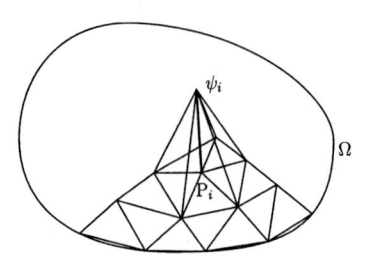

図 6.1 単体分割と基底関数

6.1.4 有限要素固有値問題

以上の状況の下で，問題を線形代数に帰着するため，次のような行列を考える．

定義 6.4 $i, j = 1, \cdots, m$ に対して，

$$K_{ij}(\Xi) := \int_{G(\Xi)} g(\nabla \psi_i, \nabla \psi_j) \, v_g \tag{6.4}$$

$$M_{ij}(\Xi) := \int_{G(\Xi)} \psi_i \psi_j \, v_g \tag{6.5}$$

とおき，これらを (i,j) 成分とする 2 つの m 次対称行列を，

$$K(\Xi) := (K_{ij}(\Xi))_{i,j=1,\cdots,m}, \qquad M(\Xi) := (M_{ij}(\Xi))_{i,j=1,\cdots,m} \tag{6.6}$$

とし，2 つの ℓ 次対称行列を，

$$K_0(\Xi) := (K_{ij}(\Xi))_{i,j=1,\cdots,\ell}, \qquad M_0(\Xi) := (M_{ij}(\Xi))_{i,j=1,\cdots,\ell} \tag{6.7}$$

と定義する．$K(\Xi)$, $K_0(\Xi)$ をどちらも**剛性行列**といい，$M(\Xi)$, $M_0(\Xi)$ をどちらも**質量行列**という．

そこで，次のような 3 つの固有値問題を考える．いずれも**有限要素固有値問題**という．

定義 6.5

(1) M が $n+1$ 次元ユークリッド空間 $\mathbb{R}^{n+1}$ 内の n 次元 C^∞ コンパクト多様体のとき，

$$\text{(FEM-F)} \qquad K(\Xi) \mathbf{u} = \lambda M(\Xi) \mathbf{u}, \qquad \mathbf{u} \in \mathbb{R}^m \tag{6.8}$$

を考える．ここで，$\mathbf{u} \in \mathbb{R}^m$ は m 次列ベクトルとしている．

(2) $\partial\Omega$ が区分的に C^∞ である有界領域 $\Omega \subset M$ のとき，

$$\text{(FEM-D)} \qquad K_0(\Xi) \mathbf{v} = \mu M_0(\Xi) \mathbf{v}, \qquad \mathbf{v} \in \mathbb{R}^\ell \tag{6.9}$$

$$\text{(FEM-N)} \qquad K(\Xi) \mathbf{w} = \nu M(\Xi) \mathbf{w}, \qquad \mathbf{w} \in \mathbb{R}^m \tag{6.10}$$

を考える．ここで，$\mathbf{v} \in \mathbb{R}^\ell$ は ℓ 次列ベクトルとし，$\mathbf{w} \in \mathbb{R}^m$ は m 次列ベクトルとしている．

(6.8), (6.9), (6.10) とも零ベクトルでない $\mathbf{u}, \mathbf{v}, \mathbf{w}$ をもつとき, 定数 $\lambda, \mu,$ ν を有限要素固有値問題の固有値, $\mathbf{u}, \mathbf{v}, \mathbf{w}$ を固有ベクトルという.

次節において, 次の諸事実を示す:

(1) のとき, (FEM-F) の固有値はすべて非負の実数であり, 重複度を込めてちょうど m 個ある. それらを大きさの順に並べて,

$$(0 \leq) \lambda_1(\Xi) \leq \lambda_2(\Xi) \leq \cdots \leq \lambda_m(\Xi) \tag{6.11}$$

と表す. また, 対応する 1 次独立な m 個の固有ベクトルを $\mathbf{u}_i(\Xi)$ $(i = 1, \cdots, m)$ と書く.

(2) のとき, (FEM-D) の固有値はすべて正の実数であり, 重複度を込めてちょうど ℓ 個ある. それらを大きさの順に並べて,

$$(0 <) \mu_1(\Xi) \leq \mu_2(\Xi) \leq \cdots \leq \mu_\ell(\Xi) \tag{6.12}$$

と表し, また, 対応する 1 次独立な ℓ 個の固有ベクトルを $\mathbf{v}_i(\Xi)$ $(i = 1, \cdots, \ell)$ と書く. また, (FEM-N) の固有値はすべて非負の実数であり, 重複度を込めてちょうど m 個ある. それらを大きさの順に並べて,

$$(0 \leq) \nu_1(\Xi) \leq \nu_2(\Xi) \leq \cdots \leq \nu_m(\Xi) \tag{6.13}$$

と表し, また, 対応する 1 次独立な m 個の固有ベクトルを $\mathbf{w}_i(\Xi)$ $(i = 1, \cdots, m)$ と書く.

このとき, 次の定理が成り立つことを示す.

定理 6.1 (基本定理)

(I) $k = 1, 2, \cdots$ とする.

(I-1) M が $n+1$ 次元ユークリッド空間 $\mathbb{R}^{n+1}$ 内の n 次元 C^∞ コンパクト多様体のとき,

$$\lim_{\delta(\Xi) \to 0} \lambda_k(\Xi) = \lambda_k \tag{6.14}$$

が成り立つ.

(I-2) $\partial\Omega$ が区分的に C^∞ である有界領域 $\Omega \subset M$ のとき,

$$\begin{cases} \lim_{\delta(\Xi) \to 0} \mu_k(\Xi) = \mu_k \\ \lim_{\delta(\Xi) \to 0} \nu_k(\Xi) = \nu_k \end{cases} \quad (6.15)$$

が成り立つ. ここで, $\delta(\Xi) \to 0$ は単体分割 Ξ を十分細かくすることを意味する.

(II) 単体分割の列 $\{\Xi_p\}_{p=1}^\infty$ で, 以下が成り立つものが存在する:

各 $k = 1, 2, \cdots$ に対して,

(II-1) M が境界のない $n+1$ 次元ユークリッド空間 $\mathbb{R}^{n+1}$ 内の n 次元コンパクト多様体のとき,

$$\|\widehat{\mathbf{u}_k(\Xi_p)} - u_k\|_1 \longrightarrow 0 \quad (p \longrightarrow \infty). \quad (6.16)$$

(II-2) 有界領域 $\Omega \subset M$ のとき,

$$\begin{cases} \|\widehat{\mathbf{v}_k(\Xi_p)} - v_k\|_1 \longrightarrow 0 \quad (p \longrightarrow \infty) \\ \|\widehat{\mathbf{w}_k(\Xi_p)} - w_k\|_1 \longrightarrow 0 \quad (p \longrightarrow \infty) \end{cases} \quad (6.17)$$

が成り立つ.

ここで, また以下では, $\|\ \|_1$ と $(\ ,\ )_1$ とはそれぞれ, $H_1^2(M)$, または $H_1^2(\Omega)$ 上のソボレフ・ノルムとソボレフ内積を表し, $\|\ \|$ と $(\ ,\ )$ とは $L^2(M)$ または $L^2(\Omega)$ 上の L^2-ノルムと L^2-内積を表す (第 3 章 3.5 節を参照).

基本定理 6.1 により, 実際にコンピュータを用いて, 3 つのラプラシアン Δ の固有値問題 (F), (D), (N) の固有値, 固有関数の数値計算を実行するには, 次の手順を実行すればよい: M が $n+1$ 次元ユークリッド空間 $\mathbb{R}^{n+1}$ 内の n 次元 C^∞ コンパクト多様体のとき, または $\partial\Omega$ が区分的に C^∞ である有界領域 $\Omega \subset M$ のとき, いずれにしても,

(I) 単体分割 Ξ を M または Ω を十分近似するように取る.
(II) 剛性行列と質量行列, $K(\Xi), M(\Xi)$ または $K_0(\Xi), M_0(\Xi)$ を決定する.
(III) 3 つの有限要素固有値問題 (FEM-F), (FEM-D), または (FEM-N) の

固有値 λ_k, μ_k, ν_k, および固有ベクトル $\mathbf{u}_k, \mathbf{v}_k, \mathbf{w}_k$ を計算する,

(VI) 基底関数 ψ_i を用いて, 固有ベクトル $\mathbf{u}_k, \mathbf{v}_k, \mathbf{w}_k$ に対する $\widehat{\mathbf{u}_k}, \widehat{\mathbf{v}_k}$, または $\widehat{\mathbf{w}_k}$ を, 補間法などを用いて, 画面に表示する,

という手順で行なう.

6.2 ラプラシアンの固有値問題と有限要素固有値問題

ラプラシアンの固有値問題と有限要素固有値問題の間の関係を, (FEM-F), (FEM-D), (FEM-N) の場合に, 確かめねばならない.

6.2.1 コンパクト多様体の場合の基本的設定

本節では, (FEM-F) について行なう. M を $(n+1)$ 次元ユークリッド空間 $\mathbb{R}^{n+1}$ 内の n 次元 C^∞ コンパクト多様体とし, Ξ を $G(\Xi)$ が十分 M を近似する単体分割とする. 次節では, $\partial\Omega$ が区分的に C^∞ である有界領域 $\Omega \subset M$ の場合の (FEM-D), (FEM-N) を扱う.

補題 6.2

(1) $M(\Xi)$ は正定値行列である.

(2) $K(\Xi)$ は半正定値行列である. さらに,

$$\langle K(\Xi)\mathbf{u}, \mathbf{u}\rangle = 0 \iff \mathbf{u} = c\mathbf{1} \quad (c\text{ は実定数である})$$

ここで, $\mathbf{1} \in \mathbb{R}^m$ は $\mathbf{1} = {}^t(1,1,\cdots,1)$ となる列ベクトルである.

(3) $K(\Xi)$ の固有値は 0 (重複度は 1), その固有ベクトルは $\mathbf{1}$ であり, 残りの固有値はすべて正, それらの固有ベクトル $\mathbf{u}$ は $\mathbf{1}$ と直交する, すなわち, $\langle \mathbf{u}, \mathbf{1}\rangle = \sum_{i=1}^m u_i = 0$.

[証明]

(1) $\mathbb{R}^m$ 上の内積も

$$\langle \mathbf{u}, \mathbf{v}\rangle = \sum_{i=1}^m u_i v_i \quad (\mathbf{u} = {}^t(u_1, \cdots, u_m),\ \mathbf{v} = {}^t(v_1, \cdots, v_m) \in \mathbb{R}^m)$$

と書き, 2つの2次形式

$$\langle K(\Xi)\mathbf{u}, \mathbf{u}\rangle = \sum_{i,j=1}^{m} K_{ij}(\Xi)\, u_i\, u_j \tag{6.18}$$

$$\langle M(\Xi)\mathbf{u}, \mathbf{u}\rangle = \sum_{i,j=1}^{m} M_{ij}(\Xi)\, u_i\, u_j \tag{6.19}$$

を考える. このとき, (6.18) は (6.5) より,

$$\begin{aligned}
\langle M(\Xi)\mathbf{u}, \mathbf{u}\rangle &= \sum_{i,j=1}^{m} u_i\, u_j \int_{G(\Xi)} \psi_i\, \psi_j\, v_g \\
&= \int_{G(\Xi)} \widehat{\mathbf{u}}^2\, v_g \\
&\geq 0
\end{aligned} \tag{6.20}$$

となる. ここで, $\langle M(\Xi)\mathbf{u}, \mathbf{u}\rangle = 0$ とすると, (6.20) より,

$$\widehat{\mathbf{u}} = \sum_{i=1}^{m} u_i\, \psi_i \equiv 0 \qquad (G(\Xi) \text{ 上}) \tag{6.21}$$

となる. したがって,

$$0 = \widehat{\mathbf{u}}(\mathrm{P}_j) = \sum_{i=1}^{m} u_i\, \psi_i(\mathrm{P}_j) = \sum_{i=1}^{m} u_i\, \delta_{ij} = u_j \quad (j=1,\cdots,m)$$

ゆえに, $\mathbf{u} = \mathbf{0}$ (零ベクトル) である. したがって, $M(\Xi)$ は正定値行列である.

(2) (6.4) により, (6.18) は

$$\begin{aligned}
\langle K(\Xi)\mathbf{u}, \mathbf{u}\rangle &= \sum_{i,j=1}^{m} u_i\, u_j \int_{G(\Xi)} g(\nabla \psi_i\, \nabla \psi_j)\, v_g \\
&= \int_{G(\Xi)} g(\nabla \widehat{\mathbf{u}}, \nabla \widehat{\mathbf{u}})\, v_g \\
&\geq 0
\end{aligned} \tag{6.22}$$

となる. ここで, $\langle K(\Xi)\mathbf{u}, \mathbf{u}\rangle = 0$ とすると, $\nabla \widehat{\mathbf{u}} \equiv 0$ ($G(\Xi)$ 上) となる. ゆえに, $\widehat{\mathbf{u}} \equiv c$ ($G(\Xi)$ 上定数関数) となる. したがって,

$$c = \widehat{\mathbf{u}}(\mathrm{P}_j) = \sum_{i=1}^{m} u_i\, \psi_i(\mathrm{P}_j) = \sum_{i=1}^{m} u_i\, \delta_{ij} = u_j \quad (j=1,\cdots,m)$$

ゆえに, $\mathbf{u} = {}^t(c, c, \cdots, c) = c\mathbf{1}$ (c は実定数) となる.

(3) は (2) からただちに得られる. //

補題 6.3 2つの m 次対称行列 $K(\Xi)$ と $M(\Xi)$ に対して, m 次正則実行列 P を選び,

$$ {}^t P M(\Xi) P = I_m \quad \text{かつ} \quad {}^t P K(\Xi) P = \Lambda(\Xi) \tag{6.23} $$

とできる. ここで ${}^tP$ は P の転置行列, I_m は m 次単位行列を表し, $\Lambda(\Xi)$ は m 次対角行列であり, その対角成分を $\lambda_1(\Xi), \cdots, \lambda_m(\Xi)$ とする. 必要ならば, $\mathbb{R}^m$ の成分の番号を取り替えることにより, 大きさの順に $\lambda_1(\Xi) \leq \cdots \leq \lambda_m(\Xi)$ と並べると,

$$ 0 = \lambda_1(\Xi) < \lambda_2(\Xi) \leq \cdots \leq \lambda_m(\Xi) \tag{6.24} $$

となる.

[証明] $M(\Xi)$ は正定値行列なので, 実正則行列 P_1 を選び,

$$ {}^t P_1 M(\Xi) P_1 = I_m \tag{6.25} $$

とできる ([佐武[27]]). このとき, ${}^t P_1 K(\Xi) P_1$ も実対称行列であり, 半正定値行列である. そこで, 直交行列 P_2 を選び,

$$ {}^t P_2 \, ({}^t P_1 K(\Xi) P_1) \, P_2 = \Lambda(\Xi) \quad (\text{対角行列}) \tag{6.26} $$

とできる. このとき, $P := P_1 P_2$ とおくと, P は実正則行列であり, さらに, (6.25) と (6.26) により,

$$ {}^t P M(\Xi) P = {}^t P_2 \, {}^t P_1 M(\Xi) P_1 P_2 = {}^t P_2 I_m P_2 = {}^t P_2 P_2 = I_m $$
$$ {}^t P K(\Xi) P = \Lambda(\Xi) $$

となる. さらに, ${}^t P K(\Xi) P$ も半正定値である. 実際, 補題 6.2 (2) より,

$$ \langle ({}^t P K(\Xi) P)\mathbf{v}, \mathbf{v} \rangle = \langle K(\Xi)(P\mathbf{v}), P\mathbf{v} \rangle \geq 0 $$

かつ, 等号成立は $P\mathbf{v} = c\mathbf{1}$, (ここで c は定数), すなわち, $\mathbf{v} = c P^{-1}\mathbf{1}$ が必要十分となるからである. したがって, ${}^t P K(\Xi) P$ の固有値はすべて非負であり, 固有値 0 の固有ベクトルは $P^{-1}\mathbf{1}$ であり, 残りの固有値はすべて正で, それら

の固有ベクトル $\mathbf{v}$ は,

$$\langle \mathbf{v}, P^{-1}\mathbf{1}\rangle = \langle {}^{t}P^{-1}\mathbf{v}, \mathbf{1}\rangle = 0$$

を満たす. したがって, (6.26) より, $\Lambda(\Xi)$ の対角成分は (6.24) のように表示できる. //

補題 6.4

(1) 固有値問題 (FEM-F) は行列 $M(\Xi)^{-1}K(\Xi)$ に対する固有値問題と同等である.

(2) さらに, 補題 6.3 の正則行列 P を用いて, 行列 $M(\Xi)^{-1}K(\Xi)$ は

$$P^{-1}(M(\Xi)^{-1}K(\Xi))P = \Lambda(\Xi) \tag{6.27}$$

と対角化される. ここで (6.27) と (6.23) の $\Lambda(\Xi)$ は同一である.

[証明] (1) については, 補題 6.2 (1) により, (FEM-F) の固有値問題は

$$K(\Xi)\mathbf{u} = \lambda M(\Xi)\mathbf{u} \iff (M(\Xi)^{-1}K(\Xi))\mathbf{u} = \lambda \mathbf{u}$$

となるからである. (2) については,

$$\begin{aligned}
P^{-1}(M(\Xi)^{-1}K(\Xi))P &= P^{-1}M(\Xi)^{-1}\,{}^{t}P^{-1}\,{}^{t}PK(\Xi)P \\
&= ({}^{t}PM(\Xi)P)^{-1}\,{}^{t}PK(\Xi)P \\
&= I_m{}^{-1}\Lambda(\Xi) \\
&= \Lambda(\Xi)
\end{aligned}$$

となるからである. //

補題 6.5 補題 6.3 における 正則行列 P を用いて $\mathbf{u} = P\mathbf{t}$ ($\mathbf{t} = {}^{t}(t_1, \cdots, t_m) \in \mathbb{R}^m$) と変数変換すると, $M(\Xi)$ と $K(\Xi)$ に対する 2 次形式は次のようになる.

$$\langle M(\Xi)\mathbf{u}, \mathbf{u}\rangle = \langle \mathbf{t}, \mathbf{t}\rangle = \sum_{i=1}^{m} t_i^2 \tag{6.28}$$

$$\langle K(\Xi)\mathbf{u}, \mathbf{u}\rangle = \langle \Lambda(\Xi)\mathbf{t}, \mathbf{t}\rangle = \sum_{i=1}^{m} \lambda_i(\Xi)\, t_i^2 \tag{6.29}$$

が成り立つ．ここで，$\lambda_i(\Xi)$ $(i=1,\cdots,m)$ は (6.23), (6.24) における m 次対角行列 $\Lambda(\Xi)$ の対角成分である．

[証明] 実際，
$$\langle M(\Xi)\mathbf{u},\mathbf{u}\rangle = \langle M(\Xi)P\mathbf{t}, P\mathbf{t}\rangle = \langle {}^tP\,M(\Xi)\,P\,\mathbf{t},\mathbf{t}\rangle$$
$$= \langle I_m\,\mathbf{t},\mathbf{t}\rangle = \langle \mathbf{t},\mathbf{t}\rangle = \sum_{i=1}^m t_i{}^2$$

および
$$\langle K(\Xi)\mathbf{u},\mathbf{u}\rangle = \langle K(\Xi)P\mathbf{t}, P\mathbf{t}\rangle = \langle {}^tP\,K(\Xi)\,P\,\mathbf{t},\mathbf{t}\rangle$$
$$= \langle \Lambda(\Xi)\,\mathbf{t},\mathbf{t}\rangle = \sum_{i=1}^m \lambda_i(\Xi)\,t_i{}^2$$

となるからである． //

以上より，次の定理を得る．

定理 6.2 有限要素固有値問題 (FEM-F) の固有値は，0，その固有空間は 1 次元，その他の固有値はすべて正であり，補題 6.3 の (6.24) により与えられ，合わせてちょうど m 個ある．また，補題 6.4 (6.27) より，(FEM-F) の固有ベクトルは補題 6.3 における正則行列 P の列ベクトルである．

補題 6.6
(1) $\mathbf{e}_i = {}^t(0,\cdots,0,\overset{i}{1},0,\cdots,0) \in \mathbb{R}^m$ $(i=1,\cdots,m)$ とする．このとき，P の第 i 列ベクトル $\mathbf{u}_i(\Xi) = P\mathbf{e}_i$ は補題 6.4 と定理 6.2 により，
$$M(\Xi)^{-1}K(\Xi)\,\mathbf{u}_i(\Xi) = \lambda_i(\Xi)\,\mathbf{u}_i(\Xi) \qquad (i=1,\cdots,m) \tag{6.30}$$
を満たす．

(2) ベクトル $\mathbf{u}_i(\Xi)$ に対応する $\overline{G(\Xi)}$ 上の折れ線関数 $\widehat{\mathbf{u}_i(\Xi)}$ は次式を満たす：
$$\int_{G(\Xi)} \widehat{\mathbf{u}_i(\Xi)}\,\widehat{\mathbf{u}_j(\Xi)}\,v_g = \delta_{ij} \tag{6.31}$$
$$\int_{G(\Xi)} g(\nabla\widehat{\mathbf{u}_i(\Xi)}, \nabla\widehat{\mathbf{u}_j(\Xi)})\,v_g = \lambda_i(\Xi)\,\delta_{ij} \tag{6.32}$$

ここで, $i, j = 1, \cdots, m$ である.

[証明] (1) は補題 6.4 (2) による. (2) は. (6.31) は (6.20) と同様に,

$$\int_{G(\Xi)} \widehat{\mathbf{u}_i(\Xi)} \, \widehat{\mathbf{u}_j(\Xi)} \, v_g = \langle M(\Xi)\mathbf{u}_i(\Xi), \mathbf{u}_j(\Xi) \rangle$$
$$= \langle M(\Xi) P\mathbf{e}_i, P\mathbf{e}_j \rangle$$
$$= \langle {}^t\!P \, M(\Xi) \, P \, \mathbf{e}_i, \mathbf{e}_j \rangle$$
$$= \langle I_m \mathbf{e}_i, \mathbf{e}_j \rangle$$
$$= \langle \mathbf{e}_i, \mathbf{e}_j \rangle = \delta_{ij}$$

(6.32) は (6.22) と同様にして,

$$\int_{G(\Xi)} g(\nabla\widehat{\mathbf{u}_i(\Xi)}, \nabla\widehat{\mathbf{u}_j(\Xi)}) \, v_g = \langle K(\Xi)\mathbf{u}_i(\Xi), \mathbf{u}_j(\Xi) \rangle$$
$$= \langle K(\Xi) P\mathbf{e}_i, P\mathbf{e}_j \rangle$$
$$= \langle {}^t\!P \, K(\Xi) \, P \, \mathbf{e}_i, \mathbf{e}_j \rangle$$
$$= \langle \Lambda(\Xi)\mathbf{e}_i, \mathbf{e}_j \rangle$$
$$= \lambda_i(\Xi) \, \delta_{ij} \qquad //$$

定理 6.3 有限要素固有値問題 (FEM-F) の第 k 固有値 $\lambda_k(\Xi)$ ($k = 1, \cdots, m$) は次のように特徴づけられる:

$$\lambda_k(\Xi) = \inf_{L_k \subset \mathbb{R}^m} \Lambda(L_k) \tag{6.33}$$

ここで下限 inf は $\mathbb{R}^m$ 内のすべての k 次元部分空間にわたって取る. また, $\mathbb{R}^m$ の任意の k 次元部分空間 L_k に対して, $\Lambda(L_k)$ は次のように定義されている.

$$\Lambda(L_k) = \sup \left\{ \frac{\langle K(\Xi)\mathbf{u}, \mathbf{u} \rangle}{\langle M(\Xi)\mathbf{u}, \mathbf{u} \rangle} \Big| \mathbf{0} \neq \mathbf{u} \in L_k \right\} \tag{6.34}$$

[証明] 実際, 補題 6.5 のように, $\mathbf{u} = P\mathbf{t}$ と変数変換すると, (6.28) と (6.29) により,

$$\frac{\langle K(\Xi)\mathbf{u}, \mathbf{u} \rangle}{\langle M(\Xi)\mathbf{u}, \mathbf{u} \rangle} = \frac{\langle \Lambda(\Xi)\mathbf{t}, \mathbf{t} \rangle}{\langle \mathbf{t}, \mathbf{t} \rangle} \tag{6.35}$$

となる. 一方, $\mathbb{R}^m$ 内の k 次元部分空間 L_k は $\det(P) \neq 0$ なので, $L_k = P(L'_k)$

と書ける．ここで L'_k も $\mathbb{R}^m$ 内の k 次元部分空間である．このとき，

$$\inf_{L_k \subset \mathbb{R}^m} \Lambda(L_k) = \inf_{L'_k \subset \mathbb{R}^m} \Lambda'(L'_k) \tag{6.36}$$

となる．ここで

$$\Lambda'(L'_k) = \sup \left\{ \frac{\langle \Lambda(\Xi)\mathbf{t}, \mathbf{t} \rangle}{\langle \mathbf{t}, \mathbf{t} \rangle} \,\Big|\, \mathbf{0} \neq \mathbf{t} \in L'_k \right\} \tag{6.37}$$

である．ここで $\Lambda(\Xi)$ は対角行列で，その対角成分が

$$0 = \lambda_1(\Xi) < \lambda_2(\Xi) \leq \cdots \leq \lambda_m(\Xi) \tag{6.38}$$

である．したがって，対角行列 $\Lambda(\Xi)$ の第 k 固有値に対するミニ・マックス原理を使うと，

$$\inf_{L'_k \subset \mathbb{R}^m} \Lambda'(L'_k) = \lambda_k(\Xi) \tag{6.39}$$

となることがいえる． //

補題 6.7 単体分割 Ξ を十分細かく取って，$M = G(\Xi)$ であると仮定する．このとき，$\mathbf{0} \neq \mathbf{u} \in \mathbb{R}^m$ に対して，$M = G(\Xi)$ 上の連続関数 $\widehat{u}$ は

$$\frac{\langle K(\Xi)\mathbf{u}, \mathbf{u} \rangle}{\langle M(\Xi)\mathbf{u}, \mathbf{u} \rangle} = R(\widehat{u}) \tag{6.40}$$

を満たす．ここで (6.40) の右辺は，$0 \neq u \in H_1^2(M)$ について，

$$R(u) = \frac{\int_M g(\nabla u, \nabla u)\, v_g}{\int_M u^2\, v_g} \qquad (レーリー商)$$

である．

[証明] (6.20) より，

$$\langle M(\Xi)\mathbf{u}, \mathbf{u} \rangle = \int_{G(\Xi)} \widehat{u}^2\, v_g$$

であり，(6.22) より，

$$\langle K(\Xi)\mathbf{u}, \mathbf{u} \rangle = \int_{G(\Xi)} g(\nabla \widehat{u}, \nabla \widehat{u})\, v_g$$

であるので，これらから，(6.40) を得る． //

6.2.2 基本定理の証明

[定理 6.1 (基本定理) の (I-1) の証明]　定理 6.3 と補題 6.7 より,

$$\lambda_k(\Xi) = \inf_{L_k \subset \mathbf{R}^m} \Lambda(L_k)$$
$$= \inf_{L_k \subset \mathbf{R}^m} \sup \left\{ R(\widehat{\mathbf{u}}) \,|\, 0 \not\equiv \widehat{\mathbf{u}} \in \widehat{L_k} \right\} \tag{6.41}$$

ここで $\widehat{L_k} := \{\widehat{\mathbf{u}} \,|\, \mathbf{u} \in L_k\} \subset \widehat{\mathbf{R}^m} \subset H_1^2(M)$ であり, (6.41) における L_k は $\mathbf{R}^m$ 内の k 次元部分空間のすべてをわたる.

一方, リーマン多様体 (M, g) のラプラシアン Δ_g の第 k 固有値 λ_k は定理 4.9 (1) の (4.103) 式により,

$$\lambda_k = \inf_{U_k \subset H_1^2(M)} \sup \{ R(u) \,|\, 0 \not\equiv u \in U_k \} \tag{6.42}$$

と与えられる. 仮定より, $G(\Xi) = M$ と見なせるので, 補題 6.1 (1) により, $\widehat{\mathbf{R}^m} \subset H_1^2(M)$ と見なせる. ゆえに, (6.41) と (6.42) より,

$$\lambda_k(\Xi) \geq \lambda_k \tag{6.43}$$

を得る.

逆向きの不等式を示す. (6.42) における下限の定義より, 任意の正数 $\epsilon > 0$ に対して, $H_1^2(M)$ 内の k 次元部分空間 $U_k^0 \subset H_1^2(M)$ で,

$$\sup\{ R(u) \,|\, 0 \not\equiv u \in U_k^0 \} < \lambda_k + \frac{\epsilon}{2} \tag{6.44}$$

を満たすものが存在する. U_k^0 の基底を, $\{f_1, \cdots, f_k\}$ とする. $\{f_1, \cdots, f_k\}$ は $H_1^2(M)$ に属する 1 次独立な関数系であるので, 単体分割 Ξ を十分細かくすると, 各 f_j は折れ線関数で近似され, $\mathbf{u}_j \in \mathbf{R}^m$ ($j = 1, \cdots, k$) は 1 次独立であり, $\|f_j - \widehat{\mathbf{u}_j}\|_1$ は十分小となるようにできる. したがって, $L_k^0 := \langle \mathbf{u}_1, \cdots, \mathbf{u}_k \rangle_{\mathbf{R}} \subset \mathbf{R}^m$ (k 次元部分空間) とおくと, $\widehat{L_k^0} \subset \widehat{\mathbf{R}^m}$ であって,

$$\sup\{ R(u) \,|\, 0 \not\equiv u \in \widehat{L_k^0} \} < \sup\{ R(u) \,|\, 0 \not\equiv u \in U_k^0 \} + \frac{\epsilon}{2} \tag{6.45}$$

を満たすようにできる.

以上より,

$$\lambda_k(\Xi) = \inf_{L_k \subset \mathbb{R}^m} \sup\{R(u)|\, 0 \neq u \in \widehat{L_k}\} \qquad ((6.41) \text{ により})$$

$$\leq \sup\{R(u)|\, 0 \neq u \in \widehat{L_k^0}\}$$

$$< \sup\{R(u)|\, 0 \neq u \in U_k^0\} + \frac{\epsilon}{2} \qquad ((6.45) \text{ により})$$

$$< \lambda_k + \frac{\epsilon}{2} + \frac{\epsilon}{2} = \lambda_k + \epsilon \qquad ((6.44) \text{ により})$$

となる. 以上より, (6.43) と合わせて, (I-1) が示された. //

[定理 6.1 (基本定理) の (II-1) の証明]　対角線論法を用いて示す.
(第 1 段)　さしあたり, $k = 1, 2, \cdots$ を固定しておく. 補題 6.6 (2) と今証明した定理 6.1 (I-1) により, 集合

$$S_k := \{\widehat{\mathbf{u}_k(\Xi)}|\, \Xi \text{ は } M \text{ の単体分割 }\} \subset H_1^2(M) \tag{6.46}$$

は有界集合である.

ここで, $H_1^2(M)$ 内の任意の有界集合は弱コンパクトであり, 包含写像 $H_1^2(M) \subset L^2(M)$ はコンパクト作用素であるので, M の単体分割の列 Ξ_p^k ($p = 1, 2, \cdots$) と $w_k \in H_1^2(M)$ が存在して,

(a) 　 $\lim_{p \to \infty} (\widehat{\mathbf{u}_k(\Xi_p^k)}, \varphi)_1 = (w_k, \varphi)_1 \qquad (\forall \varphi \in H_1^2(M))$

(b) 　 $\lim_{p \to \infty} \|\widehat{\mathbf{u}_k(\Xi_p^k)} - w_k\| = 0$

が成り立つ.

実際, 定理 4.2 (1) より, (6.46) における $H_1^2(M)$ 内の有界集合 S_k は弱コンパクトなので, M の単体分割の列 $\{\Xi_p^k\}_{p=1}^\infty$ と $w_k \in H_1^2(M)$ が存在して,

(a) 　 $\lim_{p \to \infty} (\widehat{\mathbf{u}_k(\Xi_p^k)}, \varphi)_1 = (w_k, \varphi)_1 \qquad (\forall \varphi \in H_1^2(M))$

となる. ここで, 包含写像 $H_1^2(M) \subset L^2(M)$ がコンパクトであり, $\{\widehat{\mathbf{u}_k(\Xi_p^k)}|\, p = 1, 2, \cdots\}$ は $H_1^2(M)$ の有界集合であるので, 必要なら, $\{\Xi_p^k|\, p = 1, 2, \cdots\}$ の部分列を取って (同じ記号で書く), $w_k' \in H_1^2(M)$ が存在して,

$$\lim_{p \to \infty} \|\widehat{\mathbf{u}_k(\Xi_p^k)} - w_k'\| = 0 \tag{6.47}$$

が成り立つ. このとき,
$$w_k = w'_k \tag{6.48}$$
となることを示す. そうすれば,
$$(b) \qquad \lim_{p \to \infty} \|\widehat{\mathbf{u}_k(\Xi_p^k)} - w_k\| = 0$$
を得る. (6.48) を示す. (6.47) より, とくに, 任意の $\varphi \in L^2(M)$ に対して,
$$\lim_{p \to \infty} (\widehat{\mathbf{u}_k(\Xi_p^k)}, \varphi) = (w'_k, \varphi) \tag{6.49}$$
となる. 一方, (a) より, とくに, $\varphi \in H_1^2(M)$, したがって, 任意の $\varphi \in L^2(M)$ に対して,
$$\lim_{p \to \infty} (\widehat{\mathbf{u}_k(\Xi_p^k)}, \varphi) = (w_k, \varphi) \tag{6.50}$$
となる. (6.49) と (6.50) により,
$$(w'_k, \varphi) = (w_k, \varphi) \qquad (\forall\, \varphi \in L^2(M))$$
となり, $w'_k = w_k$ を得る.

(第2段) さて, 次々に, 部分列 $\{\Xi_p^1\}_{p=1}^\infty \supset \{\Xi_p^2\}_{p=1}^\infty \supset \cdots$ を取り, 最後に対角線集合 $\{\Xi_p^p\}_{p=1}^\infty$ を取り, あらためてそれを $\{\Xi_p\}_{p=1}^\infty$ とする. こうして得られた M の単体分割の列 $\{\Xi_p\}_{p=1}^\infty$ については,

「任意の $k = 1, 2, \cdots$ に対して, $w_k \in H_1^2(M)$ が存在して,
(a) および (b) を満たす.」

(第3段) このとき, $\{w_k\}_{k=1}^\infty \subset H_1^2(M)$ は
$$(c) \qquad (w_j, w_k) = \delta_{jk} \qquad \text{とくに} \quad \|w_k\| = 1$$
を満たす. 実際,
$$|(\widehat{\mathbf{u}_j(\Xi_p)}, \widehat{\mathbf{u}_k(\Xi_p)}) - (w_j, w_k)|$$
$$= |(\widehat{\mathbf{u}_j(\Xi_p)}, \widehat{\mathbf{u}_k(\Xi_p)}) - (\widehat{\mathbf{u}_j(\Xi_p)}, w_k)$$
$$\qquad + (\widehat{\mathbf{u}_j(\Xi_p)}, w_k) - (w_j, w_k)|$$
$$\leq |(\widehat{\mathbf{u}_j(\Xi_p)}, \widehat{\mathbf{u}_k(\Xi_p)} - w_k)| + |(\widehat{\mathbf{u}_j(\Xi_p)} - w_j, w_k)|$$

$$\leq \|\widehat{\mathbf{u}_j(\Xi_p)}\| \, \|\widehat{\mathbf{u}_k(\Xi_p)} - w_k\| + \|\widehat{\mathbf{u}_j(\Xi_p)} - w_j\| \, \|w_k\|$$
$$\longrightarrow 0 \quad (p \longrightarrow \infty)$$

である．一方，補題 6.6 (2) (6.31) 式より，$(\widehat{\mathbf{u}_j(\Xi_p)}, \widehat{\mathbf{u}_k(\Xi_p)}) = \delta_{jk}$ であるので，(c) を得る．

(第4段) ここで，

$$(d) \qquad R(w_k) = \frac{\int_M g(\nabla w_k, \nabla w_k)\, v_g}{\int_M w_k{}^2\, v_g} \leq \lambda_k$$

が成り立つ．

実際，補題 6.6 (2) と $H_1^2(M)$ ノルムの定義より，任意の $\varphi \in H_1^2(M)$ に対して，

$$(\widehat{\mathbf{u}_k(\Xi_p)}, \varphi)_1{}^2 \leq \|\widehat{\mathbf{u}_k(\Xi_p)}\|_1{}^2 \, \|\varphi\|_1{}^2$$
$$\leq (1 + \lambda_k(\Xi_p))\, \|\varphi\|_1{}^2 \tag{6.51}$$

ここで $p \to \infty$ とすると，定理 6.1 (I-1) と (a) により，

$$(w_k, \varphi)_1{}^2 \leq (1 + \lambda_k)\, \|\varphi\|_1{}^2 \tag{6.52}$$

となる．ここで，(6.52) において $\varphi = w_k$ とおいて，

$$\|w_k\|_1{}^2 \leq 1 + \lambda_k \tag{6.53}$$

を得る．(c) より，$\|w_k\| = 1$ なので，(6.53) 式は次の (6.54) を意味する：

$$\|\nabla w_k\|^2 \leq \lambda_k \tag{6.54}$$

したがって (d) を得る．

(第5段) 以上より，

$$w_k = u_k \qquad (k = 1, 2, \cdots) \tag{6.55}$$

が成り立つことを示そう．

① $k=1$ のとき，$w_1 = u_1$ である．なぜなら，(d) により，

$$R(w_1) \leq \lambda_1 = \inf\{R(u)\,|\, 0 \not\equiv u \in H_1^2(M)\}$$

なので, $R(w_1) = \lambda_1$. このとき, $w_1 \in C^\infty(M)$ かつ

$$\Delta w_1 = \lambda_1 w_1 \quad (M \text{ 上}) \tag{6.56}$$

となり, $\|w_1\| = 1$ であるので, $w_1 = u_1$ である.

実際, (6.56) は次のようにしてわかる. 任意の $\varphi \in H_1^2(M)$ に対して, $\epsilon \mapsto R(w_1 + \epsilon \varphi)$ は, $\epsilon = 0$ のとき, 最小値を取る. それゆえ,

$$\begin{aligned}
0 &= \left.\frac{d}{d\epsilon}\right|_{\epsilon=0} R(w_1 + \epsilon \varphi) \\
&= \left.\frac{d}{d\epsilon}\right|_{\epsilon=0} \frac{\int_M g(\nabla w_1 + \epsilon \nabla \varphi, \nabla w_1 + \epsilon \nabla \varphi) \, v_g}{\int_M (w_1 + \epsilon \varphi)^2 \, v_g} \\
&= \frac{2 \int_M g(\nabla \varphi, \nabla w_1) \, v_g \int_M w_1{}^2 \, v_g - 2 \int_M g(\nabla w_1, \nabla w_1) \, v_g \int_M w_1 \varphi \, v_g}{\left(\int_M w_1{}^2 \, v_g\right)^2} \\
&= 2 \left\{ \frac{\int_M g(\nabla \varphi, \nabla w_1) \, v_g}{\int_M w_1{}^2 \, v_g} - R(w_1) \frac{\int_M w_1 \varphi \, v_g}{\int_M w_1{}^2 \, v_g} \right\} \\
&= 2 \left\{ \int_M g(\nabla w_1, \nabla \varphi) \, v_g - \lambda_1 \int_M w_1 \varphi \, v_g \right\}
\end{aligned}$$

ここで $\int_M w_1{}^2 \, v_g = 1$ および $R(w_1) = \lambda_1$ を使った. したがって,

$$\int_M g(\nabla w_1, \nabla \varphi) \, v_g = \lambda_1 \int_M w_1 \varphi \, v_g \quad (\forall \varphi \in H_1^2(M))$$

を得た. これは w_1 は楕円型微分方程式 $\Delta w = \lambda_1 w$ (M 上) の弱解であることを意味する. ゆえに解の正則性定理より, w_1 は C^∞ で, $\Delta w = \lambda_1 w$ (M 上) を満たす. $w_1 = u_1$ を得た.

② $k = 2$ のとき, w_2 は

$$\begin{cases} \|w_2\| = 1 \\ (w_2, u_1) = (w_2, w_1) = 0 \end{cases} \tag{6.57}$$

および

$$(e) \qquad R(w_2) \leq \lambda_2 = \inf\{R(u) | 0 \not\equiv u \in H_1^2(M), (u, u_1) = 0\}$$

を満たしているので, $R(w_2) = \lambda_2$ である. このとき, $w_2 \in C^\infty(M)$ かつ

$$\Delta w_2 = \lambda_2 w_2 \quad (M \perp) \tag{6.58}$$

を満たし, (6.57) と合わせて, $w_2 = u_2$ を得る.

　実際, (6.58) は次のように示される. 任意の $\varphi \in H_1^2(M)$ と $\epsilon \in \mathbb{R}$ に対して, $w_2 + \epsilon(\varphi - (\varphi, u_1) u_1) \in H_1^2(M)$ を考えると, $(w_2 + \epsilon(\varphi - (\varphi, u_1) u_1), u_1) = 0$ であり, (e) により, ϵ についての関数 $\epsilon \mapsto R(w_2 + \epsilon(\varphi - (\varphi, u_1) u_1))$ は $\epsilon = 0$ において最小値を取る. したがって,

$$\begin{aligned}
0 &= \left.\frac{d}{d\epsilon}\right|_{\epsilon=0} R(w_2 + \epsilon(\varphi - (\varphi, u_1) u_1)) \\
&= \left.\frac{d}{d\epsilon}\right|_{\epsilon=0} \frac{\|\nabla w_2 + \epsilon(\nabla\varphi - (\varphi, u_1) \nabla u_1)\|^2}{\|w_2 + \epsilon(\varphi - (\varphi, u_1) u_1)\|^2} \\
&= 2\frac{(\nabla w_2, \nabla\varphi - (\varphi, u_1)\nabla u_1)\|w_2\|^2 - \|\nabla w_2\|^2(w_2, \varphi - (\varphi, u_1)u_1)}{\|w_2\|^4} \\
&= 2\left\{(\nabla w_2, \nabla\varphi) - \lambda_2(w_2, \varphi)\right\}
\end{aligned}$$

となる. ここで最後の式で, $(\nabla w_2, \nabla u_1) = (w, \Delta u_1) = \lambda_1(w_2, u_1) = 0$ かつ $\frac{\|\nabla w_2\|^2}{\|w_2\|^2} = R(w_2) = \lambda_2$, $\|w_2\| = 1$, $(w_2, u_1) = 0$ となることを使った. 以上より, w_2 は楕円型微分方程式 $\Delta w = \lambda_2 w$ (M 上) の弱解となる. したがって, w_2 は C^∞ で, $\Delta w_2 = \lambda_2 w_2$ を満たす. また, $(w_2, u_1) = 0$ かつ $\|w_2\| = 1$ と合わせて, $w_2 = u_2$ を得た.

　以下, 同様にして, $w_k = u_k$ $(k = 1, 2, \cdots)$ が示される.

　(第 6 段) さらに, (6.51) において, $\varphi = \widehat{\mathbf{u}_k(\Xi_p)}$ とおくと,

$$(\widehat{\mathbf{u}_k(\Xi_p)}, \widehat{\mathbf{u}_k(\Xi_p)})_1 \leq 1 + \lambda_k(\Xi_p)$$

を得る. ゆえに, 定理 (6.1) (I-1) により,

$$\lim_{p\to\infty}(\widehat{\mathbf{u}_k(\Xi_p)}, \widehat{\mathbf{u}_k(\Xi_p)})_1 \leq 1 + \lambda_k = (u_k, u_k)_1 \tag{6.59}$$

(a) において, $\varphi = u_k$ とおくと, $w_k = u_k$ なので,

$$\begin{aligned}
0 &\leq \lim_{p\to\infty}\|\widehat{\mathbf{u}_k(\Xi_p)} - u_k\|_1^2 \\
&= \lim_{p\to\infty}\left\{(\widehat{\mathbf{u}_k(\Xi_p)}, \widehat{\mathbf{u}_k(\Xi_p)})_1 + (u_k, u_k)_1 - 2(\widehat{\mathbf{u}_k(\Xi_p)}, u_k)_1\right\}
\end{aligned}$$

$$\leq 2(u_k, u_k)_1 - 2\lim_{p\to\infty}(\widehat{\mathbf{u}_k(\Xi_p)}, u_k)_1 \quad ((a) \text{ より})$$
$$= 2(u_k, u_k)_1 - 2(u_k, u_k)_1 = 0$$

ここで最後の行の等式において, (a) より, $\lim_{p\to\infty}(\widehat{\mathbf{u}_k(\Xi_p)}, u_k)_1 = (u_k, u_k)_1$ が成り立つことを使った. したがって,

$$\lim_{p\to\infty}\|\widehat{\mathbf{u}_k(\Xi_p)} - u_k\|_1 = 0$$

となる. //

6.3 有限要素固有値問題とラプラシアンの境界値固有値問題

本節では, $\partial\Omega$ が区分的に C^∞ である有界領域 $\Omega \subset M$ の場合に, (FEM-D) と (FEM-N) を扱う.

6.3.1 有界領域のときの基本的設定

6.1 節の状況を思い起こそう. $\overline{\Omega}$ の単体分割 Ξ として, $\ell < m$ とおいて, $\{P_1, \cdots, P_m\}$ を $\overline{\Omega}$ 内の節点で, $\{P_1, \cdots, P_\ell\}$ は Ω 内の ℓ 個の節点で, $\{P_{\ell+1}, \cdots, P_m\}$ は $\partial\Omega$ 上の $m-\ell$ 個の節点とし, $K_{ij}(\Xi), M_{ij}(\Xi)$ を定義 6.4 のように定義し, $K(\Xi), M(\Xi), K_0(\Xi), M_0(\Xi)$ をそれぞれ (6.6), (6.7) により定義する. そこで, (6.9), (6.10) のように,

$$\text{(FEM-D)} \quad K_0(\Xi)\mathbf{v} = \mu\, M_0(\Xi)\,\mathbf{v}, \quad \mathbf{v} \in \mathbb{R}^\ell \quad (6.60)$$

$$\text{(FEM-N)} \quad K(\Xi)\mathbf{w} = \nu\, M(\Xi)\,\mathbf{w}, \quad \mathbf{w} \in \mathbb{R}^m \quad (6.61)$$

を考える. このとき, 補題 6.2 と同様に,

補題 6.8

(1) $M(\Xi)$ と $M_0(\Xi)$ はともに正定値行列である.

(2) $K_0(\Xi)$ は正定値行列である. また $K(\Xi)$ は半正定値行列である. さらに,

$$\langle K(\Xi)\mathbf{w}, \mathbf{w}\rangle = 0 \iff \mathbf{w} = c\mathbf{1} \quad (c \text{ は実定数})$$

ここで, $\mathbf{1} \in \mathbb{R}^m$ は $\mathbf{1} = {}^t(1,1,\cdots,1)$ となるベクトルである. $K(\Xi)$ の固有値は 0 (重複度は 1), その固有ベクトルは $\mathbf{1}$ であり, 残りの固有値はすべて正, それらの固有ベクトル $\mathbf{w}$ は $\mathbf{1}$ と直交する, すなわち, $\langle \mathbf{w}, \mathbf{1} \rangle = \sum_{i=1}^m w_i = 0$.

[証明]

(1) $\mathbf{v} \in \mathbb{R}^\ell$ と $\mathbf{w} \in \mathbb{R}^m$ に対して,

$$\langle M_0(\Xi)\mathbf{v}, \mathbf{v} \rangle = \sum_{i,j=1}^\ell v_i v_j \int_{G(\Xi)} \psi_i \psi_j v_g = \int_{G(\Xi)} \widehat{\mathbf{v}}^2 v_g \geq 0$$

であり, 等号成立である必要十分条件は $\widehat{\mathbf{v}} \equiv 0$ ($G(\Xi)$ 上) であり,

$$0 = \widehat{\mathbf{v}}(\mathrm{P}_j) = \sum_{i=1}^\ell v_i \psi_i(\mathrm{P}_j) = v_j \qquad (j = 1, \cdots, \ell)$$

となるので, $\mathbf{v} = \mathbf{0}$ である. 同様に,

$$\langle M(\Xi)\mathbf{w}, \mathbf{w} \rangle = \sum_{i,j=1}^m w_i w_j \int_{G(\Xi)} \psi_i \psi_j v_g = \int_{G(\Xi)} \widehat{\mathbf{w}}^2 v_g \geq 0$$

であり, 等号成立である必要十分条件は $\widehat{\mathbf{w}} \equiv 0$ ($G(\Xi)$ 上) であり,

$$0 = \widehat{\mathbf{w}}(\mathrm{P}_j) = \sum_{i=1}^m w_i \psi_i(\mathrm{P}_j) = w_j \qquad (j = 1, \cdots, m)$$

となるので, $\mathbf{w} = \mathbf{0}$ である.

(2) $\mathbf{v} \in \mathbb{R}^\ell$ に対して,

$$\langle K_0(\Xi)\mathbf{v}, \mathbf{v} \rangle = \sum_{i,j=1}^\ell v_i v_j \int_{G(\Xi)} g(\nabla \psi_i, \nabla \psi_j) v_g$$

$$= \int_{G(\Xi)} g(\nabla \widehat{\mathbf{v}}, \nabla \widehat{\mathbf{v}}) v_g \geq 0, \quad \text{かつ}$$

$$\langle K_0(\Xi)\mathbf{v}, \mathbf{v} \rangle = 0 \iff \nabla \widehat{\mathbf{v}} \equiv 0 \ (G(\Xi) \ 上) \iff \widehat{\mathbf{v}} \equiv c \ (\text{実定数})$$

$\widehat{\mathbf{v}}$ は連続で, $\widehat{\mathbf{v}} \equiv 0$ ($\Gamma(\Xi) = \partial G(\Xi)$) なので, $\widehat{\mathbf{v}} \equiv 0$, すなわち, $\mathbf{v} = \mathbf{0}$.

次に $\mathbf{w} \in \mathbb{R}^m$ に対して,

$$\langle K(\Xi)\mathbf{w}, \mathbf{w} \rangle = \sum_{i,j=1}^m w_i w_j \int_{G(\Xi)} g(\nabla \psi_i, \nabla \psi_j) v_g$$

$$= \int_{G(\Xi)} g(\nabla \widehat{\mathbf{w}}, \nabla \widehat{\mathbf{w}}) \, v_g \geq 0, \quad \text{かつ}$$

$$\langle K(\Xi)\mathbf{w}, \mathbf{w} \rangle = 0 \iff \nabla \widehat{\mathbf{w}} \equiv 0 \ (G(\Xi) \ \text{上}) \iff \widehat{\mathbf{v}} \equiv c \ (\text{実定数})$$

ここで, 任意の $j = 1, \cdots, m$ に対して,

$$\mathbb{R} \ni c = \widehat{\mathbf{w}}(\mathrm{P}_j) = \sum_{i=1}^{m} w_i \, \psi_i(\mathrm{P}_j) = \sum_{i=1}^{m} w_i \, \delta_{ij} = w_j$$

ゆえに, $\mathbf{w} = c\mathbf{1}$ であり, $K(\Xi)$ の固有値は 0 (重複度 1), その固有ベクトルは $\mathbf{1}$ である. 残りの固有値はすべて正であり, その固有ベクトル $\mathbf{w}$ は $\mathbf{1}$ と直交する. すなわち, $\langle \mathbf{w}, \mathbf{1} \rangle = \sum_{i=1}^{m} w_i = 0$ である. //

補題 6.9

(1) ℓ 次実対称行列 $K_0(\Xi), M_0(\Xi)$ に対して, ℓ 次正則行列 P_0 を選び,

$$^tP_0 \, M_0(\Xi) \, P_0 = I_\ell \quad \text{かつ} \quad ^tP_0 \, K_0(\Xi) \, P_0 = \Lambda_0(\Xi) \tag{6.62}$$

とできる. ここで I_ℓ は ℓ 次単位行列, $\Lambda_0(\Xi)$ は ℓ 次対角行列であり, その対角成分を $\mu_1(\Xi), \cdots, \mu_\ell(\Xi)$ とすると, それらはすべて正であり,

$$0 < \mu_1(\Xi) \leq \cdots \leq \mu_\ell(\Xi) \tag{6.63}$$

(2) m 次実対称行列 $K(\Xi), M(\Xi)$ に対して, m 次正則行列 P を選び,

$$^tP \, M(\Xi) \, P = I_m \quad \text{かつ} \quad ^tP \, K(\Xi) \, P = \Lambda(\Xi) \tag{6.64}$$

とできる. ここで I_m は m 次単位行列, $\Lambda(\Xi)$ は m 次対角行列であり, その対角成分を $\nu_1(\Xi), \cdots, \nu_m(\Xi)$ とすると, それらはすべて非負であり,

$$0 = \nu_1(\Xi) < \nu_2(\Xi) \leq \cdots \leq \nu_m(\Xi) \tag{6.65}$$

[証明] 証明は補題 6.3 と同様であるので省略する. //

補題 6.8 (1) により, (FEM-D), (FEM-N) について,

(FEM-D) $\quad K_0(\Xi)\mathbf{v} = \mu \, M_0(\Xi)\, \mathbf{v} \iff \left(M_0(\Xi)^{-1} K_0(\Xi)\right) \mathbf{v} = \mu \mathbf{v}$

(FEM-N) $\quad K(\Xi)\mathbf{w} = \nu M(\Xi)\mathbf{w} \iff (M(\Xi)^{-1} K(\Xi))\mathbf{w} = \nu\mathbf{w}$

の同値関係が成り立つ．したがって，

補題 6.10

(1) 有限要素固有値問題 (FEM-D)，(FEM-N) はそれぞれ，ℓ 次行列 $M_0(\Xi)^{-1} K_0(\Xi)$ および m 次行列 $M(\Xi)^{-1} K(\Xi)$ の固有値問題とそれぞれ同等である．

(2) 補題 6.9 における正則行列 P_0 および P を用いて，それぞれ，

$$P_0^{-1}\left(M_0(\Xi)^{-1}K_0(\Xi)\right)P_0 = \Lambda_0(\Xi), \quad P^{-1}\left(M(\Xi)^{-1}K(\Xi)\right)P = \Lambda(\Xi) \tag{6.66}$$

と対角化される．この $\Lambda_0(\Xi)$ と $\Lambda(\Xi)$ は補題 6.9 と同一である．

[証明] 補題 6.4 と同様であるので，省略する． //

補題 6.11

(1) 補題 6.9 (1) における正則行列 P_0 を用いて $\mathbf{v} = P_0\mathbf{r}$ ($\mathbf{r} = {}^t(r_1, \cdots, r_\ell) \in \mathbb{R}^\ell$) と変数変換すると，$M_0(\Xi)$ と $K_0(\Xi)$ に対する 2 次形式は次のようになる．

$$\langle M_0(\Xi)\mathbf{v}, \mathbf{v}\rangle = \langle \mathbf{r}, \mathbf{r}\rangle = \sum_{i=1}^{\ell} r_i{}^2 \tag{6.67}$$

$$\langle K_0(\Xi)\mathbf{v}, \mathbf{v}\rangle = \langle \Lambda_0(\Xi)\mathbf{r}, \mathbf{r}\rangle = \sum_{i=1}^{\ell} \mu_i(\Xi)\, r_i{}^2 \tag{6.68}$$

が成り立つ．ここで，$\mu_i(\Xi)$ ($i = 1, \cdots, \ell$) は (6.62), (6.63) における $\Lambda_0(\Xi)$ の対角成分である．

(2) また，補題 6.9 (2) における正則行列 P を用いて $\mathbf{w} = P\mathbf{s}$ ($\mathbf{s} = {}^t(s_1, \cdots, s_m) \in \mathbb{R}^m$) と変数変換すると，$M(\Xi)$ と $K(\Xi)$ に対する 2 次形式は次のようになる．

$$\langle M(\Xi)\mathbf{w}, \mathbf{w}\rangle = \langle \mathbf{s}, \mathbf{s}\rangle = \sum_{i=1}^{m} s_i{}^2 \tag{6.69}$$

$$\langle K(\Xi)\mathbf{w}, \mathbf{w}\rangle = \langle \Lambda(\Xi)\mathbf{s}, \mathbf{s}\rangle = \sum_{i=1}^{m} \nu_i(\Xi)\, s_i{}^2 \qquad (6.70)$$

が成り立つ. ここで, $\nu_i(\Xi)$ $(i=1,\cdots,m)$ は (6.64), (6.65) における $\Lambda(\Xi)$ の対角成分である.

[証明] 補題 6.5 の証明と同様であるので, 省略する. //

以上をまとめて, 次の定理を得る.

定理 **6.4**

(1) 有限要素固有値問題 (FEM-D) の固有値は, すべて正であり, 補題 6.9 (1) の (6.63) により与えられ, 合わせてちょうど ℓ 個ある. また, 補題 6.10 (6.66) より, (FEM-D) の固有ベクトルは補題 6.9 (1) における正則行列 P_0 の列ベクトルである.

(2) 有限要素固有値問題 (FEM-N) の固有値は, 0, その固有空間は 1 次元, その他の固有値はすべて正であり, 補題 6.9 (2) の (6.65) により与えられ, 合わせてちょうど m 個ある. また, 補題 6.10 (6.66) より, (FEM-N) の固有ベクトルは補題 6.9 (2) における正則行列 P の列ベクトルである.

補題 **6.12**

(1) $\mathbf{e}_i = {}^t(0,\cdots,0,\overset{i}{1},0,\cdots,0) \in \mathbb{R}^\ell$ $(i=1,\cdots,\ell)$ とする. P_0 の第 i 列ベクトル $\mathbf{v}_i(\Xi) = P_0\, \mathbf{e}_i$ は, 補題 6.10 と定理 6.4 により,

$$M_0(\Xi)^{-1} K_0(\Xi)\, \mathbf{v}_i(\Xi) = \mu_i(\Xi)\, \mathbf{v}_i(\Xi) \qquad (i=1,\cdots,\ell) \qquad (6.71)$$

を満たす. ベクトル $\mathbf{v}_i(\Xi)$ に対応する $\overline{G(\Xi)}$ 上の折れ線関数 $\widehat{\mathbf{v}_i(\Xi)}$ は次式を満たす:

$$\int_{G(\Xi)} \widehat{\mathbf{v}_i(\Xi)}\, \widehat{\mathbf{v}_j(\Xi)}\, v_g = \delta_{ij} \qquad (6.72)$$

$$\int_{G(\Xi)} g(\nabla \widehat{\mathbf{v}_i(\Xi)}, \nabla \widehat{\mathbf{v}_j(\Xi)})\, v_g = \lambda_i(\Xi)\, \delta_{ij} \qquad (6.73)$$

ここで, $i,j = 1,\cdots,\ell$ である.

(2) $\mathbf{e}_i = {}^t(0,\cdots,0,\overset{i}{1},0,\cdots,0) \in \mathbb{R}^m$ $(i=1,\cdots,m)$ とする.このとき,P の第 i 列ベクトル $\mathbf{w}_i(\Xi) = P\mathbf{e}_i$ は補題 6.10 と定理 6.4 により,

$$M(\Xi)^{-1}K(\Xi)\mathbf{w}_i(\Xi) = \lambda_i(\Xi)\mathbf{w}_i(\Xi) \qquad (i=1,\cdots,m) \tag{6.74}$$

を満たす.ベクトル $\mathbf{w}_i(\Xi)$ に対応する $\overline{G(\Xi)}$ 上の折れ線関数 $\widehat{\mathbf{w}_i(\Xi)}$ は次式を満たす:

$$\int_{G(\Xi)} \widehat{\mathbf{w}_i(\Xi)}\,\widehat{\mathbf{w}_j(\Xi)}\,v_g = \delta_{ij} \tag{6.75}$$

$$\int_{G(\Xi)} g(\nabla\widehat{\mathbf{w}_i(\Xi)}, \nabla\widehat{\mathbf{w}_j(\Xi)})\,v_g = \nu_i(\Xi)\,\delta_{ij} \tag{6.76}$$

ここで,$i,j=1,\cdots,m$ である.

[証明] 補題 6.6 と同様であるので省略する. //

定理 6.5

(1) 有限要素固有値問題 (FEM-D) の第 k 固有値 $\mu_k(\Xi)$ $(k=1,\cdots,\ell)$ は次のように特徴づけられる:

$$\mu_k(\Xi) = \inf_{L_k \subset \mathbb{R}^\ell} \Lambda(L_k) \tag{6.77}$$

ここで下限 inf は $\mathbb{R}^\ell$ 内のすべての k 次元部分空間にわたって取る.また,$\mathbb{R}^\ell$ の任意の k 次元部分空間 L_k に対して,$\Lambda(L_k)$ は次のように定義されている.

$$\Lambda(L_k) = \sup\left\{\frac{\langle K_0(\Xi)\mathbf{v},\mathbf{v}\rangle}{\langle M_0(\Xi)\mathbf{v},\mathbf{v}\rangle}\,\Big|\,\mathbf{0} \neq \mathbf{v} \in L_k\right\} \tag{6.78}$$

(2) 有限要素固有値問題 (FEM-N) の第 k 固有値 $\nu_k(\Xi)$ $(k=1,\cdots,m)$ は次のように特徴づけられる:

$$\nu_k(\Xi) = \inf_{L_k \subset \mathbb{R}^m} \Lambda(L_k) \tag{6.79}$$

ここで下限 inf は $\mathbb{R}^m$ 内のすべての k 次元部分空間にわたって取る.また,$\mathbb{R}^m$ の任意の k 次元部分空間 L_k に対して,$\Lambda(L_k)$ は次のように定義されている.

$$\Lambda(L_k) = \sup\left\{\frac{\langle K(\Xi)\mathbf{w},\mathbf{w}\rangle}{\langle M(\Xi)\mathbf{w},\mathbf{w}\rangle}\,\Big|\,\mathbf{0} \neq \mathbf{w} \in L_k\right\} \tag{6.80}$$

[証明] 証明は定理 6.3 と同様であるので省略する.   //

補題 6.13 単体分割 Ξ を十分細かく取って, $\Omega = G(\Xi)$ かつ $\partial\Omega = \Gamma(\Xi) = \partial G(\Xi)$ であると仮定する. このとき,

(1) $\mathbf{0} \neq \mathbf{v} \in \mathbb{R}^\ell$ に対して, $\overline{G(\Xi)}$ 上の連続関数 $\hat{\mathbf{v}}$ は $\hat{\mathbf{v}} = 0$ ($\Gamma(\Xi)$ 上) を満たし,

$$\frac{\langle K_0(\Xi)\mathbf{v}, \mathbf{v}\rangle}{\langle M_0(\Xi)\mathbf{v}, \mathbf{v}\rangle} = R(\hat{\mathbf{v}}) \tag{6.81}$$

を満たす. ここで (6.81) の右辺は, $0 \neq v \in \overset{\circ}{H}{}^2_1(\Omega)$ について,

$$R(v) = \frac{\int_\Omega g(\nabla v, \nabla v)\, v_g}{\int_\Omega v^2\, v_g} \quad (\text{レーリー商})$$

である.

(2) $\mathbf{0} \neq \mathbf{w} \in \mathbb{R}^m$ に対して, $\overline{G(\Xi)}$ 上の連続関数 $\hat{\mathbf{w}}$ は

$$\frac{\langle K(\Xi)\mathbf{w}, \mathbf{w}\rangle}{\langle M(\Xi)\mathbf{w}, \mathbf{w}\rangle} = R(\hat{\mathbf{w}}) \tag{6.82}$$

を満たす. ここで (6.82) の右辺は, $0 \neq w \in H^2_1(\Omega)$ について,

$$R(w) = \frac{\int_\Omega g(\nabla w, \nabla w)\, v_g}{\int_\Omega w^2\, v_g} \quad (\text{レーリー商})$$

である.

[証明] $\hat{\mathbf{v}}$ が $\hat{\mathbf{v}} = 0$ ($\Gamma(\Xi)$ 上) を満たすことは, 補題 6.1 (2) による. その他は, 補題 6.7 と同様であるので省略する.   //

6.3.2 有界領域のときの基本定理の証明

[定理 6.1 (基本定理) (I-2) の証明；ディリクレ境界値固有値問題の場合]
定理 6.5 (1) と補題 6.13 (1) により,

$$\begin{aligned}\mu_k(\Xi) &= \inf_{L_k \subset \mathbb{R}^\ell} \Lambda(L_k) \\ &= \inf_{L_k \subset \mathbb{R}^\ell} \sup\left\{R(\hat{\mathbf{v}})\,|\, 0 \neq \hat{\mathbf{v}} \in \widehat{L_k}\right\}\end{aligned} \tag{6.83}$$

ここで $\widehat{L_k} = \{\hat{\mathbf{v}}|\,\mathbf{v} \in L_k\} \subset \widehat{\mathbb{R}^\ell} \subset \overset{\circ}{H}{}^2_1(\Omega)$ であり, (6.83) における L_k は $\mathbb{R}^\ell$

内の k 次元部分空間のすべてをわたる.

一方, Ω 上のラプラシアン Δ のディリクレ境界値固有値問題の第 k 固有値 μ_k は定理 4.9 (2) の (4.105) 式により,

$$\mu_k = \inf_{V_k \subset \mathring{H}_1^2(\Omega)} \sup\{R(v) \mid 0 \not\equiv v \in V_k\} \tag{6.84}$$

と与えられている. 仮定より, $G(\Xi) = \Omega$ かつ $\Gamma(\Xi) = \partial\Omega$ と見なせるので, 補題 6.1 (2) により, $\widehat{\mathbb{R}^\ell} \subset \mathring{H}_1^2(\Omega)$ と見なせる. ゆえに, (6.83) と (6.84) より,

$$\mu_k(\Xi) \geq \mu_k \tag{6.85}$$

を得る.

逆向きの不等式を示す. (6.84) における下限の定義より, 任意の正数 $\epsilon > 0$ に対して, $\mathring{H}_1^2(\Omega)$ 内の k 次元部分空間 $V_k^0 \subset \mathring{H}_1^2(\Omega)$ で,

$$\sup\{R(v) \mid 0 \not\equiv v \in V_k^0\} < \mu_k + \frac{\epsilon}{2} \tag{6.86}$$

を満たすものが存在する. V_k^0 の基底を, $\{g_1, \cdots, g_k\}$ とする. $\{g_1, \cdots, g_k\}$ は $\mathring{H}_1^2(\Omega)$ に属する 1 次独立な関数系であるので, 単体分割 Ξ を十分細かくすると, 各 g_j は折れ線関数で近似され, $\mathbf{v}_j \in \mathbb{R}^\ell$ $(j = 1, \cdots, k)$ は 1 次独立であり, $\|g_j - \widehat{\mathbf{v}_j}\|_1$ は十分小となるようにできる. したがって, $L_k^0 := \langle \mathbf{v}_1, \cdots, \mathbf{v}_k \rangle_{\mathbb{R}} \subset \mathbb{R}^\ell$ (k 次元部分空間) とおくと, $\widehat{L_k^0} \subset \widehat{\mathbb{R}^\ell}$ であって,

$$\sup\{R(v) \mid 0 \not\equiv v \in \widehat{L_k^0}\} < \sup\{R(v) \mid 0 \not\equiv v \in V_k^0\} + \frac{\epsilon}{2} \tag{6.87}$$

を満たすようにできる.

以上より,

$$\mu_k(\Xi) = \inf_{L_k \subset \mathbb{R}^\ell} \sup\{R(v) \mid 0 \not\equiv v \in \widehat{L_k}\} \quad ((6.84) \text{ により})$$
$$\leq \sup\{R(v) \mid 0 \not\equiv v \in \widehat{L_k^0}\}$$
$$< \sup\{R(v) \mid 0 \not\equiv v \in V_k^0\} + \frac{\epsilon}{2} \quad ((6.87) \text{ により})$$
$$< \mu_k + \frac{\epsilon}{2} + \frac{\epsilon}{2} = \mu_k + \epsilon \quad ((6.86) \text{ により})$$

となる. 以上より, (6.85) と合わせて, (I-2) が示された. //

[定理 6.1 (基本定理) (II-2) の証明；ディリクレ境界値固有値問題の場合]

やはり, 対角線論法を用いて示す.

(第 1 段)　さしあたり, $k = 1, 2, \cdots$ を固定しておく. 補題 6.12 (1) と今証明した定理 6.1 (I-2) により, 集合

$$X_k := \{\widehat{\mathbf{v}_k(\Xi)} | \Xi \text{ は } \overline{\Omega} \text{ の単体分割}\} \subset \overset{\circ}{H}^2_1(\Omega) \tag{6.88}$$

は有界集合である.

ここで, $\overset{\circ}{H}^2_1(\Omega)$ 内の任意の有界集合は弱コンパクトであり, 包含写像 $\overset{\circ}{H}^2_1(\Omega) \subset L^2(\Omega)$ はコンパクト作用素であるので, $\overline{\Omega}$ の単体分割の列 Ξ^k_p $(p = 1, 2, \cdots)$ と $w_k \in \overset{\circ}{H}^2_1(\Omega)$ が存在して,

(a)　$\displaystyle\lim_{p \to \infty} (\widehat{\mathbf{v}_k(\Xi^k_p)}, \varphi)_1 = (w_k, \varphi)_1$ 　$(\forall \varphi \in \overset{\circ}{H}^2_1(\Omega))$

(b)　$\displaystyle\lim_{p \to \infty} \|\widehat{\mathbf{v}_k(\Xi^k_p)} - w_k\| = 0$

が成り立つ.

実際, 定理 4.2 (1) より, (6.88) における $\overset{\circ}{H}^2_1(\Omega)$ 内の有界集合 X_k は弱コンパクトなので, $\overline{\Omega}$ の単体分割の列 $\{\Xi^k_p\}_{p=1}^{\infty}$ と $w_k \in \overset{\circ}{H}^2_1(\Omega)$ が存在して,

(a)　$\displaystyle\lim_{p \to \infty} (\widehat{\mathbf{v}_k(\Xi^k_p)}, \varphi)_1 = (w_k, \varphi)_1$ 　$(\forall \varphi \in \overset{\circ}{H}^2_1(\Omega))$

となる. ここで, 包含写像 $\overset{\circ}{H}^2_1(\Omega) \subset L^2(\Omega)$ がコンパクトであり, $\{\widehat{\mathbf{v}_k(\Xi^k_p)} | p = 1, 2, \cdots\}$ は $\overset{\circ}{H}^2_1(\Omega)$ の有界集合であるので, 必要なら, $\{\Xi^k_p | p = 1, 2, \cdots\}$ の部分列を取って (同じ記号で書く), $w'_k \in \overset{\circ}{H}^2_1(\Omega)$ が存在して,

$$\lim_{p \to \infty} \|\widehat{\mathbf{v}_k(\Xi^k_p)} - w'_k\| = 0 \tag{6.89}$$

が成り立つ. このとき,

$$w_k = w'_k \tag{6.90}$$

となることを示す. そうすれば,

(b)　$\displaystyle\lim_{p \to \infty} \|\widehat{\mathbf{v}_k(\Xi^k_p)} - w_k\| = 0$

を得る. (6.90) を示す. (6.89) より, とくに, 任意の $\varphi \in L^2(\Omega)$ に対して,

$$\lim_{p \to \infty} (\widehat{\mathbf{v}_k(\Xi_p^k)}, \varphi) = (w_k', \varphi) \tag{6.91}$$

となる. 一方, (a) より, とくに, $\varphi \in \overset{\circ}{H}_1^2(\Omega)$, したがって, 任意の $\varphi \in L^2(\Omega)$ に対して,

$$\lim_{p \to \infty} (\widehat{\mathbf{v}_k(\Xi_p^k)}, \varphi) = (w_k, \varphi) \tag{6.92}$$

となる. (6.91) と (6.92) により,

$$(w_k', \varphi) = (w_k, \varphi) \qquad (\forall\, \varphi \in L^2(\Omega))$$

となり, $w_k' = w_k$ を得る.

(第2段) さて, 次々に, 部分列 $\{\Xi_p^1\}_{p=1}^\infty \supset \{\Xi_p^2\}_{p=1}^\infty \supset \cdots$ を取り, 最後に対角線集合 $\{\Xi_p^p\}_{p=1}^\infty$ を取り, あらためてそれを $\{\Xi_p\}_{p=1}^\infty$ とする. こうして得られた $\overline{\Omega}$ の単体分割の列 $\{\Xi_p\}_{p=1}^\infty$ については,

「任意の $k = 1, 2, \cdots$ に対して, $w_k \in \overset{\circ}{H}_1^2(\Omega)$ が存在して, (a) および (b) を満たす.」

(第3段) このとき, $\{w_k\}_{k=1}^\infty \subset \overset{\circ}{H}_1^2(\Omega)$ は

$$(c) \qquad (w_j, w_k) = \delta_{jk} \qquad \text{とくに} \qquad \|w_k\| = 1$$

を満たす. 実際,

$$\begin{aligned}
&|(\widehat{\mathbf{v}_j(\Xi_p)}, \widehat{\mathbf{v}_k(\Xi_p)}) - (w_j, w_k)| \\
&= |(\widehat{\mathbf{v}_j(\Xi_p)}, \widehat{\mathbf{v}_k(\Xi_p)}) - (\widehat{\mathbf{v}_j(\Xi_p)}, w_k) \\
&\quad + (\widehat{\mathbf{v}_j(\Xi_p)}, w_k) - (w_j, w_k)| \\
&\leq |(\widehat{\mathbf{v}_j(\Xi_p)}, \widehat{\mathbf{v}_k(\Xi_p)} - w_k)| + |(\widehat{\mathbf{v}_j(\Xi_p)} - w_j, w_k)| \\
&\leq \|\widehat{\mathbf{v}_j(\Xi_p)}\|\, \|\widehat{\mathbf{v}_k(\Xi_p)} - w_k\| + \|\widehat{\mathbf{v}_j(\Xi_p)} - w_j\|\, \|w_k\| \\
&\longrightarrow 0 \quad (p \longrightarrow \infty)
\end{aligned}$$

である. 一方, 補題 6.12 (2) (6.72) 式より, $(\widehat{\mathbf{v}_j(\Xi_p)}, \widehat{\mathbf{v}_k(\Xi_p)}) = \delta_{jk}$ であるので, (c) を得る.

(第4段) ここで,

$$(d) \qquad R(w_k) = \frac{\int_\Omega g(\nabla w_k, \nabla w_k)\, v_g}{\int_\Omega w_k{}^2\, v_g} \leq \mu_k$$

が成り立つ.

実際, 補題 6.12 (1) と $H_1^2(\Omega)$ ノルムの定義より, 任意の $\varphi \in \overset{\circ}{H}{}_1^2(\Omega)$ に対して,

$$(\widehat{\mathbf{v}_k(\Xi_p)}, \varphi)_1{}^2 \leq \|\widehat{\mathbf{v}_k(\Xi_p)}\|_1{}^2 \|\varphi\|_1{}^2$$
$$\leq (1 + \mu_k(\Xi_p)) \|\varphi\|_1{}^2 \qquad (6.93)$$

ここで $p \to \infty$ とすると, 定理 6.1 (I-2) と (a) により,

$$(w_k, \varphi)_1{}^2 \leq (1 + \mu_k) \|\varphi\|_1{}^2 \qquad (6.94)$$

となる. ここで, (6.94) において $\varphi = w_k$ とおいて,

$$\|w_k\|_1{}^2 \leq 1 + \mu_k \qquad (6.95)$$

を得る. (c) より, $\|w_k\| = 1$ なので, (6.95) 式は (6.96) を意味する:

$$\|\nabla w_k\|^2 \leq \mu_k \qquad (6.96)$$

したがって (d) を得る.

(第5段) 以上より,

$$w_k = v_k \qquad (k = 1, 2, \cdots) \qquad (6.97)$$

が成り立つことを示そう.

① $k = 1$ のとき, $w_1 = v_1$ である. なぜなら, (d) により,

$$R(w_1) \leq \mu_1 = \inf\{R(v) \mid 0 \not\equiv v \in \overset{\circ}{H}{}_1^2(\Omega)\}$$

なので, $R(w_1) = \mu_1$. このとき, $w_1 \in C^\infty(\Omega)$ および

$$\Delta w_1 = \mu_1 w_1 \quad (\Omega \text{ 上}) \quad \text{かつ} \quad w_1 = 0\ (\partial\Omega \text{ 上}) \qquad (6.98)$$

となり, $\|w_1\|_{L^2(\Omega)} = 1$ であるので, $w_1 = v_1$ である.

実際, (6.98) は次のようにしてわかる. 任意の $\varphi \in \overset{\circ}{H}{}_1^2(\Omega)$ に対して, $\epsilon \mapsto R(w_1 + \epsilon\varphi)$ は, $\epsilon = 0$ のとき, 最小値を取る. それゆえ,

$$
\begin{aligned}
0 &= \left.\frac{d}{d\epsilon}\right|_{\epsilon=0} R(w_1 + \epsilon\,\varphi) \\
&= \left.\frac{d}{d\epsilon}\right|_{\epsilon=0} \frac{\int_\Omega g(\nabla w_1 + \epsilon\,\nabla\varphi, \nabla w_1 + \epsilon\,\nabla\varphi)\,v_g}{\int_\Omega (w_1 + \epsilon\,\varphi)^2\,v_g} \\
&= \frac{2\int_\Omega g(\nabla\varphi, \nabla w_1)\,v_g \int_\Omega w_1{}^2\,v_g - 2\int_\Omega g(\nabla w_1, \nabla w_1)\,v_g \int_\Omega w_1\,\varphi\,v_g}{\left(\int_\Omega w_1{}^2\,v_g\right)^2} \\
&= 2\left\{ \frac{\int_\Omega g(\nabla\varphi, \nabla w_1)\,v_g}{\int_\Omega w_1{}^2\,v_g} - R(w_1)\frac{\int_\Omega w_1\,\varphi\,v_g}{\int_\Omega w_1{}^2\,v_g} \right\} \\
&= 2\left\{ \int_\Omega g(\nabla w_1, \nabla\varphi)\,v_g - \mu_1 \int_\Omega w_1\,\varphi\,v_g \right\}
\end{aligned}
$$

ここで $\int_\Omega w_1{}^2\,v_g = 1$ および $R(w_1) = \mu_1$ を使った. したがって,

$$
\int_\Omega g(\nabla w_1, \nabla\varphi)\,v_g = \mu_1 \int_\Omega w_1\,\varphi\,v_g \qquad (\forall\,\varphi \in \overset{\circ}{H}{}_1^2(\Omega))
$$

を得た. これは $w_1 \in \overset{\circ}{H}{}_1^2(\Omega)$ はディリクレ固有値問題

$$
\begin{cases}
\Delta w = \mu_1 w & (\Omega\,\text{上}) \\
w = 0 & (\partial\Omega\,\text{上})
\end{cases}
$$

の弱解であることを意味する (定理 4.6 (2-i) 参照). ゆえに解の正則性定理より, w_1 は $C_c^\infty(\Omega)$ に属し, $\Delta w = \mu_1 w$ (Ω 上) かつ $w = 0$ ($\partial\Omega$ 上) を満たす. $w_1 = v_1$ を得た.

② $k = 2$ のとき, w_2 は

$$
\begin{cases}
\|w_2\| = 1 \\
(w_2, v_1) = (w_2, w_1) = 0
\end{cases}
\tag{6.99}
$$

および

$$
(e) \qquad R(w_2) \leq \mu_2 = \inf\{R(v) | 0 \not\equiv v \in \overset{\circ}{H}{}_1^2(\Omega),\ (v, v_1)_{L^2(\Omega)} = 0\}
$$

を満たしているので, $R(w_2) = \mu_2$ である. このとき, $w_2 \in C_c^\infty(\Omega)$ かつ

$$
\Delta w_2 = \mu_2 w_2 \qquad (\Omega\,\text{上}) \tag{6.100}
$$

を満たし, (6.99) と合わせて, $w_2 = v_2$ を得る.

実際，(6.100) は次のように示される．任意の $\varphi \in \overset{\circ}{H}_1^2(\Omega)$ と $\epsilon \in \mathbb{R}$ に対して，$w_2 + \epsilon(\varphi - (\varphi, v_1)v_1) \in \overset{\circ}{H}_1^2(\Omega)$ を考えると，$(w_2 + \epsilon(\varphi - (\varphi, v_1)v_1), v_1) = 0$ であり，(e) により，ϵ についての関数 $\epsilon \mapsto R(w_2 + \epsilon(\varphi - (\varphi, v_1)v_1))$ は $\epsilon = 0$ において最小値を取る．したがって，

$$\begin{aligned}
0 &= \frac{d}{d\epsilon}\bigg|_{\epsilon=0} R(w_2 + \epsilon(\varphi - (\varphi, v_1)v_1)) \\
&= \frac{d}{d\epsilon}\bigg|_{\epsilon=0} \frac{\|\nabla w_2 + \epsilon(\nabla\varphi - (\varphi, v_1)\nabla v_1)\|^2}{\|w_2 + \epsilon(\varphi - (\varphi, v_1)v_1)\|^2} \\
&= 2\frac{(\nabla w_2, \nabla\varphi - (\varphi, v_1)\nabla v_1)\|w_2\|^2 - \|\nabla w_2\|^2(w_2, \varphi - (\varphi, v_1)v_1)}{\|w_2\|^4} \\
&= 2\{(\nabla w_2, \nabla\varphi) - \mu_2(w_2, \varphi)\}
\end{aligned}$$

となる．ここで最後の式で，$(\nabla w_2, \nabla v_1) = (w_2, \Delta v_1) = \mu_1(w_2, v_1) = 0$ かつ $\frac{\|\nabla w_2\|^2}{\|w_2\|^2} = R(w_2) = \mu_2$，$\|w_2\| = 1$，$(w_2, v_1) = 0$ となることを使った．以上より，w_2 はディリクレ固有値問題

$$\begin{cases} \Delta w = \mu_2 w & (\Omega \text{ 上}) \\ w = 0 & (\partial\Omega \text{ 上}) \end{cases}$$

の弱解となる (定理 4.6 (2-i) 参照)．したがって，w_2 は $C_c^\infty(\Omega)$ に属し，$\Delta w_2 = \mu_2 w_2$ かつ $w_0 = 0$ $(\partial\Omega$ 上$)$ を満たす．また，$(w_2, v_1) = 0$ かつ $\|w_2\| = 1$ と合わせて，$w_2 = v_2$ を得た．

以下，同様にして，$w_k = v_k$ $(k = 1, 2, \cdots)$ が示される．

(第 6 段) さらに，(6.94) において，$\varphi = \widehat{\mathbf{v}_k(\Xi_p)}$ とおくと，

$$(\widehat{\mathbf{v}_k(\Xi_p)}, \widehat{\mathbf{v}_k(\Xi_p)})_1 \leq 1 + \mu_k(\Xi_p)$$

を得る．ゆえに，定理 6.1 (I-2) により，

$$\lim_{p\to\infty}(\widehat{\mathbf{v}_k(\Xi_p)}, \widehat{\mathbf{v}_k(\Xi_p)})_1 \leq 1 + \mu_k = (v_k, v_k)_1 \tag{6.101}$$

(a) において，$\varphi = v_k$ とおくと，$w_k = v_k$ なので，

$$0 \leq \lim_{p\to\infty} \|\widehat{\mathbf{v}_k(\Xi_p)} - v_k\|_1^2$$

$$= \lim_{p \to \infty} \left\{ (\widehat{\mathbf{v}_k(\Xi_p)}, \widehat{\mathbf{v}_k(\Xi_p)})_1 + (v_k, v_k)_1 - 2(\widehat{\mathbf{v}_k(\Xi_p)}, v_k)_1 \right\}$$
$$\leq 2(v_k, v_k)_1 - 2 \lim_{p \to \infty} (\widehat{\mathbf{v}_k(\Xi_p)}, v_k)_1$$
$$= 2(v_k, v_k)_1 - 2(v_k, v_k)_1 = 0$$

ここで最後の等式において, (a) より, $\lim_{p \to \infty} (\widehat{\mathbf{v}_k(\Xi_p)}, v_k)_1 = (v_k, v_k)_1$ が成り立つことを使った. したがって,

$$\lim_{p \to \infty} \|\widehat{\mathbf{v}_k(\Xi_p)} - v_k\|_1 = 0$$

となる.　　　　　//

6.4　ノイマン境界値固有値問題と有限要素法

この節では, ノイマン境界値固有値問題について, 残された有限要素固有値問題 (FEM-N) の場合に定理 6.1 (基本定理) の証明を行なう.

[定理 6.1 (基本定理) (I-2) の証明;有限要素ノイマン境界値固有値問題の場合] 定理 6.5 (2) と補題 6.13 (2) により,

$$\begin{aligned}\nu_k(\Xi) &= \inf_{L_k \subset \mathbb{R}^m} \Lambda(L_k) \\ &= \inf_{L_k \subset \mathbb{R}^m} \sup \left\{ R(\widehat{\mathbf{w}}) \mid 0 \not\equiv \widehat{\mathbf{w}} \in \widehat{L_k} \right\} \end{aligned} \quad (6.102)$$

ここで $\widehat{L_k} = \{\widehat{\mathbf{w}} \mid \mathbf{w} \in L_k\} \subset \widehat{\mathbb{R}^m} \subset H_1^2(\Omega)$ であり, (6.102) における L_k は $\mathbb{R}^m$ 内の k 次元部分空間のすべてをわたる.

一方, Ω 上のラプラシアン Δ のノイマン境界値固有値問題の第 k 固有値 ν_k は定理 4.9 (3) の (4.107) 式により,

$$\nu_k = \inf_{W_k \subset H_1^2(\Omega)} \sup\{R(w) \mid 0 \not\equiv w \in W_k\} \quad (6.103)$$

と与えられている. 仮定より, $G(\Xi) = \Omega$ かつ $\Gamma(\Xi) = \partial\Omega$ と見なせるので, 補題 6.1 (2) により, $\widehat{\mathbb{R}^m} \subset H_1^2(\Omega)$ と見なせる. ゆえに, (6.102) と (6.103) より,

$$\nu_k(\Xi) \geq \nu_k \qquad (6.104)$$

逆向きの不等式を示す. (6.103) における下限の定義より, 任意の正数 $\epsilon > 0$ に対して, $H_1^2(\Omega)$ 内の k 次元部分空間 $W_k^0 \subset H_1^2(\Omega)$ で,

$$\sup\{R(w) | 0 \not\equiv w \in W_k^0\} < \nu_k + \frac{\epsilon}{2} \qquad (6.105)$$

を満たすものが存在する. W_k^0 の基底を, $\{h_1, \cdots, h_k\}$ とする. $\{h_1, \cdots, h_k\}$ は $H_1^2(\Omega)$ に属する 1 次独立な関数系であるので, 単体分割 Ξ を十分細かくすると, 各 h_j は折れ線関数で近似され, $\mathbf{w}_j \in \mathbb{R}^m$ $(j=1,\cdots,k)$ は 1 次独立であり, $\|h_j - \widehat{\mathbf{w}_j}\|_1$ は十分小となるようにできる. したがって, $L_k^0 := \langle \mathbf{w}_1, \cdots, \mathbf{w}_k \rangle_{\mathbb{R}} \subset \mathbb{R}^m$ (k 次元部分空間) とおくと, $\widehat{L_k^0} \subset \widehat{\mathbb{R}^m}$ であって,

$$\sup\{R(w) | 0 \not\equiv w \in \widehat{L_k^0}\} < \sup\{R(w) | 0 \not\equiv w \in W_k^0\} + \frac{\epsilon}{2} \qquad (6.106)$$

を満たすようにできる.

以上より,

$$\begin{aligned}
\nu_k(\Xi) &= \inf_{L_k \subset \mathbb{R}^m} \sup\{R(w) | 0 \not\equiv w \in \widehat{L_k}\} && ((6.103) \text{ により}) \\
&\leq \sup\{R(w) | 0 \not\equiv w \in \widehat{L_k^0}\} \\
&< \sup\{R(w) | 0 \not\equiv w \in W_k^0\} + \frac{\epsilon}{2} && ((6.106) \text{ により}) \\
&< \nu_k + \frac{\epsilon}{2} + \frac{\epsilon}{2} = \nu_k + \epsilon && ((6.105) \text{ により})
\end{aligned}$$

となる. 以上より, (6.104) と合わせて, (I-2) が示された. //

[定理 6.1 (基本定理) (II-2) の証明；ノイマン境界値問題の場合]

ノイマンでもやはり, 対角線論法を用いて示す.

(第 1 段) さしあたり, $k = 1, 2, \cdots$ を固定しておく. 補題 6.12 (2) と今証明した定理 6.1 (I-2) により, 集合

$$Y_k := \{\widehat{\mathbf{w}_k(\Xi)} | \Xi \text{ は } \overline{\Omega} \text{ の単体分割} \} \subset H_1^2(\Omega) \qquad (6.107)$$

は有界集合である.

ここで, $H_1^2(\Omega)$ 内の任意の有界集合は弱コンパクトであり, 包含写像 $H_1^2(\Omega) \subset$

$L^2(\Omega)$ はコンパクト作用素であるので, $\overline{\Omega}$ の単体分割の列 Ξ_p^k $(p = 1, 2, \cdots)$ と $\widetilde{w}_k \in H_1^2(\Omega)$ が存在して,

$$(a) \quad \lim_{p \to \infty} (\widehat{\mathbf{w}_k(\Xi_p^k)}, \varphi)_1 = (\widetilde{w}_k, \varphi)_1 \quad (\forall \varphi \in H_1^2(\Omega))$$

$$(b) \quad \lim_{p \to \infty} \|\widehat{\mathbf{w}_k(\Xi_p^k)} - \widetilde{w}_k\| = 0$$

が成り立つ.

実際, 定理 4.2 (1) より, (6.88) における $H_1^2(\Omega)$ 内の有界集合 Y_k は弱コンパクトなので, $\overline{\Omega}$ の単体分割の列 $\{\Xi_p^k\}_{p=1}^{\infty}$ と $\widetilde{w}_k \in H_1^2(\Omega)$ が存在して,

$$(a) \quad \lim_{p \to \infty} (\widehat{\mathbf{w}_k(\Xi_p^k)}, \varphi)_1 = (\widetilde{w}_k, \varphi)_1 \quad (\forall \varphi \in H_1^2(\Omega))$$

となる. ここで, 包含写像 $H_1^2(\Omega) \subset L^2(\Omega)$ がコンパクトであり, $\{\widehat{\mathbf{w}_k(\Xi_p^k)} | p = 1, 2, \cdots\}$ は $H_1^2(\Omega)$ の有界集合であるので, 必要なら, $\{\Xi_p^k | p = 1, 2, \cdots\}$ の部分列を取って (同じ記号で書く), $\widetilde{w}_k' \in H_1^2(\Omega)$ が存在して,

$$\lim_{p \to \infty} \|\widehat{\mathbf{w}_k(\Xi_p^k)} - \widetilde{w}_k'\| = 0 \tag{6.108}$$

が成り立つ. このとき,

$$\widetilde{w}_k = \widetilde{w}_k' \tag{6.109}$$

となることを示す. そうすれば,

$$(b) \quad \lim_{p \to \infty} \|\widehat{\mathbf{w}_k(\Xi_p^k)} - \widetilde{w}_k\| = 0$$

を得る. (6.109) を示す. (6.108) より, とくに, 任意の $\varphi \in L^2(\Omega)$ に対して,

$$\lim_{p \to \infty} (\widehat{\mathbf{w}_k(\Xi_p^k)}, \varphi) = (\widetilde{w}_k', \varphi) \tag{6.110}$$

となる. 一方, (a) より, とくに, $\varphi \in H_1^2(\Omega)$, したがって, 任意の $\varphi \in L^2(\Omega)$ に対して,

$$\lim_{p \to \infty} (\widehat{\mathbf{w}_k(\Xi_p^k)}, \varphi) = (\widetilde{w}_k, \varphi) \tag{6.111}$$

となる. (6.110) と (6.111) により,

$$(\widetilde{w}_k', \varphi) = (\widetilde{w}_k, \varphi) \quad (\forall \varphi \in L^2(\Omega))$$

となり, $\widetilde{w}'_k = \widetilde{w}_k$ を得る.

(第2段) さて,次々に,部分列 $\{\Xi_p^1\}_{p=1}^\infty \supset \{\Xi_p^2\}_{p=1}^\infty \supset \cdots$ を取り,最後に対角線集合 $\{\Xi_p^p\}_{p=1}^\infty$ を取り,あらためてそれを $\{\Xi_p\}_{p=1}^\infty$ とする. こうして得られた $\overline{\Omega}$ の単体分割の列 $\{\Xi_p\}_{p=1}^\infty$ については,

「任意の $k = 1, 2, \cdots$ に対して, $\widetilde{w}_k \in H_1^2(\Omega)$ が存在して,

(a) および (b) を満たす.」

(第3段) このとき, $\{\widetilde{w}_k\}_{k=1}^\infty \subset H_1^2(\Omega)$ は

$$(c) \qquad (\widetilde{w}_j, \widetilde{w}_k) = \delta_{jk} \qquad \text{とくに} \quad \|\widetilde{w}_k\| = 1$$

を満たす.実際,

$$|(\widehat{\mathbf{w}_j(\Xi_p)}, \widehat{\mathbf{w}_k(\Xi_p)}) - (\widetilde{w}_j, \widetilde{w}_k)|$$
$$= |(\widehat{\mathbf{w}_j(\Xi_p)}, \widehat{\mathbf{w}_k(\Xi_p)}) - (\widehat{\mathbf{w}_j(\Xi_p)}, \widetilde{w}_k)$$
$$\quad + (\widehat{\mathbf{w}_j(\Xi_p)}, \widetilde{w}_k) - (\widetilde{w}_j, \widetilde{w}_k)|$$
$$\leq |(\widehat{\mathbf{w}_j(\Xi_p)}, \widehat{\mathbf{w}_k(\Xi_p)} - \widetilde{w}_k)| + |(\widehat{\mathbf{w}_j(\Xi_p)} - \widetilde{w}_j, \widetilde{w}_k)|$$
$$\leq \|\widehat{\mathbf{w}_j(\Xi_p)}\| \, \|\widehat{\mathbf{w}_k(\Xi_p)} - \widetilde{w}_k\| + \|\widehat{\mathbf{w}_j(\Xi_p)} - \widetilde{w}_j\| \, \|\widetilde{w}_k\|$$
$$\longrightarrow 0 \quad (p \longrightarrow \infty)$$

である. 一方,補題 6.12 (2) (6.75) 式より, $(\widehat{\mathbf{w}_j(\Xi_p)}, \widehat{\mathbf{w}_k(\Xi_p)}) = \delta_{jk}$ であるので, (c) を得る.

(第4段) ここで,

$$(d) \qquad R(\widetilde{w}_k) = \frac{\int_\Omega g(\nabla \widetilde{w}_k, \nabla \widetilde{w}_k)\, v_g}{\int_\Omega \widetilde{w}_k^{\,2}\, v_g} \leq \nu_k$$

が成り立つ.

実際,補題 6.12 (2) と $H_1^2(\Omega)$ ノルムの定義より,任意の $\varphi \in H_1^2(\Omega)$ に対して,

$$(\widehat{\mathbf{w}_k(\Xi_p)}, \varphi)_1^2 \leq \|\widehat{\mathbf{w}_k(\Xi_p)}\|_1^2 \, \|\varphi\|_1^2$$
$$\leq (1 + \nu_k(\Xi_p)) \, \|\varphi\|_1^2. \qquad (6.112)$$

ここで $p \to \infty$ とすると, 定理 6.1 (I-2) と (a) により,

$$(\widetilde{w}_k, \varphi)_1^2 \leq (1+\nu_k) \|\varphi\|_1^2 \tag{6.113}$$

となる. ここで, (6.113) において $\varphi = \widetilde{w}_k$ とおいて,

$$\|\widetilde{w}_k\|_1^2 \leq 1+\nu_k \tag{6.114}$$

を得る. (c) より, $\|\widetilde{w}_k\| = 1$ なので, (6.114) 式は (6.115) を意味する:

$$\|\nabla \widetilde{w}_k\|^2 \leq \nu_k. \tag{6.115}$$

したがって (d) を得る.

(第 5 段) 以上より,

$$\widetilde{w}_k = w_k \qquad (k=1,2,\cdots) \tag{6.116}$$

が成り立つことを示そう.

① $k=1$ のとき, $\widetilde{w}_1 = w_1$ である. なぜなら, (d) により,

$$R(\widetilde{w}_1) \leq \nu_1 = \inf\{R(w)|\, 0 \not\equiv w \in H_1^2(\Omega)\}$$

なので, $R(\widetilde{w}_1) = \nu_1$. このとき, $\widetilde{w}_1 \in C^\infty(\Omega)$ および

$$\Delta \widetilde{w}_1 = \nu_1 \widetilde{w}_1 \quad (\Omega \text{ 上}) \qquad \text{かつ} \qquad \frac{\partial \widetilde{w}_1}{\partial \mathbf{n}} = 0 \; (\partial \Omega \text{ 上}) \tag{6.117}$$

となり, $\|\widetilde{w}_1\| = 1$ であるので, $\widetilde{w}_1 = w_1$ である.

実際, (6.117) は次のようにしてわかる. 任意の $\varphi \in H_1^2(\Omega)$ に対して, $\epsilon \mapsto R(\widetilde{w}_1 + \epsilon \varphi)$ は, $\epsilon = 0$ のとき, 最小値を取る. それゆえ,

$$\begin{aligned}
0 &= \left.\frac{d}{d\epsilon}\right|_{\epsilon=0} R(\widetilde{w}_1 + \epsilon\varphi) \\
&= \left.\frac{d}{d\epsilon}\right|_{\epsilon=0} \frac{\int_\Omega g(\nabla \widetilde{w}_1 + \epsilon \nabla\varphi, \nabla \widetilde{w}_1 + \epsilon \nabla\varphi)\, v_g}{\int_\Omega (\widetilde{w}_1 + \epsilon\varphi)^2 \, v_g} \\
&= \frac{2\int_\Omega g(\nabla\varphi, \nabla \widetilde{w}_1)\, v_g \int_\Omega \widetilde{w}_1{}^2 \, v_g - 2\int_\Omega g(\nabla \widetilde{w}_1, \nabla \widetilde{w}_1)\, v_g \int_\Omega \widetilde{w}_1 \varphi \, v_g}{\left(\int_\Omega \widetilde{w}_1{}^2 \, v_g\right)^2} \\
&= 2\left\{ \frac{\int_\Omega g(\nabla\varphi, \nabla \widetilde{w}_1)\, v_g}{\int_\Omega \widetilde{w}_1{}^2 \, v_g} - R(\widetilde{w}_1) \frac{\int_\Omega \widetilde{w}_1 \varphi \, v_g}{\int_\Omega \widetilde{w}_1{}^2 \, v_g} \right\}
\end{aligned}$$

$$= 2 \left\{ \int_\Omega g(\nabla \widetilde{w}_1, \nabla \varphi) \, v_g - \nu_1 \int_\Omega \widetilde{w}_1 \, \varphi \, v_g \right\}$$

ここで $\int_\Omega \widetilde{w}_1{}^2 \, v_g = 1$ および $R(\widetilde{w}_1) = \nu_1$ を使った. したがって,

$$\int_\Omega g(\nabla \widetilde{w}_1, \nabla \varphi) \, v_g = \nu_1 \int_\Omega \widetilde{w}_1 \, \varphi \, v_g \qquad (\forall \, \varphi \in H_1^2(\Omega))$$

を得た. これは $\widetilde{w}_1 \in H_1^2(\Omega)$ はノイマン境界値固有値問題

$$\begin{cases} \Delta \widetilde{w} = \nu_1 \widetilde{w} & (\Omega \perp) \\ \dfrac{\partial \widetilde{w}}{\partial \mathbf{n}} = 0 & (\partial \Omega \perp) \end{cases}$$

の弱解であることを意味する (定理 4.6 (2-ii) 参照). ゆえに解の正則性定理より, $\widetilde{w}_1$ は $C^\infty(\Omega)$ に属し,

$$\begin{cases} \Delta \widetilde{w} = \nu_1 \widetilde{w} & (\Omega \perp) \\ \dfrac{\partial \widetilde{w}}{\partial \mathbf{n}} = 0 & (\partial \Omega \perp) \end{cases}$$

を満たす. $\widetilde{w}_1 = w_1$ を得た.

② $k = 2$ のとき, $\widetilde{w}_2$ は

$$\begin{cases} \|\widetilde{w}_2\| = 1 \\ (\widetilde{w}_2, w_1) = (\widetilde{w}_2, w_1) = 0 \end{cases} \tag{6.118}$$

および

$$(e) \qquad R(\widetilde{w}_2) \le \mu_2 = \inf\{R(w) | 0 \not\equiv w \in H_1^2(\Omega), (w, w_1) = 0\}$$

を満たしているので, $R(\widetilde{w}_2) = \nu_2$ である. このとき, $\widetilde{w}_2 \in C^\infty(\Omega)$ かつ

$$\begin{cases} \Delta \widetilde{w}_2 = \nu_2 \widetilde{w}_2 & (\Omega \perp) \\ \dfrac{\partial \widetilde{w}}{\partial \mathbf{n}} = 0 & (\partial \Omega \perp) \end{cases} \tag{6.119}$$

を満たし, (6.118) と合わせて, $\widetilde{w}_2 = w_2$ を得る.

実際, (6.119) は次のように示される. 任意の $\varphi \in H_1^2(\Omega)$ と $\epsilon \in \mathbb{R}$ に対して, $\widetilde{w}_2 + \epsilon \, (\varphi - (\varphi, w_1) \, w_1) \in H_1^2(\Omega)$ を考えると, $(\widetilde{w}_2 + \epsilon \, (\varphi - (\varphi, w_1) \, w_1), w_1) = 0$ であり, (e) により, ϵ についての関数 $\epsilon \mapsto R(\widetilde{w}_2 + \epsilon \, (\varphi - (\varphi, w_1) \, w_1))$ は $\epsilon = 0$

において最小値を取る．したがって，

$$
\begin{aligned}
0 &= \frac{d}{d\epsilon}\bigg|_{\epsilon=0} R(\widetilde{w}_2 + \epsilon\left(\varphi - (\varphi, w_1)w_1\right)) \\
&= \frac{d}{d\epsilon}\bigg|_{\epsilon=0} \frac{\|\nabla\widetilde{w}_2 + \epsilon\left(\nabla\varphi - (\varphi, w_1)\nabla w_1\right)\|^2}{\|\widetilde{w}_2 + \epsilon\left(\varphi - (\varphi, w_1)w_1\right)\|^2} \\
&= 2\frac{(\nabla\widetilde{w}_2, \nabla\varphi - (\varphi, w_1)\nabla w_1)\|\widetilde{w}_2\|^2 - \|\nabla\widetilde{w}_2\|^2(\widetilde{w}_2, \varphi - (\varphi, w_1)w_1)}{\|\widetilde{w}_2\|^4} \\
&= 2\left\{(\nabla\widetilde{w}_2, \nabla\varphi) - \nu_2(\widetilde{w}_2, \varphi)\right\}
\end{aligned}
$$

となる．ここで最後の式で，$(\nabla\widetilde{w}_2, \nabla w_1) = (\widetilde{w}_2, \Delta w_1) = \nu_1(\widetilde{w}_2, w_1) = 0$ かつ $\frac{\|\nabla\widetilde{w}_2\|^2}{\|\widetilde{w}_2\|^2} = R(\widetilde{w}_2) = \nu_2$, $\|\widetilde{w}_2\| = 1$, $(\widetilde{w}_2, w_1) = 0$ となることを使った．以上より，$\widetilde{w}_2$ はノイマン境界値固有値問題

$$
\begin{cases}
\Delta\widetilde{w} = \nu_2\widetilde{w} & (\Omega\ 上) \\
\dfrac{\partial\widetilde{w}}{\partial\mathbf{n}} = 0 & (\partial\Omega\ 上)
\end{cases}
$$

の弱解となる (定理 4.6 (2-ii) 参照). したがって，解の正則性定理より $\widetilde{w}_2$ は $C^\infty(\Omega)$ に属し，$\Delta\widetilde{w}_2 = \nu_2\widetilde{w}_2$ ($\Omega\ 上$) かつ $\frac{\partial\widetilde{w}}{\partial\mathbf{n}} = 0(\partial\Omega\ 上)$ を満たす．また，$(\widetilde{w}_2, w_1) = 0$ かつ $\|\widetilde{w}_2\| = 1$ と合わせて，$\widetilde{w}_2 = w_2$ を得た．

以下，同様にして，$\widetilde{w}_k = w_k\ (k = 1, 2, \cdots)$ が示される．

(第 6 段) さらに，(6.113) において，$\varphi = \widehat{\mathbf{w}_k(\Xi_p)}$ とおくと，

$$(\widehat{\mathbf{w}_k(\Xi_p)}, \widehat{\mathbf{w}_k(\Xi_p)})_1 \leq 1 + \nu_k(\Xi_p)$$

を得る．ゆえに，定理 6.1 (I-2) により，

$$\lim_{p\to\infty}(\widehat{\mathbf{w}_k(\Xi_p)}, \widehat{\mathbf{w}_k(\Xi_p)})_1 \leq 1 + \nu_k = (\widetilde{w}_k, \widetilde{w}_k)_1 \tag{6.120}$$

(a) において，$\varphi = \widetilde{w}_k$ とおくと，$\widetilde{w}_k = w_k$ なので，

$$
\begin{aligned}
0 &\leq \lim_{p\to\infty}\|\widehat{\mathbf{w}_k(\Xi_p)} - w_k\|_1^2 \\
&= \lim_{p\to\infty}\left\{(\widehat{\mathbf{w}_k(\Xi_p)}, \widehat{\mathbf{w}_k(\Xi_p)})_1 + (w_k, w_k)_1 - 2(\widehat{\mathbf{w}_k(\Xi_p)}, w_k)_1\right\} \\
&\leq 2(w_k, w_k)_1 - 2\lim_{p\to\infty}(\widehat{\mathbf{w}_k(\Xi_p)}, w_k)_1
\end{aligned}
$$

$$= 2\,(w_k, w_k)_1 - 2\,(w_k, w_k)_1 = 0$$

ここで最後の等式において，(a) より，$\lim_{p\to\infty}(\widehat{\mathbf{w}_k(\Xi_p)}, w_k)_1 = (w_k, w_k)_1$ が成り立つことを使った．したがって，

$$\lim_{p\to\infty} \|\widehat{\mathbf{w}_k(\Xi_p)} - w_k\|_1 = 0$$

となる． //

第7章 有限要素法の誤差評価

本章では，平面 $\mathbb{R}^2$ 内の有界領域上のディリクレ境界値固有値問題の固有値と固有関数について，有限要素法での計算との間の誤差評価を行なう．

7.1 ブランブル＝ツラマルの定理

平面 $\mathbb{R}^2$ の標準座標を (x,y) とし，$\mathbb{R}^2$ 内の $\partial\Omega$ が区分的に C^∞ である有界領域 Ω について，ディリクレ境界値固有値問題

$$\begin{cases} \Delta v = \mu v & (\Omega \text{ 上}) \\ v = 0 & (\partial\Omega \text{ 上}) \end{cases} \tag{7.1}$$

を考える．ここでラプラシアン Δ は $\Delta = -\left(\frac{\partial^2}{\partial x^2} + \frac{\partial^2}{\partial y^2}\right)$ である．

(7.1) の固有値を

$$0 < \mu_1 < \mu_2 \leq \cdots \leq \mu_k \leq \cdots \tag{7.2}$$

とする．Ω 上の L^2 内積は

$$(f_1, f_2) := \int_\Omega f_1(x,y) f_2(x,y) \, dxdy \tag{7.3}$$

である．L^2 内積 $(\,,\,)$ に関する正規直交基底となる固有値 (7.2) の固有関数を，

$$v_1, v_2, \cdots, v_k, \cdots \tag{7.4}$$

と書く．

定義 7.1 $k = 0, 1, 2, \cdots$ とする．Ω 上の k 次のソボレフ空間 $H_k^2(\Omega)$ とは，次のノルム (7.5), (7.6) が有限となる関数 ψ 全体をいう：

196

$$\|\psi\|_k := \left\{\sum_{s=0}^{k}\left(|\psi|_{s,2}\right)^2\right\}^{\frac{1}{2}} \tag{7.5}$$

$$|\psi|_s := \left\{\int_\Omega \sum_{i=0}^{s}\binom{s}{i}\left(\frac{\partial^s \psi}{\partial^i x \partial^{s-i} y}\right)^2 dxdy\right\}^{\frac{1}{2}} \tag{7.6}$$

ここで $\binom{s}{i} = \frac{s!}{i!(s-i)!}$ は 2 項係数である．ノルム $\|\ \|_k$ およびセミノルム $|\ |_s$ は領域 Ω を強調するときは，$\|\ \|_{k,\Omega}$ および $|\ |_{s,\Omega}$ 等と書く．次に

$$\overset{\circ}{H}{}_k^2(\Omega) := \{\psi \in H_k^2(\Omega) | \psi = 0 \quad (\partial\Omega \text{ 上})\} \tag{7.7}$$

もやはり k 次ソボレフ空間という．

このとき，次のソボレフ埋蔵定理が成り立つ ([島倉紀夫[28]]，242 頁参照)．

定理 7.1 (平面有界領域におけるソボレフ埋蔵定理) Ω を区分的に C^∞ となる平面有界領域とする．このとき，ソボレフ空間 $H_k^2(\Omega)$ について，次の包含関係が成り立つ：

(1) $\quad H_k^2(\Omega) \subset H_\ell^2(\Omega) \qquad (k > \ell \text{ のとき}) \tag{7.8}$

(2) $\quad H_k^2(\Omega) \subset \mathcal{B}^s(\Omega) \qquad (k-1 > s \text{ のとき}) \tag{7.9}$

(7.8), (7.9) における包含写像は連続かつコンパクト作用素である．ここで $\mathcal{B}^s(\Omega)$ は s 階までの微係数がすべて Ω 上有界かつ連続な関数全体の空間を表す．とくに，$\mathcal{B}^0(\Omega)$ は Ω 上の有界かつ連続関数全体の空間を表し，(2) は $H_2^2(\Omega) \subset \mathcal{B}^0(\Omega)$ となる．

以下では，平面内の有界領域 Ω と $\overline{\Omega}$ の単体分割 (この節と次節では，三角形分割 という) $\Xi = \{e_\mu\}_{\mu=1}^s$ について，各三角形 e_μ $(\mu = 1, \cdots, s)$ の内角のうちの最小値を θ とし，辺の長さの最大値を h とする．

定義 7.2 任意の $v \in \overset{\circ}{H}{}_2^2(\Omega)$ に対して，$\partial G(\Xi)$ 上で 0 となる $\overline{G(\Xi)}$ 上の折れ線関数 $\hat{\mathbf{v}}$ を次のように定義する：

(1) $\hat{\mathbf{v}}(\mathrm{P}_j) = v(\mathrm{P}_j) \quad (j = 1, \cdots, \ell)$ を満たす．

(2) $\hat{\mathbf{v}}$ は各 e_μ 上，座標 (x, y) の x および y の高々 1 次式である．

このとき, $\widehat{\mathbf{v}} = \sum_{i=1}^{\ell} v(\mathrm{P}_i) \psi_i$ である. ここで, $\{\psi_i | i = 1, \cdots, m\}$ は基底関数で, $\psi_i(\mathrm{P}_j) = \delta_{ij}$ $(i, j = 1, \cdots, m)$ を満たし, $\overline{\Omega}$ 上の節点 $\{\mathrm{P}_1, \cdots, \mathrm{P}_m\}$ については $\{\mathrm{P}_1, \cdots, \mathrm{P}_\ell\}$ は Ω 上の節点であり, $\{\mathrm{P}_{m+1}, \cdots, \mathrm{P}_m\}$ は $\partial\Omega$ 上の節点である (定義 6.1, 補題 6.1 (2) 参照). $\widehat{\mathbf{v}}$ を v の補間という.

ソボレフの埋蔵定理 7.1 (2) により, $H_2^2(\Omega) \subset \mathcal{B}^0(\Omega)$ となるので, 任意の $v \in H_2^2(\Omega)$ は Ω 上有界連続関数である. したがって, 定義 7.2 において (1) は意味をもつ.

本節で示したいのは補間に対する次の近似定理である[8].

定理 7.2 (ブランブル=ツラマルの定理, その 1) 任意の $v \in \overset{\circ}{H}_2^2(\Omega)$ に対して,

$$\|\widehat{\mathbf{v}} - v\|_1{}^2 \leq C \left(1 + \frac{1}{\mu_1(\Omega)}\right) \frac{h^2}{\sin^2 \theta} |v|_2{}^2 \tag{7.10}$$

が成り立つ. ここで定数 $C > 0$ は領域 Ω にのみ依存し, 三角形分割 Ξ の選び方や関数 v には依存しない.

この定理は次の定理を用いて示すことができる[8].

定理 7.3 (ブランブル=ツラマルの定理, その 2) $\triangle$ を xy 平面内の三角形とし, θ を $\triangle$ の最小の内角, h を $\triangle$ の最長辺の長さとする. $v \in H_2^2(\triangle)$ が $\triangle$ の 3 つの頂点で 0 を取るとする. このとき,

$$|v|_{1,\triangle} \leq C \frac{h}{\sin \theta} |v|_{2,\triangle} \tag{7.11}$$

すなわち,

$$\begin{aligned} &\int_\triangle \left\{ \left(\frac{\partial v}{\partial x}\right)^2 + \left(\frac{\partial v}{\partial y}\right)^2 \right\} dxdy \\ &\leq C^2 \frac{h^2}{\sin^2 \theta} \int_\triangle \left\{ \left(\frac{\partial^2 v}{\partial x^2}\right)^2 + 2\left(\frac{\partial^2 v}{\partial x \partial y}\right)^2 + \left(\frac{\partial^2 v}{\partial y^2}\right)^2 \right\} dxdy \end{aligned} \tag{7.12}$$

を満たす. ここで, 定数 $C > 0$ は v, h および θ には依存しない.

[定理 7.2 の証明] $v \in \overset{\circ}{H}_2^2(\Omega)$ に対して, $\widehat{\mathbf{v}}$ の定義 (1) により, $\widehat{\mathbf{v}} - v$ は三角

形分割 $\Xi = \{e_\mu\}_{\mu=1}^m$ における任意の三角形 e_μ の各頂点 P_j で 0 となるので、各 e_μ について定理 7.3 を用い、$\overline{\Omega} = \overline{G(\Xi)} = \cup_{\mu=1}^m \overline{e_\mu}$ かつ $\overline{e_\lambda} \cap \overline{e_\mu}$ $(\lambda \neq \mu)$ は測度 0 であるので、

$$\int_\Omega \langle \nabla(\widehat{\mathbf{v}} - v), \nabla(\widehat{\mathbf{v}} - v) \rangle \, dxdy = \sum_{\mu=1}^m \int_{e_\mu} \langle \nabla(\widehat{\mathbf{v}} - v), \nabla(\widehat{\mathbf{v}} - v) \rangle \, dxdy$$

$$\leq C^2 \frac{h^2}{\sin^2 \theta} \sum_{\mu=1}^m |\widehat{\mathbf{v}} - v|_{2,e_\mu}^2$$

$$= C^2 \frac{h^2}{\sin^2 \theta} |\widehat{\mathbf{v}} - v|_2^2$$

$$= C^2 \frac{h^2}{\sin^2 \theta} |v|_2^2 \tag{7.13}$$

となる。ここで (7.13) における定数 C は各三角形 e_μ に対する定理 7.3 の定数の最大値を取っておくとよい。また、(7.13) 式の最後の等式で、$\widehat{\mathbf{v}}$ は折れ線関数なので、すべての 2 階の偏微分はほとんどいたるところ 0 であるので、

$$|\widehat{\mathbf{v}} - v|_2 = |v|_2$$

であることを使った。

さらに、$\widehat{\mathbf{v}} - v \in \overset{\circ}{H}_1^2(\Omega)$ なので、次の補題 7.1 により、

$$\int_\Omega |\widehat{\mathbf{v}} - v|^2 \, dxdy \leq \frac{1}{\mu_1(\Omega)} \int_\Omega \langle \nabla(\widehat{\mathbf{v}} - v), \nabla(\widehat{\mathbf{v}} - v) \rangle \, dxdy \tag{7.14}$$

となる。

補題 7.1 (ポアンカレの不等式)　任意の $v \in \overset{\circ}{H}_1^2(\Omega)$ に対して、

$$\int_\Omega v^2 \, dxdy \leq \frac{1}{\mu_1(\Omega)} \int_\Omega \langle \nabla v, \nabla v \rangle \, dxdy \tag{7.15}$$

が成り立つ。ここで $\mu_1(\Omega) > 0$ は Ω 上のディリクレ境界値固有値問題の第 1 固有値である。

[証明]　命題 4.1 (2) と定理 4.8 (2) (4.95) 式より、

$$0 < \mu_1(\Omega) = \sup \left\{ \frac{\int_\Omega \langle \nabla v, \nabla v \rangle \, dxdy}{\int_\Omega v^2 \, dxdy} \,\middle|\, 0 \not\equiv v \in \overset{\circ}{H}_1^2(\Omega) \right\} \tag{7.16}$$

である. したがって, 任意の $0 \not\equiv v \in \overset{\circ}{H}{}_1^2(\Omega)$ に対して,

$$0 < \mu_1(\Omega) \le \frac{\int_\Omega \langle \nabla v, \nabla v \rangle \, dxdy}{\int_\Omega v^2 \, dxdy}$$

となる. ゆえに, 任意の $v \in \overset{\circ}{H}{}_1^2(\Omega)$ に対して,

$$\int_\Omega v^2 \, dxdy \le \frac{1}{\mu_1(\Omega)} \int_\Omega \langle \nabla v, \nabla v \rangle \, dxdy$$

が成り立つ. //

(7.13) と (7.14) を合わせて (7.10) を得, したがって定理 7.2 を得る. //

7.2 ブランブル＝ツラマルの定理の証明

本節では, 定理 7.3 (ブランブル＝ツラマルの定理, その 2) の証明をする. 次の補題 7.2 を使う.

補題 7.2 (ブランブル＝ヒルベルト[7]) $\Omega \subset \mathbb{R}^2$ を, $\partial\Omega$ が区分的に C^∞ となる有界領域とする. $k = 1, 2, \cdots$ とする. 線形写像 $F : H_k^2(\Omega) \longrightarrow \mathbb{R}$ が, 次の 2 条件を満たすとする.

(1) $\quad |F(\psi)| \le C \|\psi\|_k \quad (\forall \psi \in H_k^2(\Omega))$ (7.17)

(2) $\quad F(q) = 0 \quad$ (任意の $k-1$ 次以下の多項式 q に対して) (7.18)

このとき, 定数 $C' > 0$ で, 次を満たすものが存在する:

$$|F(\psi)| \le C' C |\psi|_k \qquad (\forall \, \psi \in H_k^2(\Omega)) \tag{7.19}$$

この補題 7.2 の証明は後回しにして, 定理 7.3 の証明を先に行なおう.

[定理 7.3 の証明]

(第 1 段) 図 7.1 の左図のように三角形 Δ の 3 つの内角を $\theta \le \beta \le \gamma$ とし, 対応する頂点を $\mathrm{P}_1, \mathrm{P}_2, \mathrm{P}_3$ とし, $\mathrm{P}_1, \mathrm{P}_2, \mathrm{P}_3$ の 3 つの対辺を $a \le b \le h$ とする. また, 頂点 P_i の xy 座標を (x_i, y_i) とする ($i = 1, 2, 3$).

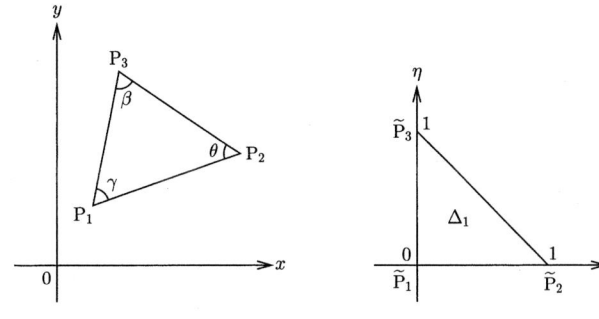

図 7.1　三角形 Δ と Δ_1

xy-平面を $\xi\eta$-平面に写す次のような 1 次変換を考える (この方が計算が楽):

$$\begin{pmatrix} x - x_1 \\ y - y_1 \end{pmatrix} = \begin{pmatrix} x_2 - x_1 & x_3 - x_1 \\ y_2 - y_1 & y_3 - y_1 \end{pmatrix} \begin{pmatrix} \xi \\ \eta \end{pmatrix}. \tag{7.20}$$

この 1 次変換により, xy-平面における三角形 Δ は $\xi\eta$-平面内の三角形 Δ_1 に写る. 頂点 P_i に対応する Δ_1 の頂点を $\widetilde{P}_i$ とすると $(i = 1, 2, 3)$. このとき, 頂点 $\widetilde{P}_i$ の $\xi\eta$-座標はそれぞれ, $\widetilde{P}_1(0,0), \widetilde{P}_2(1,0), \widetilde{P}_3(0,1)$ である.

(第 2 段) $a \leq b \leq h$ より,

$$2b \geq a + b > h, \quad \therefore \quad b > \frac{1}{2}h. \tag{7.21}$$

そこで, J を 1 次変換 (7.20) のヤコビアンとすると, Δ の面積は, $\text{area}(\Delta) = \frac{1}{2}|J|$ ($|J|$ は J の絶対値) なので, (7.21) より,

$$\frac{1}{|J|} = \frac{1}{2\,\text{area}(\Delta)} = \frac{1}{bh\sin\theta} < \frac{2}{h^2 \sin\theta} \tag{7.22}$$

となる. (7.22) から, (7.20) の逆変換を考えて, 次式を得る:

$$\max\left\{ \left|\frac{\partial \xi}{\partial x}\right|, \left|\frac{\partial \xi}{\partial y}\right|, \left|\frac{\partial \eta}{\partial x}\right|, \left|\frac{\partial \eta}{\partial y}\right| \right\} \leq \frac{2}{h \sin\theta} \tag{7.23}$$

なぜなら, (7.20) の逆変換は次のようになる:

$$\begin{pmatrix} \xi \\ \eta \end{pmatrix} = \frac{1}{J} \begin{pmatrix} y_3 - y_1 & -(x_3 - x_1) \\ -(y_2 - y_1) & x_2 - x_1 \end{pmatrix} \begin{pmatrix} x - x_1 \\ y - y_1 \end{pmatrix} \tag{7.24}$$

したがって,

$$\left|\frac{\partial \xi}{\partial x}\right| = \frac{1}{|J|}|y_3 - y_1| \leq \frac{2}{h^2 \sin\theta} \cdot h = \frac{2}{h \sin\theta}$$

となり, $\left|\frac{\partial \xi}{\partial y}\right|, \left|\frac{\partial \eta}{\partial x}\right|, \left|\frac{\partial \eta}{\partial y}\right|$ についても同様にできる.

(第 3 段) さて, 三角形 Δ の閉包 $\overline{\Delta}$ 上の関数 $v(x,y)$ に対して, 1 次変換 (7.20) との合成により, 三角形 Δ_1 の閉包 $\overline{\Delta_1}$ 上の関数 $\widetilde{v}(\xi,\eta)$ を

$$\widetilde{v}(\xi,\eta) = v(x(\xi,\eta), y(\xi,\eta)) \qquad ((\xi,\eta) \in \overline{\Delta_1}) \tag{7.25}$$

と定義する. (第 5 段において, 定理 7.3 の条件を満たす $v \in H_2^2(\Delta)$ を取る.) このとき,

$$\|v\|_{1,\Delta} \leq \frac{C_1}{h \sin\theta} |J|^{\frac{1}{2}} \|\widetilde{v}\|_{1,\Delta_1} \tag{7.26}$$

が成り立つ. ここで $C_1 = 2\sqrt{2}$ である.

実際, (7.23) により,

$$\left|\frac{\partial v}{\partial x}\right|^2 \leq \left(\left|\frac{\partial \widetilde{v}}{\partial \xi}\right|\left|\frac{\partial \xi}{\partial x}\right| + \left|\frac{\partial \widetilde{v}}{\partial \eta}\right|\left|\frac{\partial \eta}{\partial x}\right|\right)^2$$
$$\leq 2\left(\frac{2}{h \sin\theta}\right)^2 \left(\left|\frac{\partial \widetilde{v}}{\partial \xi}\right|^2 + \left|\frac{\partial \widetilde{v}}{\partial \eta}\right|^2\right) \tag{7.27}$$

を得る. 同様に,

$$\left|\frac{\partial v}{\partial y}\right|^2 \leq 2\left(\frac{2}{h \sin\theta}\right)^2 \left(\left|\frac{\partial \widetilde{v}}{\partial \xi}\right|^2 + \left|\frac{\partial \widetilde{v}}{\partial \eta}\right|^2\right) \tag{7.28}$$

を得る. したがって,

$$|v|_{1,\Delta}^2 = \int_\Delta \left\{\left(\frac{\partial v}{\partial x}\right)^2 + \left(\frac{\partial v}{\partial y}\right)^2\right\} dxdy$$
$$= \int_{\Delta_1} \left\{\left(\frac{\partial v}{\partial x}\right)^2 + \left(\frac{\partial v}{\partial y}\right)^2\right\} |J| d\xi d\eta$$
$$\leq \frac{8}{(h \sin\theta)^2} |J| \|\widetilde{v}\|_{1,\Delta_1}^2 \tag{7.29}$$

となる. また, Δ 上の L^2-ノルム $\|\ \|_\Delta$ については, h は十分小さく, $0 < h \sin\theta \leq h \leq 8$ と仮定してよいので,

$$\|v\|_\Delta \leq |J|^{\frac{1}{2}} \|\widetilde{v}\|_{\Delta_1} \leq \frac{8}{h\sin\theta} |J|^{\frac{1}{2}} \|\widetilde{v}\|_{\Delta_1} \tag{7.30}$$

なる．ゆえに，(7.29) と (7.30) を合わせて，(7.26) を得る．

(第 4 段) ここで，次のように定義される線形写像 $F : H_2^2(\Delta_1) \longrightarrow \mathbb{R}$ を考える：

$$F(\widetilde{\psi}) := (\widetilde{\psi} - \widetilde{p}, \widetilde{v})_{1,\Delta_1} \qquad (\widetilde{\psi} \in H_2^2(\Delta_1)) \tag{7.31}$$

ただし関数 $\widetilde{p}$ は $\overline{\Delta_1}$ 上の ξ, η に関する高々 1 次の関数で，

$$\widetilde{p}(\mathrm{P}_j) = \widetilde{\psi}(\mathrm{P}_j) \qquad (j = 1, 2, 3) \tag{7.32}$$

となるように定める．ここで (7.31) 式における $(\ ,\ )_{1,\Delta_1}$ は $H_1^2(\Delta_1) (\supset H_2^2(\Delta_1))$ におけるソボレフ内積を表す ((3.100) を参照)．このとき，F は，補題 7.2 における 2 条件 (1) および (2) を $k = 2$ のときに満たす．

実際，条件 (2) は Δ_1 上の任意の高々 ξ, η に関する 1 次式の関数 $\widetilde{q}$ に対して，$F(\widetilde{q})$ における $\widetilde{q} - \widetilde{p}$ は高々 1 次式で，(7.32) により，$\mathrm{P}_j\ (j = 1, 2, 3)$ において 0 となるので，$\widetilde{q} - \widetilde{p} \equiv 0$ である．ゆえに，$F(\widetilde{q}) = 0$．

条件 (1) を満たすことについて．任意の $\widetilde{\psi} \in H_2^2(\Delta_1)$ に対して，

$$\begin{aligned}
|F(\widetilde{\psi})| &= |(\widetilde{\psi} - \widetilde{p}, \widetilde{v})_{1,\Delta_1}| \\
&\leq \|\widetilde{\psi} - \widetilde{p}\|_{1,\Delta_1} \|\widetilde{v}\|_{1,\Delta_1} \\
&\leq \|\widetilde{\psi} - \widetilde{p}\|_{2,\Delta_1} \|\widetilde{v}\|_{1,\Delta_1} \\
&\leq \left\{ \|\widetilde{\psi}\|_{2,\Delta_1} + \|\widetilde{p}\|_{2,\Delta_1} \right\} \|\widetilde{v}\|_{1,\Delta_1}
\end{aligned} \tag{7.33}$$

となる．ここで最後の第 8 段で，

$$\|\widetilde{p}\|_{2,\Delta_1} \leq C \|\widetilde{\psi}\|_{2,\Delta_1} \tag{7.34}$$

となることを示す．そうすれば，(7.33) と (7.34) を合わせて，

$$|F(\widetilde{\psi})| \leq (1 + C) \|\widetilde{v}\|_{1,\Delta_1} \|\widetilde{\psi}\|_{2,\Delta_1} \qquad (\widetilde{\psi} \in H_2^2(\Delta_1)) \tag{7.35}$$

となり，$k = 2$ のとき，条件 (1) が示された．

以上より，$k = 2$ のときの補題 7.2 をこの F に適用して，

$$|F(\widetilde{\psi})| \leq C'(1+C)\|\widetilde{v}\|_{1,\Delta_1}|\widetilde{\psi}|_{2,\Delta_1} \qquad (\forall\, \widetilde{\psi} \in H_2^2(\Delta_1)) \tag{7.36}$$

を得た．

(第5段) ここで，定理 7.3 の条件を満たす $v \in H_2^2(\Delta)$ をとり, (7.25) のように，1次変換 (7.20) との合成により $\overline{\Delta_1}$ 上の関数 $\widetilde{v}$ を考えよう．この $\widetilde{v}$ は

$$\widetilde{v} = \widetilde{\psi} - \widetilde{p} \tag{7.37}$$

の形に表示されている．ここで $\widetilde{\psi} \in H_2^2(\Delta_1)$ であり，$\widetilde{p}$ は (7.32) 式を満たす ξ, η の高々1次式である．このとき，第4段での F の定義 (7.31) と (7.36) 式により，

$$\begin{aligned}
\|\widetilde{\psi}-\widetilde{p}\|_{1,\Delta_1}{}^2 &= |(\widetilde{\psi}-\widetilde{p},\, \widetilde{\psi}-\widetilde{p})_{1,\Delta_1}| \\
&= |(\widetilde{\psi}-\widetilde{p},\, \widetilde{v})_{1,\Delta_1}| \\
&= |F(\widetilde{\psi})| \\
&\leq C'(1+C)\|\widetilde{v}\|_{1,\Delta_1}|\widetilde{\psi}|_{2,\Delta_1} \\
&= C'(1+C)\|\widetilde{\psi}-\widetilde{p}\|_{1,\Delta_1}|\widetilde{\psi}|_{2,\Delta_1}
\end{aligned}$$

すなわち，

$$\|\widetilde{v}\|_{1,\Delta_1} = \|\widetilde{\psi}-\widetilde{p}\|_{1,\Delta_1} \leq C'(1+C)|\widetilde{\psi}|_{2,\Delta_1} \tag{7.38}$$

を得た．そこで, (7.38) と第3段の (7.26) と合わせて，

$$\begin{aligned}
\|v\|_{1,\Delta} &\leq \frac{C_1}{h\sin\theta}|J|^{\frac{1}{2}}C'(1+C)|\widetilde{\psi}|_{2,\Delta_1} \\
&= \frac{C_1}{h\sin\theta}|J|^{\frac{1}{2}}C'(1+C)|\widetilde{v}|_{2,\Delta_1} \tag{7.39}
\end{aligned}$$

が示された．最後の等式で，$|\ |_{2,\Delta_1}$ の定義を思い起こし, (7.37) および $\widetilde{p}$ が ξ と η の高々1次式であることを使った．

(第6段) 今度は, (7.20) を使って, (7.26) と同様の計算を行なうと，

$$|\widetilde{v}|_{2,\Delta_1} \leq \sqrt{2}\, h^2 |J|^{-\frac{1}{2}}|v|_{2,\Delta} \tag{7.40}$$

となる．なぜなら，偏微分の連鎖律より，

$$\frac{\partial \widetilde{v}}{\partial \xi} = \frac{\partial v}{\partial x}\frac{\partial x}{\partial \xi} + \frac{\partial v}{\partial y}\frac{\partial y}{\partial \xi},$$
$$\frac{\partial^2 \widetilde{v}}{\partial \xi^2} = \frac{\partial^2 v}{\partial x^2}\left(\frac{\partial x}{\partial \xi}\right)^2 + 2\frac{\partial^2 v}{\partial x \partial y}\frac{\partial x}{\partial \xi}\frac{\partial y}{\partial \xi} + \frac{\partial^2 v}{\partial y^2}\left(\frac{\partial y}{\partial \xi}\right)^2$$

などとなる．ここで (7.20) より,

$$\frac{\partial x}{\partial \xi} = x_2 - x_1, \ \frac{\partial x}{\partial \eta} = x_3 - x_1, \ \frac{\partial y}{\partial \xi} = y_2 - y_1, \ \frac{\partial y}{\partial \eta} = y_3 - y_1$$

なので,

$$\max\left\{\left|\frac{\partial x}{\partial \xi}\right|, \left|\frac{\partial x}{\partial \eta}\right|, \left|\frac{\partial y}{\partial \xi}\right|, \left|\frac{\partial y}{\partial \eta}\right|\right\} \leq h \tag{7.41}$$

となる．以上より,

$$|\widetilde{v}|_{2,\Delta_1}{}^2 = \int_{\Delta_1}\left\{\left(\frac{\partial^2 \widetilde{v}}{\partial \xi^2}\right)^2 + 2\left(\frac{\partial^2 \widetilde{v}}{\partial \xi \partial \eta}\right)^2 + \left(\frac{\partial^2 \widetilde{v}}{\partial \eta^2}\right)^2\right\} d\xi d\eta$$
$$\leq 2h^4 \int_\Delta \left\{\left(\frac{\partial^2 \widetilde{v}}{\partial x^2}\right)^2 + 2\left(\frac{\partial^2 \widetilde{v}}{\partial x \partial y}\right)^2 + \left(\frac{\partial^2 \widetilde{v}}{\partial y^2}\right)^2\right\} |J|^{-1} dxdy$$
$$= 2h^4 |J|^{-1} |v|_{2,\Delta}{}^2$$

となる．これから (7.40) を得る．

(第7段) 以上, (7.39) と (7.40) により,

$$\|v\|_{1,\Delta} \leq \frac{C_1 C'(1+C)}{h \sin \theta} |J|^{\frac{1}{2}} \sqrt{2} h^2 |J|^{-\frac{1}{2}} |v|_{2,\Delta}$$
$$= \sqrt{2} C_1 C'(1+C) \frac{h}{\sin \theta} |v|_{2,\Delta} \tag{7.42}$$

となる．これから，とくに，(7.11) を得る．

(第8段) 最後に残された不等式 (7.34) を示そう．任意の $\widetilde{\psi} \in H_2^2(\Delta_1)$ に対して，ξ と η の高々1次式の関数 $\widetilde{p}$ は条件 (7.32) により定められていた．したがって，定数 a_j ($j=1,2,3$) を

$$a_j := \widetilde{\psi}(\mathrm{P}_j) \qquad (j=1,2,3) \tag{7.43}$$

とし，ξ と η の1次式 $r_j(\xi,\eta)$ ($j=1,2,3$) を,

$$r_j(\mathrm{P}_k) = \delta_{jk} \qquad (j,k=1,2,3)$$

となるように定義すると,

$$\widetilde{p}(\xi, \eta) = \sum_{j=1}^{3} a_j \, r_j(\xi, \eta) \tag{7.44}$$

となる. ここで, ソボレフの不等式 (たとえば [溝畑茂[24]] 70 頁, 定理 2.8 を見よ) により,

$$|a_j| = |\widetilde{\psi}(\mathrm{P}_j)| \leq \sup |\widetilde{\psi}| \leq C'' \|\widetilde{\psi}\|_{2, \Delta_1} \quad (\forall \, \widetilde{\psi} \in H_2^2(\Delta_1)) \tag{7.45}$$

である. ゆえに,

$$\begin{aligned}
\|\widetilde{p}\|_{2, \Delta_1} &= \left\| \sum_{j=1}^{3} a_j \, r_j \right\|_{2, \Delta_1} \\
&\leq \sum_{j=1}^{3} |a_j| \, \|r_j\|_{2, \Delta_1} \\
&\leq C'' \|\widetilde{\psi}\|_{2, \Delta_1} \left(\sum_{j=1}^{3} \|r_j\|_{2, \Delta_1} \right)
\end{aligned} \tag{7.46}$$

となる. ここで定数 $C > 0$ として, $C = C'' \sum_{j=1}^{3} \|r_j\|_{2, \Delta_1}$ とおくと, (7.46) は求める (7.34) 式である.

以上により, 補題 7.2 の下に, 定理 7.3 の証明を終えた.   //

7.3 ブランブル＝ヒルベルトの補題の証明

本節では, 定理 7.3 (ブランブル＝ツラマルの定理 (その 2)) の証明の際に用いた補題 7.2 (ブランブル＝ヒルベルトの補題) の証明を行なう. ここでは, $\mathbb{R}^n$ 内の有界領域 Ω で, $\partial \Omega$ が区分的に C^∞ であるものを扱う.

補題 7.3 (ブランブル＝ヒルベルト[7]) $\Omega \subset \mathbb{R}^n$ を, $\partial \Omega$ が区分的に C^∞ となる有界領域とする. $k = 1, 2, \cdots$ とする. 線形写像 $F : H_k^2(\Omega) \longrightarrow \mathbb{R}$ が, 次の 2 条件を満たすとする.

$$(1) \quad |F(\psi)| \leq C \, \|\psi\|_k \quad (\forall \, \psi \in H_k^2(\Omega)) \tag{7.47}$$

(2)　　$F(q) = 0$　（任意の $k-1$ 次以下の多項式 q に対して）　　(7.48)

このとき, 定数 $C' > 0$ で, 次を満たすものが存在する:

$$|F(\psi)| \leq C' C |\psi|_k \qquad (\forall\, \psi \in H_k^2(\Omega)) \qquad (7.49)$$

以下では, 次の表記法を使う.

$\mathbb{R}^n$ の標準座標を $(x_1, \cdots, x_n)$ とし, 多重指数 $\alpha = (\alpha_1, \cdots, \alpha_n)$ に対して (ここで各 $\alpha_i\ (i = 1, \cdots, n)$ は非負整数である),

$$|\alpha| := \alpha_1 + \cdots + \alpha_n \qquad \text{および} \qquad D^\alpha f := \left(\frac{\partial}{\partial x_1}\right)^{\alpha_1} \cdots \left(\frac{\partial}{\partial x_n}\right)^{\alpha_n} f$$

とおく. $\mathbb{R}^n$ 内の有界領域 Ω の直径を ρ とし, Ω 上の L^2 ノルムと k 次ソボレフ・ノルムを次のように定義する. これらのノルムは前に定義したものとすべて同等であることに注意する:

$$\|f\| := \left(\frac{1}{\rho^n} \int_\Omega |f|^2\, dx\right)^{\frac{1}{2}} \qquad (7.50)$$

$$|f|_k := \sum_{|\alpha|=k} \|D^\alpha f\| \qquad (7.51)$$

$$\|f\|_k^2 := \sum_{j=0}^k \rho^{2j} |f|_j^2 \qquad (7.52)$$

ここで $x = dx_1 \cdots dx_n$ は $\mathbb{R}^n$ 上のルベーグ測度である.

さて, 一般に, 線形空間 B 上にノルム $\|\ \|_B$ が与えられ, 完備ノルム空間であるとき, $(B, \|\ \|_B)$ はバナッハ空間であると呼ばれている. $(B, \|\ \|_B)$ が完備とは, ここで, B 内の任意の (ノルム $\|\ \|$ に関する) コーシー列が収束するときをいう.

定義 7.3　バナッハ空間 $(B, \|\ \|_B)$ 内の閉部分空間 B_1 に対して, 次のように定義される**商空間** B/B_1 を考える. B の 2 つの元 $u, v \in B$ について, u と v が同値であるとは, $u - v \in B_1$ のときをいい, u を含む同値類 $u + B_1$ を $[u]$

とかく. 同値類全体の集合を

$$Q = B/B_1 := \{[u] \mid u \in B\} \tag{7.53}$$

と書き, $Q = B/B_1$ を B の B_1 による**商空間**という. 商空間 Q 上に次のようなノルム $\| \ \|_Q$ を定義する.

$$\|[u]\|_Q = \inf_{v \in [u]} \|v\|_B = \inf_{p \in B_1} \|u+p\|_B \tag{7.54}$$

命題 7.1 このとき, $(Q, \| \ \|_Q)$ はバナッハ空間となる.

[証明] 実際, $\|[u]\|_Q = 0$ となる必要十分条件は点列 $v_n \in [u]$ $(n = 1, 2, \cdots)$ で $\|v_n\|_B \longrightarrow 0$ $(n \to \infty)$ となるものが存在することである. $[u] = u + B_1$ は閉集合であるので, 上のことが成り立つ必要十分条件は $0 \in [u]$ となり, したがって, $\|[u]\|_Q = 0 \iff [u] = B_1$ となる. $\| \ \|_Q$ がノルムであるための他の条件のチェックは省略する. 次に, Q の完備性を示す. $\{[u_n]\}_{n=1}^\infty$ が Q におけるコーシー列とする. 必要なら部分列を取り, $\|[u_{n+1}] - [u_n]\|_Q < 2^{-n}$ と仮定してよい. このとき, $v_n \in [u_n]$ を,

$$\frac{1}{2}\|v_n - [u_{n+1}]\|_B := \frac{1}{2}\inf_{v \in [u_{n+1}]} \|v_n - v\|_B < \|[u_n] - [u_{n+1}]\|_Q < 2^{-n}$$

が成り立つように順々に選んでおくと,

$\|v_{n+1} - v_n\|_B \leq \|v_{n+1} - [u_{n+1}]\|_B + \|[u_{n+1}] - [u_n]\|_Q + \|v_n - [u_n]\|_B < 5 \cdot 2^{-n}$

であり, $\{v_n\}$ は B におけるコーシー列となるので, 収束する. その極限点を $v_0 \in B$ とし, $[v_0] \in Q$ を考えると, $\|[u_n] - [v_0]\|_Q \leq \|v_n - v_0\|_B \longrightarrow 0$ となるので, $\{[u_n]\}$ は $[v_0]$ に収束する. したがって, 元のコーシー列は $[v_0]$ に収束する.　　//

例 7.1 $k = 1, 2, \cdots$ に対して, $B = H_k^2(\Omega)$ とし, k 次ソボレフ・ノルム $\| \ \|_k$ を考えると, $(B, \| \ \|_k)$ はバナッハ空間である. その閉部分空間 B_1 として, $B_1 = P_{k-1}$, すなわち, $\mathbb{R}^n$ 上の $(x_1, \cdots, x_n)$ に関する $(k-1)$ 次以下の多項式を, Ω の外では 0 に切り捨てた関数 p の全体, すなわち, $p = p(x) = p(x_1, \cdots, x_n)$ は

$$p(x) = \begin{cases} \displaystyle\sum_{|\alpha| \leq k-1} a_\alpha \, x_1{}^{\alpha_1} \cdots x_n{}^{\alpha_n} & (x = (x_1, \cdots, x_n) \in \Omega) \\ 0 & (x \notin \Omega) \end{cases}$$

である. ここで, $a_\alpha \in \mathbb{R}$ (α は多重指数) である. これら, $(B, \|\ \|_k)$ と B_1 は定義 7.3 の状況を満たしている.

次の定理が成り立つ.

定理 7.4 $k = 1, 2, \cdots$ とし, 例 7.1 のように, $B = H_k^2(\Omega)$, $B_1 = P_{k-1}$, $Q = B/B_1 = H_k^2(\Omega)/P_{k-1}$ とする. このとき, 次が成り立つ.

$$\rho^k |u|_k \leq \|[u]\|_Q \leq C' \rho^k |u|_k \qquad (\forall\, u \in H_k^2(\Omega)) \tag{7.55}$$

ここで $C' > 0$ は ρ や $u \in H_k^2(\Omega)$ にはよらない定数である.

この定理の証明には, [C. Morrey [25)]] の 85 頁にある次の 2 つの補題を使う. これらの補題の証明は割愛する.

補題 7.4 任意の $u \in H_k^2(\Omega)$ に対して, 次の条件を満たす $p \in P_{k-1}$ がただ 1 つ存在する:

$$\int_\Omega D^\alpha(u+p)\,dx = 0 \quad (0 \leq |\alpha| \leq k-1 \text{ なる任意の多重指数 } \alpha \text{ に対し}) \tag{7.56}$$

が成り立つ.

補題 7.5 $w \in H_k^2(\Omega)$ が,

$$\int_\Omega D^\alpha w\,dx = 0 \quad (0 \leq |\alpha| \leq k-1 \text{ なる任意の多重指数 } \alpha \text{ に対し}) \tag{7.57}$$

を満たすとする. このとき,

$$|w|_j \leq C'' \rho^{k-j} |w|_k \qquad (\forall\, j = 0, \cdots, k-1) \tag{7.58}$$

が成り立つ. ここで $C'' > 0$ は ρ と w には無関係な定数である.

注意：上記の 2 つの補題の意味は，

「$H_k^2(\Omega)$ の任意の元 u から，P_{k-1} に属する成分 p が取り出せて，
その残余 $u+p$ は $|u+p|_k$ のみでコントロールできる」

ということである．

[定理 7.4 の証明]

(第 2 の不等式の証明) $u \in H_k^2(\Omega)$ とする．補題 7.4 により，(7.56) を満たす $p \in P_{k-1}$ を取り出す．補題 7.5 を $w := u+p$ に適用すれば，

$$\|u+p\|_k = \left(\sum_{j=0}^{k} \rho^{2j} |u+p|_j^2\right)^{\frac{1}{2}}$$
$$\leq \left(\sum_{j=0}^{k-1} \rho^{2j} \cdot C''^2 \rho^{2(k-j)} |u+p|_k^2 + \rho^{2k} |u+p|_k^2\right)^{\frac{1}{2}}$$
$$\leq \sqrt{k C''^2 + 1}\, \rho^k |u+p|_k$$
$$= C' \rho^k |u|_k \tag{7.59}$$

となる．ここで $C' := \sqrt{k C''^2 + 1}$ であり，最後の等式で，$p \in P_{k-1}$ であるので，$|u+p|_k = |u|_k$ であることを使った．(7.59) と $\|\ \|_Q$ の定義より，

$$\|[u]\|_Q \leq \|u+p\|_k \leq C' \rho^k |u|_k \tag{7.60}$$

を得た．(7.60) は求める不等式である．

(第 1 の不等式の証明) 任意の $p \in P_{k-1}$ に対して，$\rho^k |u+p|_k = \rho^k |u|_k$ であるので，

$$\rho^k |u|_k \leq \inf_{p \in P_{k-1}} \|u+p\|_k = \|[u]\|_Q \tag{7.61}$$

となるからである．(7.61) の不等式は，任意の $p \in P_{k-1}$ に対して，

$$\|u+p\|_k = \left(\sum_{j=0}^{k} \rho^{2j} |u+p|_j^2\right)^{\frac{1}{2}} \geq \rho^k |u+p|_k = \rho^k |u|_k$$

となることより導かれる． //

[補題 7.3 の証明]　以上の準備の下で，補題 7.3 は次のように示される．

線形写像 $F : H_k^2(\Omega) \longrightarrow \mathbb{R}$ が，2 条件 (1) (7.47) と (2) (7.48) を満たすとする．任意の $u \in H_k^2(\Omega)$ と $p \in P_{k-1}$ に対して，

$$|F(u)| = |F(u+p)| \quad (\text{条件 (2) により})$$
$$\leq C \|u+p\|_k \quad (\text{条件 (1) により}) \qquad (7.62)$$

となる．したがって，任意の $u \in H_k^2(\Omega)$ に対して，

$$|F(u)| \leq C \inf_{p \in P_{k-1}} \|u+p\|_k \quad ((7.62) \text{ により})$$
$$= C \| [u] \|_Q \quad (\text{定義より})$$
$$\leq C C' \rho^k |u|_k \quad (\text{定理 7.4 より}) \qquad (7.63)$$

を得る．(7.63) は求める不等式 (7.49) である．補題 7.3 を得た． //

7.4　有限要素固有値の誤差評価

本節では，$\mathbb{R}^2$ 内の $\partial\Omega$ が区分的に C^∞ である有界領域 Ω 上のディリクレ境界値固有値問題 (D) について，$\overline{\Omega}$ の三角形分割 Ξ を十分細かく取り，(D) の第 k 固有値 μ_k と有限要素固有値問題 (FEM-D) の第 k 固有値 $\mu_k(\Xi)$ との間の誤差評価を行う．

7.4.1　リッツ射影

ヒルベルト空間 $(\mathring{H}_1^2(\Omega), (\,,\,)_1)$ 上の，次の双線形形式 $a(\,,\,)$ を考える:

$$a(u,v) := \int_\Omega \langle \nabla u, \nabla v \rangle \, dxdy \quad (u, v \in \mathring{H}_1^2(\Omega)) \qquad (7.64)$$

このとき，

補題 7.6　$a(\,,\,)$ は $\mathring{H}_1^2(\Omega)$ 上の内積であり，次式を満たす:

$$|a(u,v)| \leq \|u\|_1 \|v\|_1 \quad (u, v \in \mathring{H}_1^2(\Omega)) \qquad (7.65)$$

$$\frac{\mu_1(\Omega)}{1+\mu_1(\Omega)} \|u\|_1^2 \leq a(u,u) = |u|_1^2 \leq \|u\|_1^2 \quad (u \in \mathring{H}(\Omega)) \qquad (7.66)$$

[証明] (7.65) 式は $\|\ \|_1$ の定義 (3.100), (3.101) より従う. (7.66) の第 1 の不等式は, 補題 7.1 (7.15) より,

$$\|u\|_1{}^2 = \|u\|^2 + \|\nabla u\|^2 \leq \left(1 + \frac{1}{\mu_1(\Omega)}\right)\|\nabla u\|^2 \qquad (\forall\, u \in \overset{\circ}{H}{}^2_1(\Omega)) \quad (7.67)$$

であることから従う. また, 内積の条件のうち, $a(u,u)$ ($u \in \overset{\circ}{H}{}^2_1(\Omega)$) の正定値性については,

$$a(u,u) = \int_\Omega \langle \nabla u, \nabla u \rangle\, dxdy = |u|_1{}^2 \geq 0$$

であり, かつ等号成立 $a(u,u) = 0$ とすると, (7.66) より, $\|u\|_1 = 0$ となるので, $u = 0$ を得る. //

定義 7.4 三角形分割 Ξ に対して, $\overline{G(\Xi)}$ 上の折れ線関数で, $\Gamma(\Xi) = \partial G(\Xi)$ 上で 0 となるもの全体は, $\overset{\circ}{H}{}^2_1(\Omega)$ 内の ℓ 次元部分空間であるが, ここでは,

$$\mathcal{S}(\Xi) := \left\{ \widehat{\mathbf{v}} = \sum_{i=1}^{\ell} v_i \psi_i \,\middle|\, \mathbf{v} = (v_1, \cdots, v_\ell) \in \mathbb{R}^\ell \right\} \quad (7.68)$$

とおく. ここで, $\{\psi_i | i = 1, \cdots, m\}$ は基底関数で, $\psi_i(\mathrm{P}_j) = \delta_{ij}$ ($i, j = 1, \cdots, m$) を満たし, $\overline{\Omega}$ 上の節点 $\{\mathrm{P}_1, \cdots, \mathrm{P}_m\}$ は $\{\mathrm{P}_1, \cdots, \mathrm{P}_\ell\}$ は Ω 上の節点であり, $\{\mathrm{P}_{\ell+1}, \cdots, \mathrm{P}_m\}$ は $\partial\Omega$ 上の節点である (補題 6.1 (2) 参照).

補題 7.7

(1) $\overset{\circ}{H}{}^2_1(\Omega)$ は次の直交直和分解をもつ: 任意の $v \in \overset{\circ}{H}{}^2_1(\Omega)$ は,

$$v = v_1 + v_2 \quad (7.69)$$

とかける. ここで $v_1 \in \mathcal{S}(\Xi)$ であり, $v_2 \in \overset{\circ}{H}{}^2_1(\Omega)$ は

$$a(v_2, \widehat{\mathbf{w}}) = 0 \qquad (\forall\, \widehat{\mathbf{w}} \in \mathcal{S}(\Xi)) \quad (7.70)$$

を満たすものである. 以後, $v_1 = R_\Xi v$, $v_2 = R_\Xi^\perp v$ と書き, 連続線形写像 $R_\Xi : \overset{\circ}{H}{}^2_1(\Omega) \longrightarrow \mathcal{S}(\Xi)$ をリッツ射影という. このとき (7.70) は次式を意味する.

$$\int_\Omega \langle \nabla(R_\Xi v - v), \nabla \widehat{\mathbf{w}}\rangle\, dxdy = 0 \qquad (\forall\, \widehat{\mathbf{w}} \in \mathcal{S}(\Xi)) \quad (7.71)$$

(2) リッツ射影は次を満たす. 任意の $v \in \overset{\circ}{H}{}^2_1(\Omega)$ に対して,

$$a(R^\perp_\Xi v, R^\perp_\Xi v) = \inf_{\widehat{\mathbf{w}} \in \mathcal{S}(\Xi)} a(v - \widehat{\mathbf{w}}, v - \widehat{\mathbf{w}}) \tag{7.72}$$

[証明] (1) は $\overset{\circ}{H}{}^2_1(\Omega)$ 内の ℓ 次元部分空間 $\mathcal{S}(\Xi)$ の内積 $a(\,,\,)$ に関する直交補空間分解定理である. 実際, $v \notin \mathcal{S}(\Xi)$ のとき,

$$(*) \quad a(v - v_1, v - v_1) = \inf_{v' \in \mathcal{S}(\Xi)} a(v - v', v - v')$$

を満たす元 $v_1 \in \mathcal{S}(\Xi)$ が一意に存在することを示そう. そうすれば, このとき, $v_2 = v - v_1$ とおくと, 任意の $0 \neq u \in \mathcal{S}(\Xi)$ と $\lambda \in \mathbb{R}$ に対して,

$$a(v_2 - \lambda u, v_2 - \lambda u) \geq a(v_2, v_2)$$

となる. ここで, とくに, $\lambda := \frac{a(v_2, u)}{a(u, u)}$ とすると,

$$a(v_2, v_2) \leq a(v_2 - \lambda u, v_2 - \lambda u) = a(v_2, v_2) - \frac{a(v_2, u)^2}{a(u, u)}$$

となるので, $-\frac{a(v_2, u)^2}{a(u, u)} \geq 0$ を得る. ゆえに, $a(v_2, u) = 0 \,(\forall\, u \in \mathcal{S}(\Xi))$ である.

次に, $(*)$ を満たす $v_1 \in \mathcal{S}(\Xi))$ が存在することの証明のために,

$$d^2 := \inf\{a(v - u, v - u)|\, u \in \mathcal{S}(\Xi)\}$$

ここで $d \geq 0$, とおく. このとき, $u_n \in \mathcal{S}(\Xi)$ で, $a(v - u_n, v - u_n) = |v - u_n|_1^2 \longrightarrow 0 \,(n \to \infty)$ となる点列が存在する. このとき,

$$|u_n - u_m|_1 = |(v - u_m) - (v - u_n)|_1 \leq |v - u_m|_1 + |v - u_n|_1 \longrightarrow 0$$

となるので, $\{u_n\}$ はコーシー列となり収束する. そこで $u_n \to u_0 \in \mathcal{S}(\Xi)$ $(n \to \infty)$ とすると, $a(v - u_0, v - u_0) = d^2$ である.

最後に, $(*)$ を満たす $v_1 \in \mathcal{S}(\Xi)$ は高々1つであることを示す. $v_1 \neq v'_1 \in \mathcal{S}(\Xi)$ が存在して, $|u - v'_1|_1^2 = a(u - v'_1, u - v'_1) = d^2$ とする. このとき, $0 \leq \lambda \leq 1$ である任意の $\lambda \in \mathbb{R}$ に対して,

$$d \leq |v - (\lambda v'_1 + (1 - \lambda) v_1)|_1 \leq \lambda |v - v'_1|_1 + (1 - \lambda) |v - v_1|_1 = \lambda d + (1 - \lambda) d = d$$

$$\therefore \ d^2 = |v - (\lambda v'_1 + (1 - \lambda) v_1)|_1^2$$

$$= |v - v_1 + \lambda(v_1 - v_1')|_1^2$$
$$= |v - v_1|_1^2 + 2\lambda a(v_1 - v_1', v - v_1) + \lambda^2 |v_1 - v_1'|_1^2 \quad (**)$$

ゆえに, $(**)$ の両辺を $\lambda = 0$ で λ について微分して, $a(v_1 - v_1', v - v_1) = 0$ となる. ゆえに, 次式を得る.

$$d^2 = |v - v_1|_1^2 + \lambda^2 |v_1 - v_1'|_1^2 \quad (**)$$

このとき, $v_1 \neq v_1'$ であるので, $|v_1 - v_1'|_1^2 > 0$ でなければならず, $|v - v_1|_1^2 = d^2$ であるので, $(**)$ は矛盾である. ゆえに, $v_1' = v_1$. 以上により, (1) を得た.

(2) 任意の $\widehat{\mathbf{w}} \in \mathcal{S}(\Xi)$ に対して,

$$v - \widehat{\mathbf{w}} = (R_\Xi v - \widehat{\mathbf{w}}) + R_\Xi^\perp v \tag{7.73}$$

において, (7.73) の右辺の第 1 項は $\mathcal{S}(\Xi)$ に属するので, (7.70) より,

$$a(v - \widehat{\mathbf{w}}, v - \widehat{\mathbf{w}}) = a(R_\Xi v - \widehat{\mathbf{w}}, R_\Xi v - \widehat{\mathbf{w}}) + a(R_\Xi^\perp v, R_\Xi^\perp v)$$
$$\geq a(R_\Xi^\perp v, R_\Xi^\perp v). \tag{7.74}$$

また, $\widehat{\mathbf{w}} = R_\Xi v$ のとき, (7.74) は等号成立なので, (2) が従う. //

$f \in L^2(\Omega)$ に対して, (4.23) と (4.24) のように, ディリクレ境界値ポアソン方程式

$$\begin{cases} \Delta v = f & (\Omega \text{ 上}) \\ v = 0 & (\partial\Omega \text{ 上}) \end{cases} \tag{7.75}$$

の弱解, すなわち, $v \in \overset{\circ}{H}_1^2(\Omega)$ であって,

$$\int_\Omega \langle \nabla v, \nabla \psi \rangle \, dxdy = \int_\Omega f\psi \, dxdy \quad (\forall\, \psi \in \overset{\circ}{H}_1^2(\Omega)) \tag{7.76}$$

となるものが, ただ 1 つ存在する (定理 4.4 より).

一方, 上の結果の有限要素法に関する類似として, 次の補題が成り立つ.

補題 7.8 $f \in L^2(\Omega)$ とする. このとき, 次式を満たす $\widehat{\mathbf{v}}_\Xi \in \mathcal{S}(\Xi)$ がただ 1 つ存在する:

$$\int_\Omega \langle \nabla \widehat{\mathbf{v}}_\Xi, \nabla \widehat{\mathbf{w}} \rangle \, dxdy = \int_\Omega f \, \widehat{\mathbf{w}} \, dxdy \qquad (\forall \, \widehat{\mathbf{w}} \in \mathcal{S}(\Xi)) \tag{7.77}$$

ここで三角形分割 Ξ は十分細かく取り, $\Omega = G(\Xi)$ かつ $\partial\Omega = \Gamma(\Xi) = \partial G(\Xi)$ が成り立つとする.

[証明] 基底関数 $\{\psi_i | i = 1, \cdots, \ell\}$ を使って, $\widehat{\mathbf{v}}_\Xi \in \mathcal{S}(\Xi)$ を,

$$\widehat{\mathbf{v}}_\Xi = \sum_{i=1}^\ell v_i \psi_i \qquad \mathbf{v} = (v_1, \cdots, v_\ell) \in \mathbb{R}^\ell \tag{7.78}$$

と表示し, $\mathbf{b} = (b_1, \cdots, b_\ell) \in \mathbb{R}^\ell$ を,

$$b_i = (f, \psi_i) = \int_\Omega f \psi_i \, dxdy \qquad (i = 1, \cdots, \ell) \tag{7.79}$$

と定める. ここで (7.77) に (7.78) を代入して,

$$(7.77) \iff \int_\Omega \left\langle \sum_{i=1}^\ell v_i \nabla \psi_i, \nabla \psi_j \right\rangle dxdy = \int_\Omega f \psi_j \, dxdy$$
$$(\forall \, j = 1, \cdots, \ell)$$
$$\iff \sum_{i=1}^\ell K_{ij}(\Xi) v_i = b_j \qquad (\forall \, j = 1, \cdots, \ell) \tag{7.80}$$

ここで, (7.79) と定義 6.4 の (6.4) 式の

$$K_{ij}(\Xi) := \int_{G(\Xi)} \langle \nabla \psi_i, \nabla \psi_j \rangle \, dxdy$$

を使った. (7.80) は $\mathbf{v}$ と $\mathbf{b}$ の転置行列を取った列ベクトルについて,

$$K_0(\Xi) \, {}^t\mathbf{v} = {}^t\mathbf{b} \tag{7.81}$$

と表示され, 補題 6.8 (2) により, 対称行列 $K_0(\Xi)$ は正定値行列であるので, とくに, 正則行列である. ゆえに, (7.81) の解 $\mathbf{v}$ は, したがって, $\widehat{\mathbf{v}}_\Xi$ はただ 1 つ存在する. //

定理 7.5 $f \in L^2(\Omega)$ とし, $v \in \overset{\circ}{H}{}^2_1(\Omega)$ を, ディリクレ境界値ポアソン方程式 (7.75) の弱解, すなわち, v が (7.76) を満たすとし, $\widehat{\mathbf{v}}_\Xi \in \mathcal{S}(\Xi)$ を補題 7.8 における (7.77) の解とする.

(1) このとき, $R_\Xi v = \widehat{\mathbf{v}}_\Xi$ となる. すなわち, $\widehat{\mathbf{v}}_\Xi$ は v のリッツ射影であり,

$$a(R_\Xi^\perp v, R_\Xi^\perp v) = \inf_{\widehat{\mathbf{w}} \in \mathcal{S}(\Xi)} a(v - \widehat{\mathbf{w}}, v - \widehat{\mathbf{w}}) \tag{7.82}$$

が成り立つ. すなわち,

$$\int_\Omega \langle \nabla(v - \widehat{\mathbf{v}}_\Xi), \nabla(v - \widehat{\mathbf{v}}_\Xi) \rangle\, dxdy$$
$$= \inf_{\widehat{\mathbf{w}} \in \mathcal{S}(\Xi)} \int_\Omega \langle \nabla(v - \widehat{\mathbf{w}}), \nabla(v - \widehat{\mathbf{w}}) \rangle\, dxdy \tag{7.83}$$

が成り立つ.

(2) 次式が成り立つような定数 $C > 0$ が存在する (この C は h, v と $\widehat{\mathbf{v}}_\Xi$ には依存しない):

$$|\widehat{\mathbf{v}}_\Xi - v|_1 \leq C\, h\, |v|_2 \tag{7.84}$$

ここで h は三角形分割 Ξ の三角形 e_μ ($\mu = 1, \cdots, s$) の最長辺の長さである.

(3) このときさらに, 次式が成り立つ.

$$\|\widehat{\mathbf{v}}_\Xi - v\| \leq C\, h^2\, |v|_2 \tag{7.85}$$

[証明]

(1) (7.76) において $\psi = \widehat{\mathbf{w}} \in \mathcal{S}(\Xi) \subset \overset{\circ}{H}_1^2(\Omega)$ とすると,

$$\int_\Omega \langle \nabla v, \nabla \widehat{\mathbf{w}} \rangle\, dxdy = \int_\Omega f\, \widehat{\mathbf{w}}\, dxdy \tag{7.86}$$

(7.77) 式から (7.86) 式を引いて,

$$a(\widehat{\mathbf{v}}_\Xi - v, \widehat{\mathbf{w}}) = \int_\Omega \langle \nabla(\widehat{\mathbf{v}}_\Xi - v), \nabla \widehat{\mathbf{w}} \rangle\, dxdy = 0 \quad (\forall\, \widehat{\mathbf{w}} \in \mathcal{S}(\Xi)) \tag{7.87}$$

を得る. 補題 7.7 (1) により, $\widehat{\mathbf{v}}_\Xi = R_\Xi v$, すなわち, $\widehat{\mathbf{v}}_\Xi$ は v のリッツ射影である. ゆえに, 補題 7.7 (2) (7.72) 式により, (7.82), すなわち, (7.83) が成り立つ.

(2) 定義より, $|v|_1 = a(v,v)^{\frac{1}{2}}$ ($v \in \overset{\circ}{H}_1^2(\Omega)$) であるので, v から定義 7.2 に従って作った $\widehat{v} \in \mathcal{S}(\Xi)$ に対して, $\widehat{\mathbf{v}}_\Xi$ の定義と定理 7.5 (1) (7.83) より,

$$|\widehat{\mathbf{v}}_\Xi - v|_1^2 \leq |\widehat{v} - v|_1^2$$
$$\leq C\left(1 + \frac{1}{\mu_1(\Omega)}\right) \frac{h^2}{\sin^2 \theta} |v|_2^2 \tag{7.88}$$

となる. (7.88) の第 2 式で, 定理 7.2 (ブランブル＝ツラマルの定理, その 1) の (7.10) 式を使った. $C' := \sqrt{C\left(1 + \frac{1}{\mu_1(\Omega)}\right)} \frac{1}{\sin\theta}$ とすれば,

$$|\widehat{\mathbf{v}}_\Xi - v|_1 \leq C' h |v|_2 \tag{7.89}$$

すなわち, (7.84) を得た.

(3) (2) の (7.84) 式より,

$$\|\widehat{\mathbf{v}}_\Xi - v\| \leq C h |\widehat{\mathbf{v}}_\Xi - v|_1 \tag{7.90}$$

を示せばよい. 次の正則性定理を使う.

定理 7.6 (正則性定理) $f \in L^2(\Omega)$ とする. ディリクレ境界値ポアソン方程式

$$\begin{cases} \Delta v = f & (\Omega \text{ 上}) \\ v = 0 & (\partial\Omega \text{ 上}) \end{cases} \tag{7.91}$$

の弱解 $v \in \overset{\circ}{H}{}^2_1(\Omega)$ は次式を満たす.

$$\|v\|_2 \leq C \|f\| \tag{7.92}$$

ここで $C > 0$ は f に依存しない定数であり, $\|\ \|_2$ は Ω 上の 2 次のソボレフ・ノルム, $\|\ \|$ は L^2 ノルムである.

[証明] [Gilberg-Trudinger [11]], 177 頁により, (7.91) の弱解 v は,

$$\|v\|_2 \leq C' (\|v\| + \|f\|) \tag{7.93}$$

を満たす. ここで, $C' > 0$ は v と f に依存しない定数である. $v \in \overset{\circ}{H}{}^2_1(\Omega)$ は任意の $\psi \in \overset{\circ}{H}{}^2_1(\Omega)$ について,

$$\int_\Omega \langle \nabla v, \nabla \psi \rangle \, dxdy = \int_\Omega f \psi \, dxdy \tag{7.94}$$

であるので, とくに, $\psi = v$ とおいて,

$$\|\nabla v\|^2 = \int_\Omega f v \, dxdy \leq \|f\|\,\|v\| \tag{7.95}$$

補題 7.1 により,

$$\|v\|^2 \leq \frac{1}{\mu_1(\Omega)} \|\nabla v\|^2 \leq \frac{1}{\mu_1(\Omega)} \|f\| \|v\| \quad \therefore \|v\| \leq \frac{1}{\mu_1(\Omega)} \|f\|$$

$$\therefore \quad \|v\|_2 \leq C' \left(1 + \frac{1}{\mu_1(\Omega)}\right) \|f\| \tag{7.96}$$

となる. したがって $C = C' \left(1 + \frac{1}{\mu_1(\Omega)}\right)$ とするとよい. //

とくに, $f := R_\Xi v - v = \widehat{\mathbf{v}}_\Xi - v \in \overset{\circ}{H}{}_1^2(\Omega)$ のときは,

$$\|f\| \leq C h |f|_1 \tag{7.97}$$

となる. すなわち, (7.90) が成り立つ.

[証明] (7.94) 式において, $\psi = f \in \overset{\circ}{H}{}_1^2(\Omega)$ とおくと,

$$\begin{aligned}
\|f\|^2 &= \int_\Omega \langle \nabla f, \nabla v \rangle \, dxdy \\
&= \int_\Omega \langle \nabla f, \nabla(v - \widehat{\mathbf{v}}_\Xi) \rangle \, dxdy \quad (\because (7.87)\text{ より}, \int_\Omega \langle \nabla f, \nabla \widehat{\mathbf{v}}_\Xi \rangle \, dxdy = 0) \\
&\leq \|\nabla f\| \|\nabla(v - \widehat{\mathbf{v}}_\Xi)\| \\
&\leq \|\nabla f\| C' h \|v\|_2 \quad ((7.89) \text{ により}) \\
&= C' h |f|_1 \|v\|_2 \\
&\leq C' h |f|_1 C \|f\| \quad ((7.92) \text{ により}) \tag{7.98}
\end{aligned}$$

となる. (7.98) の両辺を $\|f\|$ で割って,

$$\|f\| \leq C C' h |f|_1 \tag{7.99}$$

を得る. ゆえに, (7.97), すなわち, (7.90) を得た. //

以上より, 定理 7.5 を得た. //

7.4.2 有限要素固有値の誤差評価

次の定理を示す.

定理 7.7 $\Omega \subset \mathbb{R}^2$ を $\partial \Omega$ が区分的に C^∞ である有界な凸領域とし, $k = 1, 2, \cdots$ とする. μ_k を Ω 上のディリクレ境界値固有値問題の 第 k 固

有値とし, $\mu_k(\Xi)$ を Ω の三角形分割 Ξ に対する有限要素固有値問題 (FEM-D) の第 k 固有値とする. このとき,

$$\mu_k \leq \mu_k(\Xi) \leq \mu_k + (16\, C\, \mu_k{}^2)\, h^2 \qquad \left(0 < \forall h \leq \sqrt{\frac{1}{2\, C\, \mu_k}}\right) \quad (7.100)$$

ここで, $C > 0$ は k と h には依存しない定数である.

[証明] (第1段) ミニ・マックス原理 (定理 4.9 (2) および 定理 6.5 (1), 補題 6.13 (1) (6.51) 式) により,

$$\mu_k = \inf_{V_k \subset \overset{\circ}{H}{}_1^2(\Omega)} \sup \left\{ \frac{\|\nabla v\|^2}{\|v\|^2} \,\Big|\, 0 \not\equiv v \in V_k \right\} \quad (7.101)$$

$$\mu_k(\Xi) = \inf_{L_k \subset \mathcal{S}(\Xi)} \sup \left\{ \frac{\|\nabla \widehat{\mathbf{v}}\|^2}{\|\widehat{\mathbf{v}}\|^2} \,\Big|\, 0 \not\equiv \widehat{\mathbf{v}} \in L_k \right\} \quad (7.102)$$

ここで V_k は $\overset{\circ}{H}{}_1^2(\Omega)$ 内の k 次元部分空間のすべてをわたり, L_k は $\mathcal{S}(\Xi) = \{\widehat{\mathbf{v}} = \sum_{i=1}^{\ell} v_i \psi_i \,|\, \mathbf{v} \in \mathbb{R}^\ell\}$ 内の k 次元部分空間のすべてをわたる.

ゆえに, Ω が凸領域なので $L_k \subset \mathcal{S}(\Xi) \subset \overset{\circ}{H}{}_1^2(\Omega)$ であるので, (7.101), (7.102) により,

$$\mu_k \leq \mu_k(\Xi) \quad (7.103)$$

(第2段) 他方, Ω 上のディリクレ境界値固有値問題の固有関数で, 正規直交関数系をなす v_i ($i = 1, 2, \cdots$) (7.4) について, $E_k := \{\sum_{i=1}^k a_i v_i \,|\, a_i \in \mathbb{R}\ (i = 1, \cdots, k)\}$ とし, $E_k(\Xi) := R_\Xi E_k \subset \mathcal{S}(\Xi)$ とおくと, $E_k(\Xi)$ は $\mathcal{S}(\Xi)$ 内の k 次元部分空間となる.

実際, Ξ を十分細かく取り, 任意の $v \in E_k$ について,

$$(v, \widehat{\mathbf{w}}) = \int_\Omega v\, \widehat{\mathbf{w}}\, dxdy = 0\ (\forall\, \mathbf{w} \in \mathcal{S}(\Xi)) \implies v = 0 \quad (7.104)$$

が成り立つようにしておく. そうすると, リッツ射影 R_Ξ は $E_k \subset \overset{\circ}{H}{}_1^2(\Omega)$ 上で単射となる. なぜなら, $v = \sum_{i=1}^k a_i v_i \in E_k$ について, $v_1 = R_\Xi v = 0$ とすれば, $v = v_1 + v_2 = v_2$ なので, 補題 7.7 (7.70) により, 任意の $\widehat{\mathbf{w}} \in \mathcal{S}(\Xi)$ に対して,

$$0 = a(v_2, \widehat{\mathbf{w}}) = a(v, \widehat{\mathbf{w}}) = \int_\Omega \langle \nabla v, \nabla \widehat{\mathbf{w}} \rangle\, dxdy$$

$$= \int_\Omega (\Delta v)\,\widehat{\mathbf{w}}\,dxdy$$
$$= \int_\Omega \bigl(\sum_{i=1}^k a_i\,\mu_i\,v_i\bigr)\,\widehat{\mathbf{w}}\,dxdy$$

ゆえに, (7.104) により, $\sum_{i=1}^k a_i\,\mu_i\,v_i = 0$ となり, したがって, $a_1 = \cdots = a_k = 0$ となるからである. 以上より, $\dim E_k(\Xi) = \dim R_\Xi E_k = \dim E_k = k$ を得る.

(第3段) このとき, (7.102) により,

$$\mu_k(\Xi) \leq \sup\left\{\left.\frac{\|\nabla R_\Xi v\|^2}{\|R_\Xi v\|^2}\right|\, 0 \not\equiv v \in E_k\right\} \tag{7.105}$$

$$\leq \sup\left\{\left.\frac{\|\nabla v\|^2}{\|R_\Xi v\|^2}\right|\, 0 \not\equiv v \in E_k\right\} \tag{7.106}$$

実際, (7.106) をいうには,

$$\|\nabla R_\Xi v\| \leq \|\nabla v\| \qquad (\forall\, v \in \mathring{H}_1^2(\Omega)) \tag{7.107}$$

を示せばよい. (7.107) は次のように示される. 補題 7.7 (1) の (7.71) 式より, 任意の $\widehat{\mathbf{w}} \in \mathcal{S}(\Xi)$ に対して, 次式を得る.

$$(\nabla(R_\Xi v - v), \nabla\widehat{\mathbf{w}}) = \int_\Omega \langle\nabla(R_\Xi v - v), \nabla\widehat{\mathbf{w}}\rangle\,dxdy = 0 \tag{7.108}$$

ここで $\nabla v = \nabla(v - R_\Xi v) + \nabla R_\Xi v$ なので, $\widehat{\mathbf{w}} = R_\Xi v$ に, (7.108) を適用すると,

$$\|\nabla v\|^2 = \|\nabla(v - R_\Xi)\|^2 + \|\nabla R_\Xi v\|^2 \qquad ((7.108)\text{ により})$$
$$\geq \|\nabla R_\Xi v\|^2 \tag{7.109}$$

となる. (7.109) は求める (7.107) である.

(第4段) また,

$$\|R_\Xi v\| + \|v - R_\Xi v\| \geq \|v\|$$

であるので,

$$\|R_\Xi v\| \geq \|v\| - \|v - R_\Xi v\| \tag{7.110}$$

となる．ここで，定理 7.5 (3) の (7.85) 式により，任意の $v \in E_k$ に対して，

$$\|R_\Xi v - v\| \leq C h^2 |v|_2 \quad (\text{定理 7.5 (1), (3) により})$$
$$= C h^2 \|\Delta v\| \quad (\text{後の (7.117) を見よ}) \tag{7.111}$$
$$\leq C h^2 \mu_k \|v\| \quad (v \in E_k \text{ により}) \tag{7.112}$$

ゆえに，(7.110) と (7.112) により，

$$\|R_\Xi v\| \geq \|v\| (1 - C h^2 \mu_k) \tag{7.113}$$

(第 5 段) 以上より，(7.106) と (7.113) と合わせて，

$$\mu_k(\Xi) \leq \frac{1}{(1 - C h^2 \mu_k)^2} \sup \left\{ \frac{\|\nabla v\|^2}{\|v\|^2} \,\middle|\, 0 \not\equiv v \in E_k \right\}$$
$$\leq \frac{\mu_k}{(1 - C h^2 \mu_k)^2} \tag{7.114}$$

を得る．ここで，

$$\frac{\mu_k}{(1 - C h^2 \mu_k)^2} \leq \mu_k + 16 C \mu_k^2 h^2 \quad \left(0 < \forall h \leq \sqrt{\frac{1}{2 C \mu_k}} \right) \tag{7.115}$$

となる．なぜなら，

$$f(x) := \frac{\mu_k}{(1 - C \mu_k x^2)^2}, \qquad g(x) := \mu_k + 16 C \mu_k^2 x^2 \quad (x \in \mathbb{R})$$

とおくと，

$$\begin{cases} f(0) = g(0) = \mu_k \\ f'(x) = \dfrac{4 C \mu_k^2 x}{(1 - C \mu_k x^2)^3}, \quad g'(x) = 32 C \mu_k^2 x \end{cases} \tag{7.116}$$

また，$0 \leq x \leq \sqrt{\frac{1}{2 C \mu_k}}$ のとき，$f'(x) \leq g'(x)$ である．ゆえに，(7.115) が成り立つ．以上より，定理 7.7 を得た． //

最後に，(7.111)，すなわち，

$$|v|_2 = \|\Delta v\| \quad (\forall v \in H_2^2(\Omega)) \tag{7.117}$$

を示そう．

実際，$C_c^\infty(\Omega) \subset H_2^2(\Omega)$ は $H_2^2(\Omega)$ において稠密なので，$v \in C_c^\infty(\Omega)$ のときに示せばよい．このとき，Ω の閉包が 2 つの開区間の直積空間 $(a,b) \times (c,d)$ に含まれるようにできる．このとき，$v \in C_c^\infty(\Omega)$ は $v(x,y) = 0$ $((x,y) \notin \Omega)$ と拡張すれば，$v \in C_c^\infty((a,b) \times (c,d))$ となる．このとき，

$$|v|_2^2 = \int_\Omega \left\{ \left(\frac{\partial^2 v}{\partial x^2}\right)^2 + 2\left(\frac{\partial^2 v}{\partial x \partial y}\right)^2 + \left(\frac{\partial^2 v}{\partial y^2}\right)^2 \right\} dxdy \tag{7.118}$$

$$\|\Delta v\|^2 = \int_\Omega \left\{ \left(\frac{\partial^2 v}{\partial x^2}\right)^2 + 2\left(\frac{\partial^2 v}{\partial x^2}\right)\left(\frac{\partial^2 v}{\partial y^2}\right) + \left(\frac{\partial^2 v}{\partial y^2}\right)^2 \right\} dxdy \tag{7.119}$$

であるので，

$$\int_\Omega \left(\frac{\partial^2 v}{\partial x \partial y}\right)^2 dxdy = \int_\Omega \left(\frac{\partial^2 v}{\partial x^2}\right)\left(\frac{\partial^2 v}{\partial y^2}\right) dxdy \tag{7.120}$$

を示せばよい．$v_x = \frac{\partial v}{\partial x}, v_y = \frac{\partial v}{\partial y}$ 等と書き，部分積分を 2 回使って，

$$\begin{aligned}
\int_\Omega v_{xy}{}^2 dxdy &= \int_a^b \int_c^d v_{xy} v_{xy} dxdy \\
&= \int_a^b \left\{ v_x(x,d) v_{xy}(x,d) - v_x(x,c) v_{xy}(x,c) \right. \\
&\qquad \left. - \int_c^d v_x v_{xyy} dy \right\} dx \\
&= -\int_a^b \int_c^d v_x v_{xyy} dxdy \\
&= -\int_c^d \left\{ v_x(b,y) v_{yy}(b,y) - v_x(a,y) v_{yy}(a,y) \right. \\
&\qquad \left. - \int_a^b v_{xx} v_{yy} dx \right\} dy \\
&= \int_a^b \int_c^d v_{xx} v_{yy} dxdy \\
&= \int_\Omega v_{xx} v_{yy} dxdy
\end{aligned}$$

となる．これは (7.120) である．ゆえに，(7.117) を得た．　　//

7.5 有限要素折れ線関数の誤差評価

本節では, 平面 $\mathbb{R}^2$ 内の $\partial\Omega$ が区分的に C^∞ である有界領域 Ω 上のディリクレ境界値固有値問題 (D) (7.1) の第 k 固有値 μ_k に対する第 k 固有関数 v_k と, Ω の三角形分割 Ξ を取り, 有限要素固有値問題 (FEM-D) (6.60) の第 k 固有値 $\mu_k(\Xi)$ に対する第 k 固有ベクトル $\mathbf{v}_k(\Xi)$ から得られる折れ線関数 $\widehat{\mathbf{v}_k(\Xi)}$ について, 誤差評価を行なう ($k=1$ の場合のみではあるが).

有限要素固有値問題 (FEM-D) (6.60) の固有値 $\mu_k(\Xi)$ $(k=1,\cdots,\ell)$ とその固有ベクトル $\mathbf{v}_j$ $(j=1,\cdots,\ell)$ に対する折れ線関数 $\widehat{\mathbf{v}_j}$ は補題 6.12 (6.72), (6.73) を満たしていた. Ξ は十分細かく取っていたので, $\Omega = G(\Xi)$ と見なせる. したがって,

$$\int_\Omega \widehat{\mathbf{v}_i(\Xi)}\,\widehat{\mathbf{v}_j(\Xi)}\,dxdy = \delta_{ij} \tag{7.121}$$

$$\int_\Omega \langle \nabla\widehat{\mathbf{v}_i(\Xi)}, \nabla\widehat{\mathbf{v}_j(\Xi)} \rangle\,dxdy = \mu_i(\Xi)\,\delta_{ij} \tag{7.122}$$

である. $\mathcal{S}(\Xi)$ の任意の元 $\widehat{\mathbf{v}}$ は

$$\widehat{\mathbf{v}} = \sum_{j=1}^\ell a_j \widehat{\mathbf{v}_j(\Xi)} \tag{7.123}$$

と表示される. ここで,

$$a_j = (\widehat{\mathbf{v}}, \widehat{\mathbf{v}_j(\Xi)}) = \int_\Omega \widehat{\mathbf{v}}\,\widehat{\mathbf{v}_j(\Xi)}\,dxdy \tag{7.124}$$

である. ここと以下において, $(\,,\,)$ は Ω 上の L^2 内積を表す. このとき,

補題 7.9 $\widehat{\mathbf{v}_i(\Xi)}$ $(i=1,\cdots\ell)$ は次式を満たす:

$$\int_\Omega \langle \nabla\widehat{\mathbf{v}_i(\Xi)}, \nabla\widehat{\mathbf{v}} \rangle\,dxdy = \mu_i(\Xi) \int_\Omega \widehat{\mathbf{v}_i(\Xi)}\,\widehat{\mathbf{v}}\,dxdy \quad (\forall\,\widehat{\mathbf{v}} \in \mathcal{S}(\Xi)) \tag{7.125}$$

[証明] 実際, (7.123) を (7.125) の左辺に代入して, (7.122) より,

$$\int_\Omega \langle \nabla\widehat{\mathbf{v}_i(\Xi)}, \nabla\widehat{\mathbf{v}} \rangle\,dxdy = \sum_{j=1}^\ell a_j \int_\Omega \langle \nabla\widehat{\mathbf{v}_i(\Xi)}, \nabla\widehat{\mathbf{v}_j(\Xi)} \rangle\,dxdy$$

$$= \sum_{j=1}^{\ell} a_j \mu_i(\Xi) \, \delta_{ij} = a_i \, \mu_i(\Xi) \tag{7.126}$$

一方,(7.123) を (7.125) の右辺に代入して,

$$\mu_i(\Xi) \int_\Omega \widehat{\mathbf{v}_i(\Xi)} \, \widehat{\mathbf{v}} \, dxdy = \mu_i(\Xi) \sum_{j=1}^{\ell} a_j \int_\Omega \widehat{\mathbf{v}_i(\Xi)} \, \widehat{\mathbf{v}_j(\Xi)} \, dxdy$$

$$= \mu_i(\Xi) \sum_{j=1}^{\ell} a_j \, \delta_{ij} = \mu_i(\Xi) \, a_i \tag{7.127}$$

(7.126),(7.127) より,求める等式を得る. //

示したい定理は次の定理である.

定理 7.8 $k=1$ とする. v_1 を,平面 $\mathbb{R}^2$ 内の有界領域 Ω 上のディリクレ境界値固有値問題 (D) の第 1 固有関数とし,$\mathbf{v}_1(\Xi)$ を有限要素固有値問題 (FEM-D) の第 1 固有値 $\mu_1(\Xi)$ の固有ベクトルとし,$\widehat{\mathbf{v}_1(\Xi)}$ をそれに対応する折れ線関数 (定義 6.2 参照) とする. このとき,次が成り立つ.

(1) $\qquad \|\widehat{\mathbf{v}_1(\Xi)} - v_1\| \leq D \, h^2 \tag{7.128}$

(2) $\qquad \|\nabla \widehat{\mathbf{v}_1(\Xi)} - \nabla v_1\| \leq D' \, h \quad \left(0 < \forall\, h < \sqrt{\dfrac{1}{2\,C\,\mu_1}}\right) \tag{7.129}$

したがって,この場合

(∗) $\qquad \|\widehat{\mathbf{v}_1(\Xi)} - v_1\|_1 \leqq \sqrt{D^2 h^2 + D'^2} \, h \quad \left(0 < \forall\, h < \sqrt{\dfrac{1}{2\,C\,\mu_1}}\right)$

が成り立つ.
ここで 2 つの定数 $D > 0$ と $D' > 0$ は Ξ と h に依存しないが,$\mu_i \,(i=1,2\cdots)$ と v_1 には依存している. また,(7.129) の定数 C は,定理 7.7 の定数である.

[証明]

((1) の証明;第 1 段) v_1 のリッツ射影 $R_\Xi v_1$ は $\overset{\circ}{H}{}_1^2(\Omega)$ 内の ℓ 次元 $\mathcal{S}(\Xi)$ に属するので (補題 7.7 を見よ),$\mathcal{S}(\Xi)$ の $(\ ,\ )$ に関する正規直交基底 $\widehat{\mathbf{v}_j(\Xi)}$ $(j=1,\cdots,\ell)$ により,

$$R_\Xi v_1 = \sum_{j=1}^{\ell} a_j \widehat{\mathbf{v}_j(\Xi)} \tag{7.130}$$

と分解する. ここで $a_j = (R_\Xi v_1, \widehat{\mathbf{v}_j(\Xi)})$ $(j = 1, \cdots, \ell)$ である. このとき, これらの定義から,

$$\|R_\Xi v_1 - a_1 \widehat{\mathbf{v}_1(\Xi)}\|^2 = \sum_{j=2}^{\ell} a_j{}^2 \tag{7.131}$$

である.

(第 2 段) 次に, $j = 1, \cdots, \ell$ に対して,

$$\begin{aligned}
\mu_j(\Xi)\, a_j &= \mu_j(\Xi)\, (R_\Xi v_1, \widehat{\mathbf{v}_j(\Xi)}) \\
&= \int_\Omega \langle \nabla R_\Xi v_1, \nabla \widehat{\mathbf{v}_j(\Xi)} \rangle \, dxdy \quad ((7.125) \text{ により}) \\
&= \int_\Omega \langle \nabla v_1, \nabla \widehat{\mathbf{v}_j(\Xi)} \rangle \, dxdy \quad ((7.71) \text{ により}) \\
&= \mu_1 \int_\Omega v_1 \widehat{\mathbf{v}_j(\Xi)} \, dxdy \quad (v_1 \text{ の定義より}) \\
&= \mu_1 \, (v_1, \widehat{\mathbf{v}_j(\Xi)}) \tag{7.132}
\end{aligned}$$

ゆえに, (7.132) により, $j = 1, \cdots, \ell$ に対して,

$$\begin{aligned}
(\mu_j(\Xi) - \mu_1)\, a_j &= \mu_1\, (v_1, \widehat{\mathbf{v}_j(\Xi)}) - \mu_1\, (R_\Xi v_1, \widehat{\mathbf{v}_j(\Xi)}) \\
&= \mu_1\, (v_1 - R_\Xi v_1, \widehat{\mathbf{v}_j(\Xi)}) \tag{7.133}
\end{aligned}$$

(第 3 段) 定理 7.7, および $\mu_2 > \mu_1$ なので (たとえば, [浦川肇[32)]], 183 頁, 系 (5.16) (ii) を見よ),

$$\mu_j(\Xi) - \mu_1 \geq \mu_j - \mu_1 \geq \mu_2 - \mu_1 > 0 \quad (\forall\, j \geq 2) \tag{7.134}$$

したがって, (7.133) と (7.134) より,

$$\sum_{j=2}^{\ell} a_j{}^2 = \sum_{j=2}^{\ell} \left(\frac{\mu_1}{\mu_j(\Xi) - \mu_1} \right)^2 (v_1 - R_\Xi v_1, \widehat{\mathbf{v}_j(\Xi)})^2$$

$$\leq \sum_{j=2}^{\ell} \left(\frac{\mu_1}{\mu_j(\Xi) - \mu_1}\right)^2 \|v_1 - R_\Xi v_1\|^2 \|\widehat{\mathbf{v}_j(\Xi)}\|^2$$

$$= \mu_1{}^2 \sum_{j=2}^{\ell} \left(\frac{1}{\mu_j(\Xi) - \mu_1}\right)^2 \|v_1 - R_\Xi v_1\|^2 \quad \left(\because \|\widehat{\mathbf{v}_j(\Xi)}\|^2 = 1\right)$$

$$\leq C' \|v_1 - R_\Xi v_1\|^2 \tag{7.135}$$

となる. というのは, 定理 7.7 により, $\mu_j \leq \mu_j(\Xi)$ なので,

$$\sum_{j=2}^{\ell} \left(\frac{1}{\mu_j(\Xi) - \mu_1}\right)^2 \leq \sum_{j=2}^{\ell} \left(\frac{1}{\mu_j - \mu_1}\right)^2 \leq \sum_{j=2}^{\infty} \left(\frac{1}{\mu_j - \mu_1}\right)^2 \tag{7.136}$$

ここで (7.135) の C' は $C' := \sum_{j=2}^{\infty} \left(\frac{1}{\mu_j - \mu_1}\right)^2 < \infty$ に取るとよい. なぜなら, 定理 4.13 により,

$$\mu_j \sim \frac{1}{C_2} \frac{j}{\text{Vol}(\Omega)} = \frac{4\pi j}{\text{Vol}(\Omega)} \quad (j \to \infty) \tag{7.137}$$

(ここで $C_2 = \frac{1}{4\pi}$) となるので, (7.136) の右辺は収束するからである.

ここで, 定理 7.5 (1), (3) より,

$$\|v_1 - R_\Xi v_1\|^2 \leq C^2 h^4 |v_1|_2{}^2 = C_2 h^4 \tag{7.138}$$

ここで $C_2 := C^2 |v_1|_2{}^2$ とおいた. (7.138) を (7.135) に代入して,

$$\sum_{j=2}^{\ell} a_j{}^2 \leq C_3 h^4 \tag{7.139}$$

を得た. ここで $C_3 := C' C^2 |v_1|_2{}^2$ である. (7.139) を (7.131) に代入して,

$$\|R_\Xi v_1 - a_1 \widehat{\mathbf{v}_1(\Xi)}\|^2 \leq C_3 h^4, \quad \text{すなわち}$$
$$\|R_\Xi v_1 - a_1 \widehat{\mathbf{v}_1(\Xi)}\| \leq \sqrt{C_3} h^2 \tag{7.140}$$

を得た.

(第 4 段) したがって, (7.140) と定理 7.5 (1), (3) により,

$$\|a_1 \widehat{\mathbf{v}_1(\Xi)} - v_1\| \leq \|R_\Xi v_1 - v_1\| + \|R_\Xi v_1 - a_1 \widehat{\mathbf{v}_1(\Xi)}\|$$
$$\leq C h^2 |v_1|_2 + \sqrt{C_3} h^2$$

$$
\begin{align}
&= (C\,|v_1|_2 + \sqrt{C_3})\,h^2 \\
&= C''\,h^2 \tag{7.141}
\end{align}
$$

ここで $C'' := C\,|v_1|_2 + \sqrt{C_3}$ である.

(第5段) 一方, (7.121) より

$$
\begin{align}
\|a_1\widehat{\mathbf{v}_1(\Xi)} - \widehat{\mathbf{v}_1(\Xi)}\| &= |a_1 - 1|\,\|\widehat{\mathbf{v}_1(\Xi)}\| \\
&= |a_1 - 1| \tag{7.142}
\end{align}
$$

である. ここで, $a_1 = (R_\Xi v_1, \widehat{\mathbf{v}_1(\Xi)}) > 0$ となるように, $\widehat{\mathbf{v}_1(\Xi)}$ の符号を選んでおく. このとき, (7.141) により,

$$
\begin{align}
|a_1 - 1| &= |a_1\,\|\widehat{\mathbf{v}_1(\Xi)}\| - \|v_1\|\,| \\
&= |\,\|a_1\,\widehat{\mathbf{v}_1(\Xi)}\| - \|v_1\|\,| \\
&\le \|a_1\,\widehat{\mathbf{v}_1(\Xi)} - v_1\| \\
&\le C''\,h^2 \tag{7.143}
\end{align}
$$

(7.142) と (7.143) により,

$$
\|a_1\widehat{\mathbf{v}_1(\Xi)} - \widehat{\mathbf{v}_1(\Xi)}\| \le C''\,h^2 \tag{7.144}
$$

(第6段) 以上より, (7.141), (7.142), (7.143) と (7.144) を合わせて,

$$
\begin{align}
\|v_1 - \widehat{\mathbf{v}_1(\Xi)}\| &\le \|v_1 - a_1\widehat{\mathbf{v}_1(\Xi)}\| + \|a_1\widehat{\mathbf{v}_1(\Xi)} - \widehat{\mathbf{v}_1(\Xi)}\| \\
&\le C''\,h^2 + C''\,h^2 = 2\,C''\,h^2 \tag{7.145}
\end{align}
$$

こうして, (1) を得た.

((2) の証明) (7.122) と $(v_1, v_1) = 1$, $\|\nabla v_1\|^2 = \mu_1$ なので,

$$
\begin{align}
\|\nabla\widehat{\mathbf{v}_1(\Xi)} - \nabla v_1\|^2 &= \|\nabla\widehat{\mathbf{v}_1(\Xi)}\|^2 - 2(\nabla\widehat{\mathbf{v}_1(\Xi)}, \nabla v_1) + \|\nabla v_1\|^2 \\
&= \mu_1(\Xi) - 2\,\mu_1\,(\widehat{\mathbf{v}_1(\Xi)}, v_1) + \mu_1 \\
&= \mu_1(\Xi) - \mu_1 + \mu_1\,\|\widehat{\mathbf{v}_1(\Xi)} - v_1\|^2 \tag{7.146}
\end{align}
$$

$\because \mu_1\,\|\widehat{\mathbf{v}_1(\Xi)} - v_1\|^2 = \mu_1\,(\|\widehat{\mathbf{v}_1(\Xi)}\|^2 - 2\,(\widehat{\mathbf{v}_1(\Xi)}, v_1) + \|v_1\|^2)$

$$= 2\mu_1 - 2\mu_1 \left(\widehat{\mathbf{v}_1(\Xi)}, v_1\right)$$

したがって, 定理 7.8 (1) の (7.128) と定理 7.7 の (7.100) により, $0 < h < \sqrt{\frac{1}{2C\mu_1}}$ のとき,

$$(7.146) \text{ の右辺} \leq 16\,C\,\mu_1{}^2\,h^2 + \mu_1\,D\,h^2$$
$$= (16\,C\,\mu_1{}^2 + D\,\mu_1)\,h^2 \tag{7.147}$$

となり, したがって,

$$\|\widehat{\nabla \mathbf{v}_1(\Xi)} - \nabla v_1\| \leq \sqrt{16\,C\,\mu_1{}^2 + D\,\mu_1}\,h = D'\,h \tag{7.148}$$

を得た. ここで, $D' := \sqrt{16\,C\,\mu_1{}^2 + D\,\mu_1}$ である. これは, (7.129) である. こうして, 定理 7.8 を得た. //

$k \geq 2$ の場合のディリクレ境界値固有関数 v_k に対する $\widehat{\mathbf{v}_k(\Xi)}$ の誤差評価, ノイマン境界値固有値問題, また, 境界がないコンパクトリーマン多様体 (M, g) の固有値問題に対する有限要素法の誤差評価についても同様にできるが, これらについては読者に委ねよう.

第8章　有限要素法の実際

　本章においては, はじめに有限要素法の実際の計算例を示す. 次に, コンピュータによって計算するための新しいアルゴリズムの提案を行なう. すなわち, 与えられた三角形分割 Ξ に対して, その剛性行列 $K(\Xi)$, $K_0(\Xi)$ と質量行列 $M(\Xi)$, $M_0(\Xi)$ を計算するための新しい方法について提案を行なう. この方法により, データの入力方法の簡素化, 剛性行列と質量行列の計算誤差の軽減と高速化を実現できる.

　最後に, 十文字正樹氏が東北大学のスーパー・コンピュータで実装して計算を行なった計算例と画像を紹介したい. これらはすべて, 同氏との一連の共同研究[13],[14],[15] に基づく.

8.1　有限要素法の実際の計算例

　本節では, 実際に, 一辺の長さが 3 と 2 の長方形 $\Omega_{3,2}$ 上のディリクレ境界値固有値問題の場合に有限要素法の手計算を実行し, 知られている厳密解 (例 4.1 を見よ) と比較してみよう.

　次の長方形領域 $\Omega_{3,2}$ を考える.

$$\Omega_{3,2} = \{(x,y)|\, 0 < x < 3,\, 0 < y < 2\} \tag{8.1}$$

　図 8.1 のように $\Omega_{3,2}$ を三角形分割してみる. 節点全部の個数は $m = 12$ で, $\{P_j\}_{j=1}^{12}$ とおく. $\Omega_{3,2}$ の内部の節点の個数は $\ell = 2$ で, $\{P_i\}_{i=1}^{2}$ とおく. 三角形の個数は 12 個あるので, 図のように $\Xi = \{e_\mu\}_{\mu=1}^{12}$ とおく.

　次の要領で剛性行列と質量行列を決定し, 有限要素固有値問題 (FEM-D) の固有値と固有ベクトルおよび折れ線関数を求めよう.

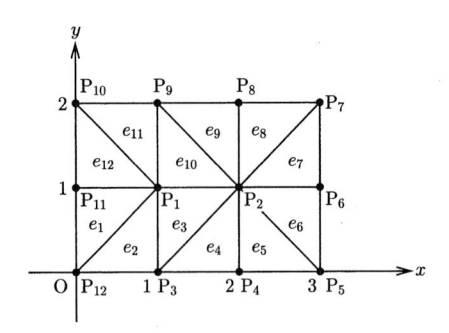

図 8.1 $\Omega_{3,2}$ の三角形分割

(1) 基底関数 $\{\psi_i\}_{i=1}^2$ を決定する.
(2) 行列 $K_0(\Xi) = (K_{ij}(\Xi))_{i,j=1}^2$ を計算する.
(3) 行列 $M_0(\Xi) = (M_{ij}(\Xi))_{i,j=1}^2$ を計算する.
(4) 行列 $M_0(\Xi)^{-1} K(\Xi)$ の固有値と固有ベクトルを求める.
(5) こうして求めた数値解を, $\Omega_{3,2}$ 上のディリクレ境界値固有値問題の固有値と固有関数の厳密解と比較する.

(1-a) ψ_1 の計算の実行.

三角形 e_1 と e_{12} 上では, $\psi_1(x,y) = x$ である. 実際, e_1 上において, $\psi_1(x,y) = ax + by + c$ としたとき,

$$\psi_1(1,1) = 1, \quad \psi_1(0,0) = 0, \quad \psi_1(0,1) = 1 \tag{8.2}$$

でなければならない. これより,

$$\begin{cases} a+b+c = 1 \\ c = 0 \\ b+c = 0 \end{cases} \tag{8.3}$$

を得る. この連立方程式を解いて,

$$a = 1, \ b = c = 0 \tag{8.4}$$

を得る. e_{12} 上でも同様の計算で求められるが, 直接, $\psi_1(x,y) = x$ が

$$\psi_1(1,1) = 1, \ \psi_1(0,1) = 0, \ \psi_1(0,2) = 0$$

を満たすことを，暗算で検証することもできる． //

以下，結果のみを書く．

(1-a-①)　e_1 および e_{12} 上では，$\psi_1(x,y) = x$．

(1-a-②)　e_2 上では，$\psi_1(x,y) = y$．

(1-a-③)　e_3 上では，$\psi_1(x,y) = -x + y + 1$．

(1-a-④)　e_{10} 上では，$\psi_1(x,y) = -x - y + 3$．

(1-a-⑤)　e_{11} 上では，$\psi_1(x,y) = -y + 2$．

(1-b)　ψ_2 の計算の実行．結果は次のようになる．

(1-b-①)　e_3 および e_{10} 上では，$\psi_2(x,y) = x - 1$．

(1-b-②)　e_4 およ及び e_5 上では，$\psi_2(x,y) = y$．

(1-b-③)　e_6 および e_7 上では，$\psi_2(x,y) = -x + 3$．

(1-b-④)　e_8 および e_9 上では，$\psi_2(x,y) = -y + 2$．

(2)　$K_0(\Xi) = \bigl(K_{ij}(\Xi)\bigr)_{i,j=1}^{2}$ の計算．

(2-a)　$K_{12}(\Xi) = -1$．

実際，$K_{12}(\Xi) = \int_{\Omega_{3,2}} \langle \nabla\psi_1, \nabla\psi_2 \rangle \, dxdy$ において，$\Omega_{3,2} = \cup_{\mu=1}^{12} e_\mu$ 上の積分で生き残るのは，e_3 と e_{10} 上の積分のみである．ところが，

$$\langle \nabla\psi_1, \nabla\psi_2 \rangle = \frac{\partial\psi_1}{\partial x}\frac{\partial\psi_2}{\partial x} + \frac{\partial\psi_1}{\partial y}\frac{\partial\psi_2}{\partial y} = (-1) \cdot 1 + 1 \cdot 0 = -1 \quad (e_3 \text{ および } e_{10} \text{ 上})$$

である．したがって，

$$K_{12}(\Xi) = (-1)\{e_3 \text{ の面積} + e_{10} \text{ の面積}\} = (-1)\left(\frac{1}{2} + \frac{1}{2}\right) = -1 \quad //$$

(2-b)　$K_{11}(\Xi) = 4$．

実際，$K_{11}(\Xi) = \int_{\Omega_{3,2}} \langle \nabla\psi_1, \nabla\psi_1 \rangle \, dxdy$ において，$\Omega_{3,2} = \cup_{\mu=1}^{12} e_\mu$ 上の積分で生き残るのは，e_1, e_2, e_3 と e_{10}, e_{11}, e_{12} 上の積分のみである．ところが，

$$\langle \nabla\psi_1, \nabla\psi_1 \rangle = \frac{\partial\psi_1}{\partial x}\frac{\partial\psi_1}{\partial x} + \frac{\partial\psi_1}{\partial y}\frac{\partial\psi_1}{\partial y} = \begin{cases} 1 & (e_1, e_2, e_{11}, e_{12} \text{ 上}) \\ 2 & (e_3, e_{10} \text{ 上}) \end{cases}$$

である. したがって,

$$K_{11}(\Xi) = 1 \cdot \{e_1, e_2, e_{11}, e_{12} \text{ の面積の和}\} + 2 \cdot \{e_3, e_{10} \text{ の面積の和}\}$$
$$= 2 + 2\left(\frac{1}{2} + \frac{1}{2}\right) = 4 \qquad //$$

(2-c) $K_{22}(\Xi) = 4$.

実際, $K_{22}(\Xi) = \int_{\Omega_{3,2}} \langle \nabla \psi_2, \nabla \psi_2 \rangle \, dxdy$ において, $\Omega_{3,2} = \cup_{\mu=1}^{12} e_\mu$ 上の積分で生き残るのは, e_i $(i = 3, \ldots, 10)$ 上の積分のみである. ところが,

$$\langle \nabla \psi_2, \nabla \psi_2 \rangle = \frac{\partial \psi_2}{\partial x}\frac{\partial \psi_2}{\partial x} + \frac{\partial \psi_2}{\partial y}\frac{\partial \psi_2}{\partial y} = 1 \quad (e_i \; (i = 3, \ldots, 10) \text{ 上})$$

である. したがって,

$$K_{22}(\Xi) = 1 \cdot \{e_i \; (i = 3, \cdots, 10) \text{ の面積の和}\} = 4 \qquad //$$

(2-d) 以上により,

$$K_0(\Xi) = \begin{pmatrix} 4 & -1 \\ -1 & 4 \end{pmatrix} \tag{8.5}$$

(3) $M_0(\Xi) = (M_{ij})_{ij=1}^2$ の計算.

実際, $M_{ij}(\Xi) = \int_{\Omega_{3,2}} \psi_i \psi_j \, dxdy$ を計算しなければならない. じつは, 次のことがわかる (次節定理 8.1 参照).

$$M_{11}(\Xi) = \frac{1}{6} \{P_1 \text{ を共有する三角形 } e_\mu \text{ の面積の総和}\} = \frac{3}{6} \tag{8.6}$$

$$M_{22}(\Xi) = \frac{1}{6} \{P_2 \text{ を共有する三角形 } e_\mu \text{ の面積の総和}\} = \frac{4}{6} \tag{8.7}$$

$$M_{12}(\Xi) = \frac{1}{12} \{\text{線分 } P_1 P_2 \text{ を共有する三角形 } e_3 \text{ と } e_{10} \text{ の面積の和}\}$$
$$= \frac{1}{12} \tag{8.8}$$

したがって,

$$M_0(\Xi) = \begin{pmatrix} \frac{3}{6} & \frac{1}{12} \\ \frac{1}{12} & \frac{4}{6} \end{pmatrix} = \frac{1}{12}\begin{pmatrix} 6 & 1 \\ 1 & 8 \end{pmatrix} \tag{8.9}$$

(4)　$M_0(\Xi)^{-1} K_0(\Xi)$ およびその固有値, 固有ベクトルの計算.

$$M_0(\Xi)^{-1} = \frac{12}{47} \begin{pmatrix} 8 & -1 \\ -1 & 6 \end{pmatrix} \tag{8.10}$$

なので,

$$M_0(\Xi)^{-1} K_0(\Xi) = \frac{12}{47} \begin{pmatrix} 8 & -1 \\ -1 & 6 \end{pmatrix} \begin{pmatrix} 4 & -1 \\ -1 & 4 \end{pmatrix} = \frac{12}{47} \begin{pmatrix} 33 & -12 \\ -10 & 25 \end{pmatrix} \tag{8.11}$$

となる. そこで, $M_0(\Xi)^{-1} K_0(\Xi)$ の固有値と固有ベクトルを行なう.

$$\begin{vmatrix} t-33 & 12 \\ 10 & t-25 \end{vmatrix} = (t - 29 - 2\sqrt{34})(t - 29 + 2\sqrt{34}) \tag{8.12}$$

したがって, $M_0(\Xi)^{-1} K_0(\Xi)$ (8.11) の固有値は,

$$\begin{cases} \mu_1(\Xi) = \dfrac{12}{47}(29 - 2\sqrt{34}) = 4.427\cdots \\ \mu_2(\Xi) = \dfrac{12}{47}(29 + 2\sqrt{34}) = 10.382\cdots \end{cases} \tag{8.13}$$

となる. 行列 $\begin{pmatrix} 33 & -12 \\ -10 & 25 \end{pmatrix}$, したがって, 行列 $M_0(\Xi)^{-1} K_0(\Xi)$ の対応する固有ベクトルは

$$\begin{cases} \mathbf{v}_1(\Xi) = \begin{pmatrix} \frac{1}{5}(-2+\sqrt{34}) \\ 1 \end{pmatrix} = \begin{pmatrix} 0.7662\cdots \\ 1 \end{pmatrix} \\ \mathbf{v}_2(\Xi) = \begin{pmatrix} \frac{1}{5}(-2-\sqrt{34}) \\ 1 \end{pmatrix} = \begin{pmatrix} -1.556\cdots \\ 1 \end{pmatrix} \end{cases} \tag{8.14}$$

となる.

(5)　長方形 $\Omega_{3,2}$ 上のディリクレ境界値固有値問題の固有値と固有関数は

$$\text{固有値} \quad \pi^2 \left(\frac{m^2}{9} + \frac{n^2}{4} \right) \tag{8.15}$$

$$\text{固有関数} \quad \sin\left(\frac{m\pi x}{3}\right) \sin\left(\frac{n\pi y}{2}\right) \tag{8.16}$$

である．ここで, $m, n = 1, 2, \cdots$ である.

したがって,
(i) 第 1 固有値は $\mu_1 = \pi^2 \left(\frac{1}{9} + \frac{1}{4}\right) = \pi^2 \cdot \frac{13}{36} = 3.564\cdots$ となる,
対応する第 1 固有関数は $v_1 = \sin\left(\frac{\pi x}{3}\right) \sin\left(\frac{\pi y}{2}\right)$ である.
(ii) 第 2 固有値は $\mu_2 = \pi^2 \left(\frac{4}{9} + \frac{1}{4}\right) = \pi^2 \cdot \frac{25}{36} = 6.854\cdots$ となる,
対応する第 2 固有関数は $v_2 = \sin\left(\frac{2\pi x}{3}\right) \sin\left(\frac{\pi y}{2}\right)$ である.

したがって,
$$\mu_1 = 3.564\cdots < \mu_1(\Xi) = 4.427\cdots \tag{8.17}$$
$$\mu_2 = 6.854\cdots < \mu_2(\Xi) = 10.382\cdots \tag{8.18}$$

なので，かなりひどい近似である.

他方，ディリクレ境界値固有値問題の第 1 固有関数 v_1 の図は図 8.2 に，第 2 固有関数 v_2 の図は図 8.3 に，$\mathbf{v}_1(\Xi)$ に対応する折れ線関数 $\widehat{\mathbf{v}_1(\Xi)}$ の図は図 8.4 に，$\mathbf{v}_2(\Xi)$ に対応する折れ線関数 $\widehat{\mathbf{v}_2(\Xi)}$ の図は図 8.5 によって与えられて

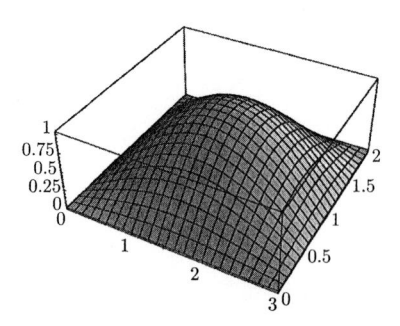

図 **8.2** $\Omega_{3,2}$ 上のディリクレ第 1 固有関数

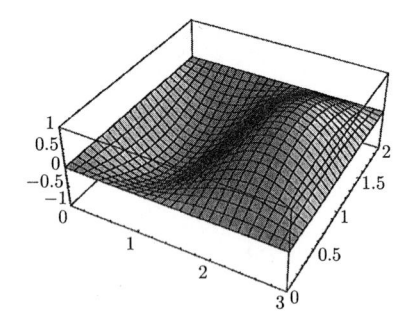

図 **8.3** $\Omega_{3,2}$ 上のディリクレ第 2 固有関数

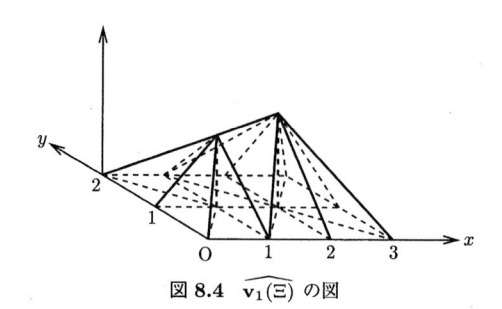

図 **8.4** $\widehat{\mathbf{v}_1(\Xi)}$ の図

図 8.5 $\widehat{v_2(\Xi)}$ の図

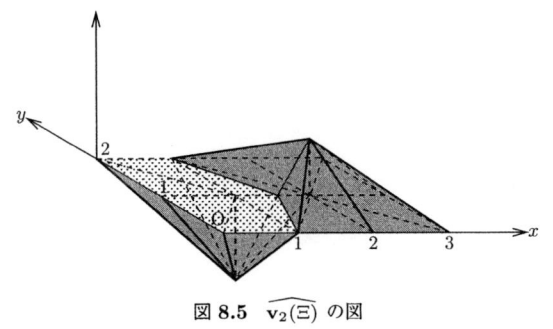

いる．おおざっぱな図ではあるが，意外にも，有限要素法による解は，第 1 固有関数と第 2 固有関数の特徴をよく表しているように思われる．

8.2 有限要素法直接計算プログラム

8.2.1 剛性行列と質量行列の決定

本節では，十文字正樹氏との共同研究で得られた有限要素法直接計算プログラムについて述べる．この方法により，データ入力作業の大幅な軽減を実現し，誤差なく短時間で，剛性行列 $K(\Xi)$, $K_0(\Xi)$ と質量行列 $M(\Xi)$, $M_0(\Xi)$ の計算を実行することができること，したがってまた，これから，3 つの有限要素固有値問題 (FEM-F), (FEM-D), (FEM-N) の固有値と固有ベクトルが計算でき，3 つの固有値問題 (F), (D), (N) の固有値，固有関数の可視化を実現することができることを述べる．これらの結果はまた，'中空体' や '中実体' 上の熱の伝導問題や波の伝搬にも応用することができる．さらに，剛性行列と質量行列の計算は，あらゆる有限要素法の計算にかかわってくるので，本節の結果を目的に応じてコンピュータのプログラムに実装することにより，大幅な計算時間の短縮と計算誤差の縮減の実現を可能にする．

以下では，M を $\mathbb{R}^3 = \{(x_1, x_2, x_3) | x_1, x_2, x_3 \in \mathbb{R}\}$ 内の 2 次元部分多様体とし，

(1) M が 2 次元 C^∞ コンパクト部分多様体 (いわゆる '中空体') とする場合

には，その包含写像を $\iota: M \hookrightarrow \mathbb{R}^3$ とする．そこで g_0 を，$\mathbb{R}^3$ 上の標準リーマン計量とし，g_0 の M の $\mathbb{R}^3$ への包含写像 ι による引き戻しによる M 上のリーマン計量 $g := \iota^* g_0$ を扱う（第 3 章例 3.7 参照）．また，

(2) 境界 $\partial\Omega$ が区分的に C^∞ である有界領域 $\Omega \subset M$ または $\Omega \subset \mathbb{R}^3$（いわゆる '**中実体**'）の場合を扱う．

(1) のときには，M 内の m 個の節点 $\{\mathrm{P}_1, \cdots, \mathrm{P}_m\}$ を取る．(2) のとき，有界領域 $\Omega \subset M$ のときの境界値固有値問題 (D), (N) の場合には，$\ell < m$ として，$\{\mathrm{P}_1, \cdots, \mathrm{P}_m\}$ を $\overline{\Omega}$ の節点で，$\{\mathrm{P}_1, \cdots, \mathrm{P}_\ell\}$ は Ω 内の ℓ 個の節点であり，$\{\mathrm{P}_{\ell+1}, \cdots, \mathrm{P}_m\}$ は $\partial\Omega$ 上の $m - \ell$ 個の節点とする．(1), (2) とも，M または，$\overline{\Omega}$ の三角形分割 $\Xi = \{e_\mu\}_{\mu=1}^s$ を十分細かく Ξ を取り，(1) のときは，$G(\Xi) = M$，(2) のときは，$G(\Xi) = \Omega$，$\partial\Omega = \Gamma(\Xi) = \partial G(\Xi)$ とする．

このとき，$i, j = 1, \cdots, m$ に対して，

$$K_{ij}(\Xi) := \int_{G(\Xi)} g(\nabla \psi_i, \nabla \psi_j)\, v_g \tag{8.19}$$

$$M_{ij}(\Xi) := \int_{G(\Xi)} \psi_i \psi_j\, v_g \tag{8.20}$$

とおき，これらを (i, j) 成分とする 2 つの m 次対称行列を，

$$K(\Xi) := (K_{ij}(\Xi))_{i,j=1,\cdots,m}, \quad M(\Xi) := (M_{ij}(\Xi))_{i,j=1,\cdots,m} \tag{8.21}$$

とし，2 つの ℓ 次対称行列を，

$$K_0(\Xi) := (K_{ij}(\Xi))_{i,j=1,\cdots,\ell}, \quad M_0(\Xi) := (M_{ij}(\Xi))_{i,j=1,\cdots,\ell} \tag{8.22}$$

と定義し，$K(\Xi)$, $K_0(\Xi)$ をどちらも**剛性行列**といい，$M(\Xi)$, $M_0(\Xi)$ をどちらも**質量行列**と呼んだ．

ここで言葉を 1 つ用意する．三角形分割 Ξ の 2 つの節点 P_i と P_j が隣り合うとは，P_i と P_j をつなぐ Ξ の 1 つの三角形 e_μ の辺が存在するときをいい，$\mathrm{P}_i \sim \mathrm{P}_j$ または，$i \sim j$ と書く．そうでないとき，すなわち，$\mathrm{P}_i \neq \mathrm{P}_j$ であって P_i から P_j にわたるのに 2 つ以上の辺が必要であるとき，あるいは $\mathrm{P}_i = \mathrm{P}_j$, すなわち，$i = j$ であるとき，P_i と P_j は隣り合わないといい，$i \not\sim j$ または $\mathrm{P}_i \not\sim \mathrm{P}_j$ と書く．

このとき，次の定理が成り立つ．

定理 8.1 (1) の場合，すなわち，M が $\mathbb{R}^3$ 内の 2 次元 C^∞ コンパクト部分多様体の場合，または (2) $\partial\Omega$ が区分的に C^∞ である有界領域 $\Omega \subset M$ の場合，いずれの場合も剛性行列 $K(\Xi), K_0(\Xi)$ と質量行列 $M(\Xi), M_0(\Xi)$ の成分は次のように与えられる．

(i) $P_i \neq P_j$，すなわち，$i \neq j$ であって，$P_i \not\sim P_j$，すなわち，$i \not\sim j$ のとき，

$$K_{ij}(\Xi) = M_{ij}(\Xi) = 0 \tag{8.23}$$

(ii) $P_i \sim P_j$，すなわち，$i \sim j$ のとき，P_i と P_j が Ξ の 2 つの三角形 $e_\mu = \Delta(P_i P_j P_k)$ と $e_\nu = \Delta(P_i P_j P_\ell)$ の共有辺 $P_i P_j$ によって隣り合うとき，

$$K_{ij}(\Xi) = -\frac{1}{8}\frac{\overline{P_i P_k}^2 + \overline{P_j P_k}^2 - \overline{P_i P_j}^2}{\text{Area}(e_\mu)} - \frac{1}{8}\frac{\overline{P_i P_\ell}^2 + \overline{P_j P_\ell}^2 - \overline{P_i P_j}^2}{\text{Area}(e_\nu)} \tag{8.24}$$

$$M_{ij}(\Xi) = \frac{1}{12}\left(\text{Area}(e_\mu) + \text{Area}(e_\nu)\right) \tag{8.25}$$

(iii) $P_i = P_j$ すなわち，$i = j$ のとき，

$$K_{ii}(\Xi) = \frac{1}{4}\sum_{e_\mu \ni P_i} \frac{\overline{P_k(e_\mu) P_\ell(e_\mu)}^2}{\text{Area}(e_\mu)} \tag{8.26}$$

$$M_{ii}(\Xi) = \frac{1}{6}\sum_{e_\mu \ni P_i} \text{Area}(e_\mu) \tag{8.27}$$

ここで，$\overline{P_i P_k}$ などは，辺 $P_i P_j$ の (ユークリッド空間としての) 長さを表し，

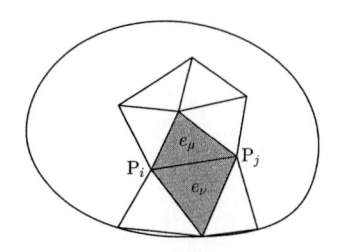

図 8.6 P_i, P_j と 2 つの三角形 e_μ と e_ν

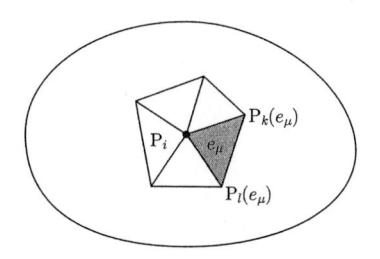

図 8.7 P_i を含む三角形たち

Area(e_μ) は三角形 e_μ の (ユークリッド空間としての) 面積を表す．(8.26)，(8.27) における和は，P_i を含むすべての三角形 e_μ にわたる．

[証明] ([十文字，浦川[14]] の論文を見よ)

定理 8.2 Ω を $\mathbb{R}^3$ 内の境界 $\partial\Omega$ が区分的に C^∞ である3次元有界領域とする．このとき，剛性行列 $K(\Xi)$，$K_0(\Xi)$ と質量行列 $M(\Xi)$，$M_0(\Xi)$ の各成分は次のように与えられる．

(i) $P_i \ne P_j$，すなわち，$i \ne j$ であって，$P_i \not\sim P_j$，すなわち，$i \not\sim j$ のとき，

$$K_{ij}(\Xi) = M_{ij}(\Xi) = 0 \tag{8.28}$$

(ii) $P_i \sim P_j$，すなわち，$i \sim j$ のとき，

$$K_{ij}(\Xi) = \frac{1}{36} \sum_{e_\mu \ni P_i P_j} \frac{1}{\mathrm{Vol}(e_\mu)} \times$$
$$\times \left\{ \left\langle \overrightarrow{P_i P_k(e_\mu)}, \overrightarrow{P_j P_k(e_\mu)} \right\rangle \left\langle \overrightarrow{P_i P_\ell(e_\mu)}, \overrightarrow{P_j P_\ell(e_\mu)} \right\rangle \right.$$
$$\left. - \left\langle \overrightarrow{P_i P_k(e_\mu)}, \overrightarrow{P_j P_\ell(e_\mu)} \right\rangle \left\langle \overrightarrow{P_i P_\ell(e_\mu)}, \overrightarrow{P_j P_k(e_\mu)} \right\rangle \right\} \tag{8.29}$$

$$M_{ij}(\Xi) = \frac{1}{20} \sum_{e_\mu \ni P_i P_j} \mathrm{Vol}(e_\mu) \tag{8.30}$$

ここで2つの和は線分 $P_i P_j$ を含むすべての四面体 e_μ にわたる．このような四面体 e_μ の4つの頂点を P_i，P_j，$P_k(e_\mu)$，$P_\ell(e_\mu)$ と表す (図 8.8)．さらにまた，$\left\langle \overrightarrow{P_i P_k(e_\mu)}, \overrightarrow{P_j P_k(e_\mu)} \right\rangle$ は，2つのベクトル $\overrightarrow{P_i P_k(e_\mu)}$ と $\overrightarrow{P_j P_k(e_\mu)}$ のユークリッド内積であり，$\mathrm{Vol}(e_\mu)$ は四面体 e_μ のユークリッド体積である．

(iii) $P_i = P_j$，すなわち，$i = j$ のとき，

$$K_{ii}(\Xi) = \frac{1}{36} \sum_{e_\mu \ni P_i} \frac{1}{\mathrm{Vol}(e_\mu)} \times$$
$$\times \left\{ \left\| \overrightarrow{P_j(e_\mu) P_k(e_\mu)} \right\|^2 \left\| \overrightarrow{P_j(e_\mu) P_\ell(e_\mu)} \right\|^2 \right.$$
$$\left. - \left\langle \overrightarrow{P_j(e_\mu) P_k(e_\mu)}, \overrightarrow{P_j(e_\mu) P_\ell(e_\mu)} \right\rangle^2 \right\} \tag{8.31}$$

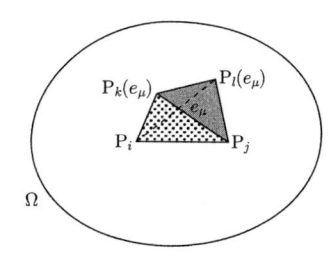

図 8.8　P_iP_j を含む四面体 e_μ 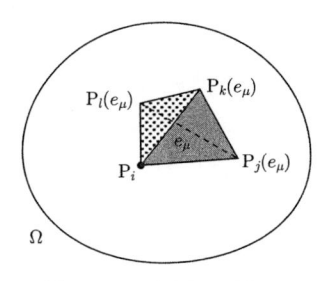　　　図 8.9　P_i を含む四面体 e_μ

$$M_{ii}(\Xi) = \frac{1}{10} \sum_{e_\mu \ni P_i} \text{Vol}(e_\mu) \tag{8.32}$$

2つの和は頂点 P_i を含む四面体 e_μ のすべてにわたり，そのような四面体 e_μ の頂点を P_i, $P_j(e_\mu)$, $P_k(e_\mu)$, $P_\ell(e_\mu)$ と表す (図 8.9)．

[証明]　([十文字, 浦川[14]] の論文を見よ)

8.2.2　有限要素法直接計算プログラム

以上を元に，十文字正樹氏の工夫されたコンピュータ・アルゴリズムを紹介しよう．定理 8.2 のもののみ示す．定理 8.1 も同様である．

その手順を示したフローチャートは下記のようである．

行列 K, M の処理

S01 … 節点の座標ファイルの読み込み
S02 … 連結ファイルの読み込み
S03 … $L \times L$ 行列の各成分の初期化
S04 … 辺 P_iP_j をもつ四面体の残りの 2 点を P_k, P_ℓ とし，内積 $\langle \overrightarrow{P_iP_k}, \overrightarrow{P_jP_k} \rangle$, $\langle \overrightarrow{P_iP_\ell}, \overrightarrow{P_jP_\ell} \rangle$, $\langle \overrightarrow{P_iP_k}, \overrightarrow{P_jP_\ell} \rangle$ $\langle \overrightarrow{P_iP_\ell}, \overrightarrow{P_jP_k} \rangle$ を求める．
S05 … 四面体 $P_iP_jP_kP_\ell$ の体積を求める．
S06 … $AK(i,j)$, $AM(i,j)$ を求める．
S07 … 同様に，$AK(i,k)$, $AK(i,\ell)$, $AK(j,k)$, $AK(j,\ell)$, $AK(k,\ell)$, $AM(i,k)$, $AM(i,\ell)$, $AM(j,k)$, $AM(j,\ell)$, $AM(k,\ell)$ を求める．

S08 … 節点 P_i と連結関係にある 3 点 P_j, P_k, P_ℓ とする。$\|\overrightarrow{P_jP_\ell}\|^2$, $\|\overrightarrow{P_jP_k}\|^2$, 内積 $\langle \overrightarrow{P_jP_\ell}, \overrightarrow{P_jP_k} \rangle$ を求める.

S09 … 四面体 $P_iP_jP_kP_\ell$ の体積を求める.

S10 … $AK(i,i), AM(i,i)$ を求める.

S11 … 同様に, $AK(j,j), AK(k,k), AK(\ell,\ell), AM(j,j), AM(k,k), AM(\ell,\ell)$ を求める.

S12 … すべての要素について S04〜S11 を繰り返す.

S13 … $L \times L$ 行列の (i,j) 成分と (j,i) 成分は等しいことから行列 K および M のすべての成分が決まる.

S14 … 行列 K および M の成分の書き出し

S15 … 一般固有値問題 $K\mathbf{v} = \mu M \mathbf{v}$ を解くサブルーチンを用いて固有値 μ, 固有ベクトル $\mathbf{v}$ を求める.

S16 … 第 k 番目の固有値 μ_k, 固有関数 v_k の出力をおこなう. ただし, k は $1 \leq k \leq L$ とする.

エンド

ここで上記のプログラムにおいては,

$$AK(i,j) := \frac{1}{36}\frac{1}{\text{Vol}(e)}\left\{ \langle \overrightarrow{P_iP_k(e)}, \overrightarrow{P_jP_k(e)} \rangle \langle \overrightarrow{P_iP_\ell(e)}, \overrightarrow{P_jP_\ell(e)} \rangle \right.$$
$$\left. - \langle \overrightarrow{P_iP_k(e)}, \overrightarrow{P_jP_\ell(e)} \rangle \langle \overrightarrow{P_iP_\ell(e)}, \overrightarrow{P_jP_k(e)} \rangle \right\}$$

$$AM(i,j) := \frac{1}{20}\text{Vol}(e)$$

$$AK(i,i) := \frac{1}{36}\frac{1}{\text{Vol}(e)}\left\{ \|\overrightarrow{P_j(e)P_k(e)}\|^2 \|\overrightarrow{P_j(e)P_\ell(e)}\|^2 \right.$$
$$\left. - \langle \overrightarrow{P_j(e)P_k(e)}, \overrightarrow{P_j(e)P_\ell(e)} \rangle^2 \right\}$$

$$AM(i,i) := \frac{1}{10}\text{Vol}(e)$$

とする.

8.3　固有値と固有関数のコンピュータ画像

以下のいろいろなコンピュータによる数値計算と画像は，十文字正樹氏が，東北大学サイバーサイエンスセンターのパラレル・コンピュータ TX-7/AzusA を用いて行なわれたものである．

k-th	FEM(2500)	EXACT	ERROR(%)	k-th	FEM(39601)	EXACT	ERROR(%)
1	19.76	19.74	0.095	1	19.74	19.74	0.006
2	49.43	49.35	0.163	2	49.35	49.35	0.012
3	49.47	49.35	0.255	3	49.35	49.35	0.012
4	79.26	78.96	0.379	4	78.97	78.96	0.022
5	99.06	98.70	0.373	5	98.72	98.70	0.021
6	99.07	98.70	0.374	6	98.72	98.70	0.021
7	128.87	128.31	0.438	7	128.35	128.31	0.034
8	129.25	128.31	0.735	8	128.35	128.31	0.034
9	168.78	167.78	0.591	9	167.84	167.78	0.033
10	168.80	167.78	0.606	10	167.84	167.78	0.033
11	179.16	177.65	0.846	11	177.74	177.65	0.049
12	199.04	197.39	0.835	12	197.49	197.39	0.047
13	199.06	197.39	0.844	13	197.49	197.39	0.047
14	248.83	246.74	0.848	14	246.90	246.74	0.067
15	250.34	246.74	1.457	15	246.90	246.74	0.067
16	258.88	256.61	0.886	16	256.73	256.61	0.049
17	258.88	256.61	0.886	17	256.73	256.61	0.049
18	289.42	286.22	1.118	18	286.40	286.22	0.064
19	289.55	286.22	1.165	19	286.40	286.22	0.064
20	320.47	315.83	1.471	20	316.10	315.83	0.088
21	340.56	335.57	1.490	21	335.85	335.57	0.086
22	340.74	335.57	1.542	22	335.85	335.57	0.086
23	369.68	365.18	1.234	23	365.42	365.18	0.067
24	369.70	365.18	1.240	24	365.42	365.18	0.067
25	400.71	394.78	1.500	25	395.11	394.78	0.083
26	400.72	394.78	1.503	26	395.11	394.78	0.083
27	410.25	404.65	1.382	27	405.10	404.65	0.110
28	414.41	404.65	2.410	28	405.10	404.65	0.110
29	452.36	444.13	1.852	29	444.61	444.13	0.107
30	452.78	444.13	1.948	30	444.61	444.13	0.107

図 8.10　長さ 1 の正方形領域 $\Omega_{1,1}$ 上のディリクレ固有値の数値解と厳密解およびそれらの誤差比率 (30 番目までの固有値)．左表が頂点数 2,500 で，右表が頂点数 39,601 である．

k-th	FEM(2704)	EXACT	ERROR(%)	k-th	FEM(40401)	EXACT	ERROR(%)
1	0.00	0.00	0.000	1	0.00	0.00	0.000
2	9.87	9.87	0.032	2	9.87	9.87	0.002
3	9.87	9.87	0.032	3	9.87	9.87	0.002
4	19.76	19.74	0.095	4	19.74	19.74	0.006
5	39.53	39.48	0.126	5	39.48	39.48	0.007
6	39.53	39.48	0.127	6	39.48	39.48	0.007
7	49.43	49.35	0.163	7	49.35	49.35	0.012
8	49.47	49.35	0.254	8	49.35	49.35	0.012
9	79.26	78.96	0.379	9	78.97	78.96	0.022
10	89.08	88.83	0.285	10	88.84	88.83	0.016
11	89.08	88.83	0.285	11	88.84	88.83	0.016
12	99.06	98.70	0.373	12	98.72	98.70	0.021
13	99.06	98.70	0.373	13	98.72	98.70	0.021
14	128.87	128.31	0.437	14	128.35	128.31	0.034
15	129.25	128.31	0.734	15	128.35	128.31	0.034
16	158.71	157.91	0.506	16	157.96	157.91	0.028
17	158.71	157.91	0.507	17	157.96	157.91	0.028
18	168.77	167.78	0.590	18	167.84	167.78	0.033
19	168.80	167.78	0.605	19	167.84	167.78	0.033
20	179.16	177.65	0.846	20	177.74	177.65	0.049
21	199.04	197.39	0.834	21	197.49	197.39	0.047
22	199.05	197.39	0.842	22	197.49	197.39	0.047
23	248.59	246.74	0.749	23	246.85	246.74	0.043
24	248.68	246.74	0.785	24	246.85	246.74	0.043
25	248.93	246.74	0.889	25	246.90	246.74	0.067
26	250.35	246.74	1.462	26	246.90	246.74	0.067
27	258.88	256.61	0.883	27	256.73	256.61	0.049
28	258.88	256.61	0.884	28	256.73	256.61	0.049
29	289.41	286.22	1.115	29	286.40	286.22	0.064
30	289.55	286.22	1.163	30	286.40	286.22	0.064

図 **8.11** $\Omega_{1,1}$ 上のノイマン固有値の数値解と厳密解およびそれらの誤差比率 (30 番目までの固有値). 左表が頂点数 2,704 で, 右表が頂点数 40,401 である.

k-th	FEM(2452)	EXACT	ERROR(%)	k-th	FEM(20290)	EXACT	ERROR(%)
1	0.00	0.00	0.000	1	0.00	0.00	0.000
2	2.00	2.00	0.196	2	2.00	2.00	0.018
3	2.00	2.00	0.242	3	2.00	2.00	0.019
4	2.00	2.00	0.242	4	2.00	2.00	0.019
5	6.02	6.00	0.302	5	6.00	6.00	0.037
6	6.03	6.00	0.504	6	6.00	6.00	0.037
7	6.03	6.00	0.504	7	6.00	6.00	0.037
8	6.04	6.00	0.594	8	6.00	6.00	0.038
9	6.04	6.00	0.594	9	6.00	6.00	0.038
10	12.05	12.00	0.436	10	12.01	12.00	0.063
11	12.08	12.00	0.699	11	12.01	12.00	0.064
12	12.08	12.00	0.699	12	12.01	12.00	0.065
13	12.12	12.00	1.017	13	12.01	12.00	0.066
14	12.12	12.00	1.017	14	12.01	12.00	0.067
15	12.15	12.00	1.253	15	12.01	12.00	0.067
16	12.15	12.00	1.253	16	12.01	12.00	0.068
17	20.12	20.00	0.621	17	20.02	20.00	0.098
18	20.18	20.00	0.919	18	20.02	20.00	0.100
19	20.18	20.00	0.919	19	20.02	20.00	0.101
20	20.27	20.00	1.332	20	20.02	20.00	0.102
21	20.27	20.00	1.332	21	20.02	20.00	0.104
22	20.36	20.00	1.823	22	20.02	20.00	0.105
23	20.36	20.00	1.823	23	20.02	20.00	0.105
24	20.44	20.00	2.188	24	20.02	20.00	0.106
25	20.44	20.00	2.188	25	20.02	20.00	0.107
26	30.26	30.00	0.858	26	30.04	30.00	0.141
27	30.36	30.00	1.184	27	30.04	30.00	0.143
28	30.36	30.00	1.184	28	30.04	30.00	0.146
29	30.49	30.00	1.643	29	30.04	30.00	0.147
30	30.49	30.00	1.643	30	30.04	30.00	0.149

図 **8.12** 単位球面 S^2 上の固有値の数値解と厳密解およびこれらの誤差比率 (30 番目までの固有値). 左表が頂点数 2,452 で, 右表が頂点数 20,290 である.

(FEM)　　　　　　　　　　　　　(exact)

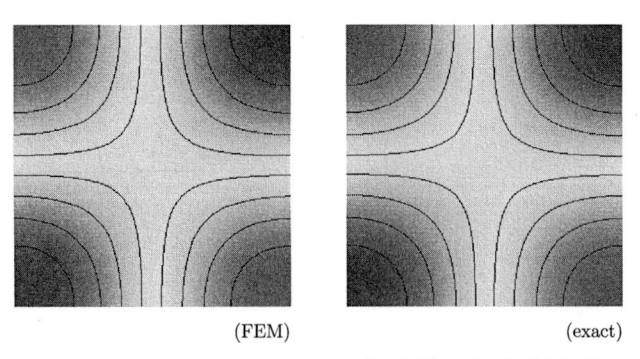

図 **8.13** $\Omega_{1,1}$ 上のノイマン第 4 固有関数の数値解 (左) と厳密解 (右)（巻頭カラー口絵 1 参照）

2　　　　5　　　　10　　　　17　　　　25

図 **8.14** 球面 S^2 上の固有関数 (第 2, 第 5, 第 10, 第 17, 第 25 固有関数)（巻頭カラー口絵 2 参照）

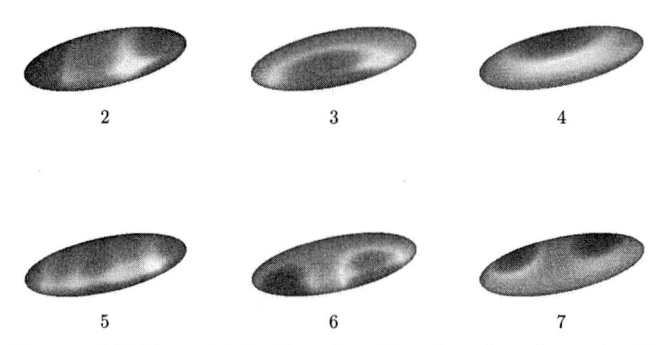

2　　　　3　　　　4

5　　　　6　　　　7

図 **8.15** 楕円面上の固有関数 (第 2, 第 3, 第 4, 第 5, 第 6, 第 7 固有関数)（巻頭カラー口絵 3 参照）

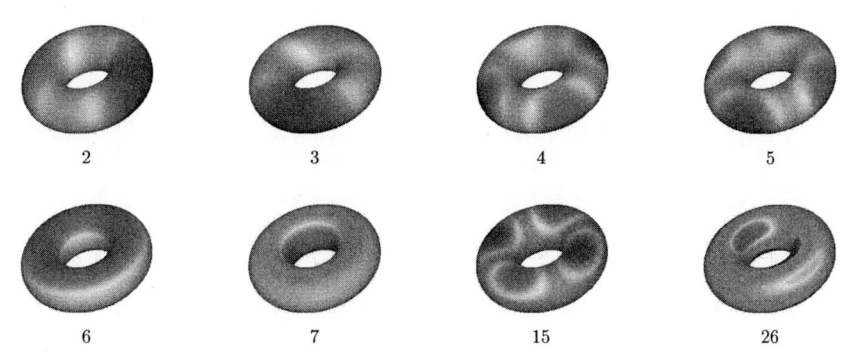

図 **8.16** 埋め込みトーラス上の固有関数 (第 2, 第 3, 第 4, 第 5, 第 6, 第 7, 第 15, 第 26 固有関数)(巻頭カラー口絵 4 参照)

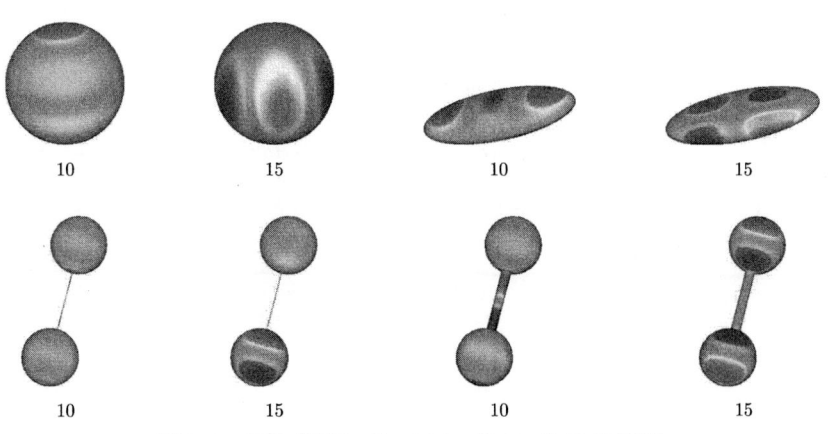

図 **8.17** 球面, 楕円面, ダンベル上の第 10, 第 15 固有関数
(巻頭カラー口絵 5 参照)

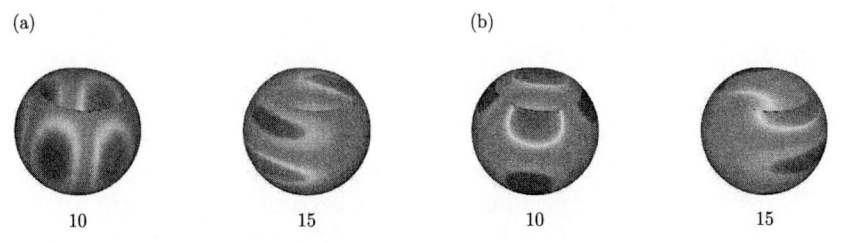

(a) (b)

図 **8.18** 球帽上の第 10, 第 15 ディリクレ, ノイマン固有関数 ((a) がディリクレ, (b) がノイマン)(巻頭カラー口絵 6 参照)

8.3 固有値と固有関数のコンピュータ画像

Fig.A　　Fig.B

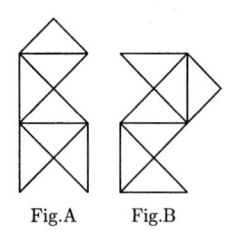

図 8.19① チャップマンの等スペクトル領域 (Fig. A と Fig. B)

k-th	Fig.A(2588)	Fig.B(2729)	ERROR(%)	k-th	Fig.A(16813)	Fig.B(17966)	ERROR(%)
1	5.09	5.09	0.000	1	5.08	5.08	0.000
2	7.33	7.34	0.006	2	7.32	7.32	0.007
3	10.40	10.40	0.022	3	10.36	10.36	0.005
4	13.12	13.11	0.036	4	13.08	13.08	0.003
5	14.56	14.57	0.025	5	14.51	14.51	0.002
6	18.50	18.49	0.045	6	18.43	18.43	0.011
7	21.30	21.31	0.041	7	21.21	21.21	0.005
8	23.20	23.21	0.028	8	23.10	23.10	0.001
9	24.81	24.80	0.033	9	24.69	24.69	0.004
10	26.31	26.30	0.015	10	26.14	26.14	0.012
11	28.81	28.79	0.092	11	28.66	28.65	0.019
12	32.04	32.01	0.090	12	31.80	31.79	0.016
13	34.13	34.09	0.101	13	33.92	33.91	0.029
14	35.62	35.65	0.103	14	35.38	35.38	0.024
15	38.35	38.32	0.062	15	38.03	38.03	0.011
16	42.17	42.10	0.154	16	41.83	41.82	0.020
17	43.00	42.94	0.133	17	42.58	42.57	0.013
18	44.95	44.98	0.081	18	44.55	44.55	0.011
19	47.89	47.91	0.039	19	47.50	47.50	0.001
20	49.50	49.51	0.002	20	49.04	49.05	0.013
21	49.87	49.85	0.042	21	49.43	49.43	0.011
22	52.81	52.76	0.102	22	52.26	52.26	0.011
23	55.31	55.29	0.037	23	54.73	54.72	0.017
24	57.04	56.97	0.128	24	56.46	56.45	0.028
25	59.94	59.92	0.023	25	59.27	59.26	0.020
26	63.81	63.69	0.180	26	63.10	63.08	0.040
27	65.09	65.04	0.088	27	64.30	64.29	0.012
28	65.39	65.47	0.130	28	64.58	64.60	0.028
29	66.88	66.83	0.083	29	65.96	65.97	0.022
30	69.30	69.17	0.185	30	68.43	68.41	0.037

図 8.19② チャップマンの等スペクトル領域 (Fig. A と Fig. B) のディリクレ固有値 (30 番目までの固有値) の数値解とその相異比率. 左表が頂点数を Fig. A のとき 2,588, Fig. B のとき 2,729 に取ったもので, 右表がそれぞれ, 16,813, 17,966 に取ったものである.

k-th	Fig.A(2833)	Fig.B(3022)	ERROR(%)	k-th	Fig.A(17539)	Fig.B(18692)	ERROR(%)
1	0.00	0.00	0.000	1	0.00	0.00	0.000
2	0.42	0.42	0.003	2	0.42	0.42	0.012
3	1.62	1.62	0.008	3	1.62	1.62	0.002
4	2.12	2.12	0.006	4	2.12	2.12	0.003
5	3.72	3.72	0.006	5	3.72	3.72	0.003
6	4.94	4.94	0.004	6	4.94	4.94	0.001
7	5.46	5.46	0.003	7	5.46	5.46	0.001
8	6.80	6.80	0.012	8	6.79	6.79	0.008
9	8.83	8.83	0.024	9	8.82	8.82	0.004
10	9.89	9.89	0.010	10	9.87	9.87	0.002
11	11.37	11.37	0.032	11	11.34	11.34	0.007
12	11.67	11.67	0.013	12	11.64	11.64	0.007
13	14.02	14.01	0.028	13	13.98	13.97	0.015
14	15.33	15.34	0.009	14	15.29	15.29	0.006
15	18.18	18.19	0.013	15	18.11	18.11	0.004
16	19.82	19.82	0.015	16	19.75	19.75	0.004
17	19.84	19.85	0.025	17	19.77	19.77	0.010
18	20.75	20.74	0.029	18	20.67	20.67	0.002
19	23.31	23.29	0.058	19	23.18	23.18	0.002
20	23.47	23.45	0.074	20	23.36	23.35	0.019
21	24.81	24.80	0.018	21	24.70	24.69	0.008
22	25.99	25.97	0.068	22	25.85	25.85	0.015
23	27.71	27.73	0.049	23	27.58	27.58	0.002
24	31.17	31.16	0.007	24	30.97	30.97	0.021
25	32.14	32.11	0.089	25	31.94	31.94	0.017
26	32.74	32.77	0.094	26	32.57	32.57	0.009
27	34.18	34.14	0.095	27	33.94	33.94	0.004
28	38.48	38.45	0.079	28	38.23	38.22	0.019
29	38.73	38.72	0.025	29	38.45	38.45	0.003
30	39.84	39.82	0.039	30	39.54	39.53	0.010

図 8.19③ チャップマンの等スペクトル領域 (Fig. A と Fig. B) のノイマン固有値 (30 番目までの固有値) の数値解とその相異比率. 左表が頂点数を Fig. A のとき, 2,833, Fig. B のとき, 3,022 に取ったもので, 右表がそれぞれ, 17,539, 18,692 に取ったものである.

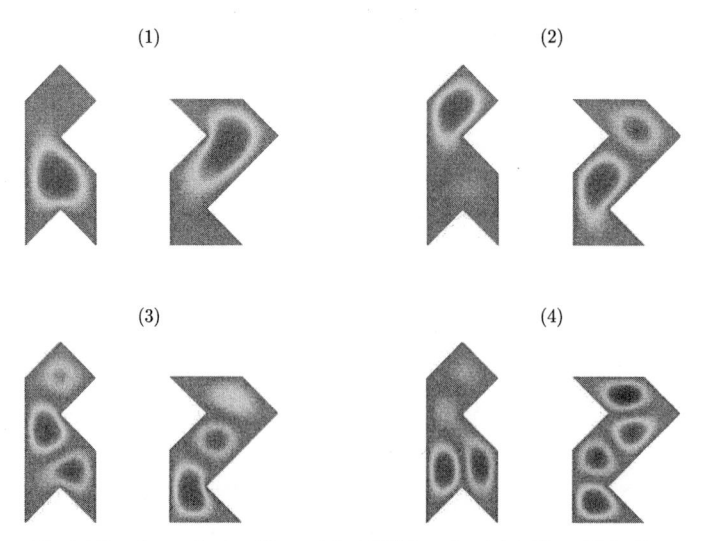

図 8.20① チャップマンの等スペクトル領域上のディリクレ第 1, 第 2, 第 3, 第 4 固有関数 (巻頭カラー口絵 7 参照)

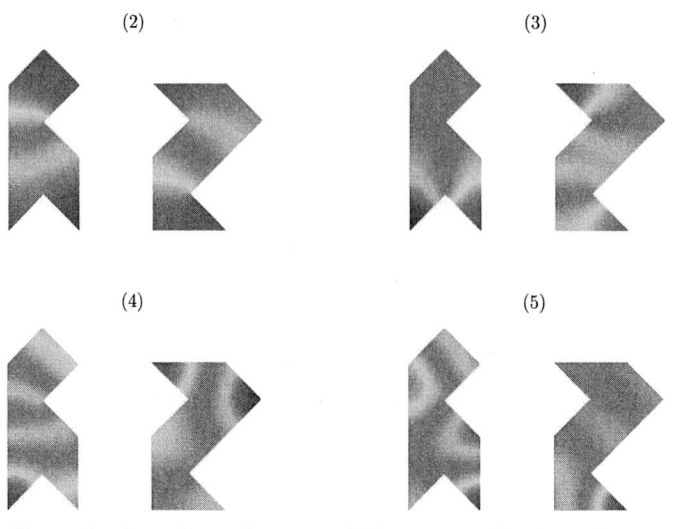

図 8.20② チャップマンの等スペクトル領域上のノイマン第 2, 第 3, 第 4, 第 5 固有関数 (巻頭カラー口絵 8 参照)

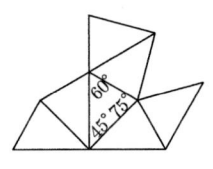

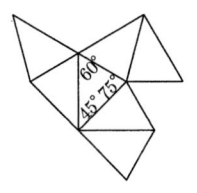

Fig.E   Fig.F

図 8.21① コンウェイの等スペクトル領域 (Fig. E と Fig. F)

k-th	Fig.E(2681)	Fig.F(2784)	ERROR(%)	k-th	Fig.E(19951)	Fig.F(17301)	ERROR(%)
1	1.92	1.92	0.078	1	1.92	1.92	0.009
2	3.46	3.46	0.004	2	3.45	3.45	0.001
3	3.90	3.90	0.037	3	3.89	3.89	0.004
4	5.24	5.24	0.009	4	5.22	5.23	0.010
5	6.42	6.42	0.022	5	6.40	6.40	0.010
6	7.33	7.34	0.017	6	7.31	7.31	0.011
7	8.89	8.89	0.008	7	8.86	8.86	0.015
8	10.00	10.00	0.003	8	9.96	9.96	0.012
9	10.15	10.14	0.022	9	10.09	10.09	0.004
10	11.18	11.18	0.052	10	11.11	11.11	0.004
11	11.89	11.89	0.001	11	11.83	11.84	0.015
12	13.67	13.68	0.047	12	13.59	13.60	0.026
13	14.04	14.04	0.016	13	13.95	13.95	0.031
14	14.92	14.92	0.039	14	14.82	14.83	0.014
15	15.50	15.50	0.020	15	15.38	15.39	0.020
16	17.22	17.24	0.114	16	17.11	17.12	0.037
17	17.72	17.73	0.061	17	17.59	17.59	0.034
18	18.88	18.87	0.046	18	18.73	18.74	0.034
19	20.19	20.18	0.073	19	20.02	20.02	0.016
20	21.21	21.21	0.008	20	21.03	21.03	0.028
21	21.30	21.30	0.034	21	21.08	21.09	0.031
22	21.50	21.51	0.043	22	21.33	21.32	0.021
23	23.06	23.04	0.082	23	22.83	22.84	0.022
24	24.60	24.61	0.062	24	24.35	24.36	0.038
25	25.69	25.68	0.021	25	25.42	25.42	0.035
26	25.79	25.82	0.119	26	25.52	25.53	0.057
27	26.56	26.54	0.081	27	26.22	26.23	0.040
28	27.47	27.45	0.089	28	27.15	27.17	0.041
29	28.60	28.60	0.012	29	28.26	28.26	0.015
30	29.29	29.29	0.019	30	28.95	28.96	0.049

図 8.21② (ディリクレ) コンウェイの等スペクトル領域 (Fig. E と Fig. F) のディリクレ固有値 (30 番目までの固有値) の数値解とその相異比率. 左表が頂点数を Fig. E のとき, 2,681, Fig. F のとき, 2,784 に取ったもので, 右表がそれぞれ, 19,951, 17,301 に取ったものである.

8.3 固有値と固有関数のコンピュータ画像

k-th	Fig.E(2953)	Fig.F(3096)	ERROR(%)	k-th	Fig.E(17754)	Fig.F(20673)	ERROR(%)
1	0.00	0.00	0.000	1	0.00	0.00	0.000
2	0.32	0.32	0.081	2	0.32	0.32	0.027
3	0.34	0.34	0.016	3	0.34	0.34	0.004
4	1.15	1.15	0.006	4	1.15	1.15	0.002
5	1.81	1.81	0.008	5	1.80	1.80	0.000
6	2.10	2.10	0.025	6	2.10	2.10	0.008
7	2.39	2.39	0.009	7	2.39	2.39	0.000
8	2.79	2.79	0.015	8	2.78	2.78	0.000
9	3.94	3.94	0.008	9	3.93	3.93	0.008
10	4.16	4.16	0.011	10	4.15	4.15	0.007
11	4.61	4.61	0.044	11	4.59	4.59	0.001
12	5.56	5.56	0.036	12	5.54	5.54	0.004
13	5.93	5.93	0.001	13	5.92	5.92	0.009
14	6.60	6.60	0.035	14	6.58	6.58	0.013
15	7.56	7.56	0.031	15	7.53	7.53	0.002
16	8.15	8.15	0.023	16	8.12	8.12	0.006
17	8.18	8.18	0.022	17	8.15	8.15	0.018
18	9.12	9.13	0.015	18	9.08	9.08	0.011
19	9.54	9.54	0.046	19	9.50	9.50	0.008
20	10.66	10.66	0.011	20	10.61	10.61	0.015
21	11.06	11.06	0.023	21	11.01	11.01	0.013
22	11.17	11.17	0.000	22	11.11	11.11	0.010
23	12.70	12.71	0.036	23	12.64	12.64	0.021
24	12.78	12.79	0.025	24	12.72	12.72	0.020
25	13.25	13.25	0.060	25	13.18	13.17	0.022
26	14.30	14.31	0.020	26	14.22	14.22	0.027
27	15.31	15.32	0.022	27	15.22	15.22	0.023
28	15.66	15.66	0.030	28	15.56	15.55	0.022
29	16.20	16.21	0.043	29	16.09	16.09	0.026
30	17.22	17.22	0.047	30	17.09	17.09	0.007

図 8.21② （ノイマン） コンウェイの等スペクトル領域 (Fig. E と Fig. F) のノイマン固有値 (30 番目までの固有値) の数値解とその相異比率. 左表が頂点数を Fig. E のとき, 2,953, Fig. F のとき, 3,096 に取ったもので, 右表がそれぞれ, 17,754, 20,673 に取ったものである.

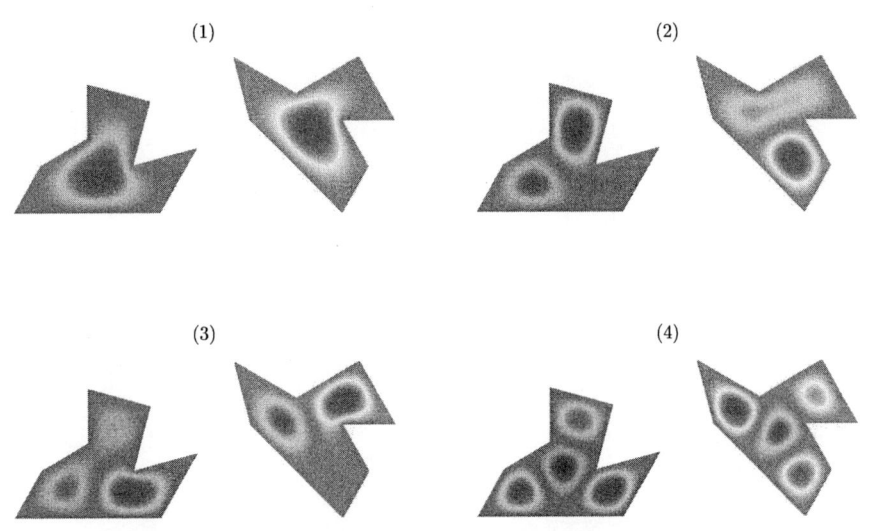

図 8.22① (ディリクレ) コンウェイの等スペクトル領域上のディリクレ第1, 第2, 第3, 第4 固有関数 (巻頭カラー口絵 9 参照)

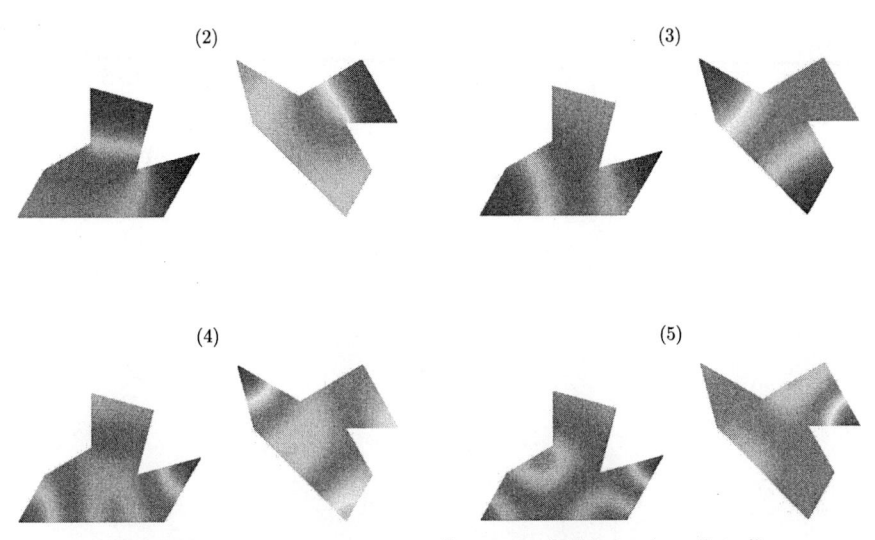

図 8.22② (ノイマン) コンウェイの等スペクトル領域上のノイマン第2, 第3, 第4, 第5 固有関数 (巻頭カラー口絵 10 参照)

8.3 固有値と固有関数のコンピュータ画像　251

(1) (2) (3)

(4) (5) (6)

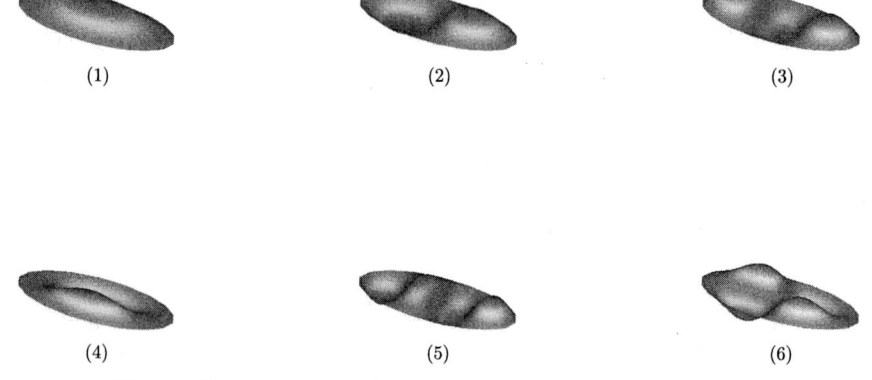

図 8.23　楕円上のディリクレ第 1, 第 2, 第 3, 第 4, 第 5, 第 6 固有関数の立体図 (巻頭カラー口絵 11 参照)

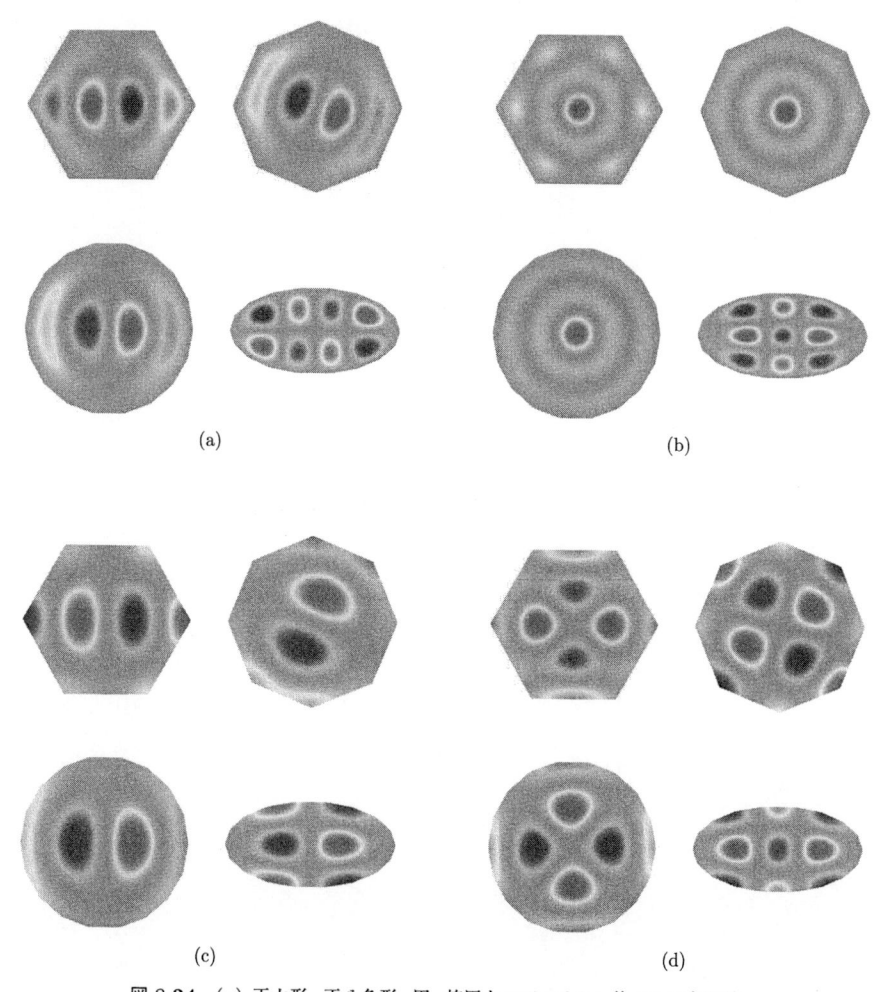

図 8.24 (a) 正六形, 正八角形, 円, 楕円上のディリクレ第 10 固有関数,
(b) 正六形, 正八角形, 円, 楕円上のディリクレ第 10 固有関数,
(c) 正六形, 正八角形, 円, 楕円上のノイマン第 15 固有関数,
(d) 正六形, 正八角形, 円, 楕円上のノイマン第 15 固有関数,
(巻頭カラー口絵 12 参照)

k-th	FEM(900)	EXACT	ERROR(%)	k-th	FEM(7471)	EXACT	ERROR(%)	k-th	FEM(30439)	EXACT	ERROR(%)
1	30.30	29.61	2.338	1	29.95	29.61	1.136	1	29.73	29.61	0.405
2	62.10	59.22	4.873	2	60.33	59.22	1.875	2	59.66	59.22	0.736
3	62.12	59.22	4.899	3	60.57	59.22	2.278	3	59.69	59.22	0.798
4	62.16	59.22	4.962	4	60.86	59.22	2.777	4	59.93	59.22	1.195
5	95.29	88.83	7.277	5	91.96	88.83	3.531	5	89.79	88.83	1.068
6	95.38	88.83	7.379	6	92.27	88.83	3.878	6	90.11	88.83	1.420
7	95.57	88.83	7.588	7	92.94	88.83	4.635	7	90.37	88.83	1.705
8	118.56	108.57	9.208	8	112.64	108.57	3.752	8	109.84	108.57	1.165
9	118.65	108.57	9.289	9	112.93	108.57	4.023	9	110.03	108.57	1.330
10	118.82	108.57	9.443	10	113.57	108.57	4.610	10	111.10	108.57	2.282
11	130.07	118.44	9.823	11	125.42	118.44	5.901	11	120.80	118.44	1.957
12	153.84	138.17	11.340	12	144.32	138.17	4.448	12	140.26	138.17	1.489
13	154.13	138.17	11.547	13	145.59	138.17	5.386	13	140.45	138.17	1.619
14	154.27	138.17	11.646	14	146.79	138.17	6.238	14	140.97	138.17	1.982
15	154.63	138.17	11.912	15	147.05	138.17	6.421	15	141.23	138.17	2.163
16	154.70	138.17	11.963	16	147.47	138.17	6.725	16	141.80	138.17	2.560
17	155.07	138.17	12.226	17	149.10	138.17	7.904	17	143.00	138.17	3.376
18	191.18	167.78	13.944	18	178.04	167.78	6.111	18	171.78	167.78	2.329
19	191.47	167.78	14.118	19	181.61	167.78	8.239	19	172.18	167.78	2.553
20	191.62	167.78	14.208	20	183.34	167.78	9.274	20	173.55	167.78	3.320
21	204.22	177.65	14.955	21	188.71	177.65	6.226	21	181.21	177.65	1.962
22	204.99	177.65	15.386	22	189.53	177.65	6.683	22	181.30	177.65	2.009
23	205.54	177.65	15.699	23	190.56	177.65	7.264	23	184.39	177.65	3.656
24	217.03	187.52	15.738	24	200.94	187.52	7.157	24	191.82	187.52	2.240
25	217.55	187.52	16.013	25	202.94	187.52	8.221	25	193.96	187.52	3.320
26	218.59	187.52	16.567	26	204.72	187.52	9.172	26	194.32	187.52	3.498
27	242.37	207.26	16.940	27	222.20	207.26	7.207	27	211.73	207.26	2.111
28	243.66	207.26	17.562	28	223.67	207.26	7.918	28	212.24	207.26	2.347
29	244.10	207.26	17.772	29	225.45	207.26	8.775	29	213.63	207.26	2.979
30	244.32	207.26	17.882	30	226.41	207.26	9.241	30	213.75	207.26	3.036

図 8.25 長さ 1 の立方体上のディリクレ固有値の数値解と厳密解 (30 番目までの固有値) とこれらの誤差比率. 頂点数はそれぞれ, 左図が 900, 中図が 7,471, 右図が 30,439 である.

k-th	FEM(2191)	EXACT	ERROR(%)	k-th	FEM(9009)	EXACT	ERROR(%)	k-th	FEM(35305)	EXACT	ERROR(%)
1	0.00	0.00	0.000	1	0.00	0.00	0.000	1	0.00	0.00	0.000
2	9.93	9.87	0.617	2	9.91	9.87	0.420	2	9.88	9.87	0.114
3	9.93	9.87	0.620	3	9.91	9.87	0.434	3	9.88	9.87	0.128
4	9.93	9.87	0.625	4	9.92	9.87	0.493	4	9.89	9.87	0.218
5	20.04	19.74	1.524	5	19.95	19.74	1.081	5	19.80	19.74	0.308
6	20.05	19.74	1.583	6	19.96	19.74	1.119	6	19.81	19.74	0.350
7	20.05	19.74	1.588	7	19.97	19.74	1.172	7	19.82	19.74	0.397
8	30.31	29.61	2.370	8	30.23	29.61	2.097	8	29.82	29.61	0.694
9	40.46	39.48	2.486	9	40.32	39.48	2.127	9	39.67	39.48	0.493
10	40.50	39.48	2.576	10	40.33	39.48	2.160	10	39.69	39.48	0.531
11	40.53	39.48	2.675	11	40.46	39.48	2.484	11	39.95	39.48	1.184
12	51.03	49.35	3.414	12	50.40	49.35	2.123	12	49.66	49.35	0.621
13	51.04	49.35	3.433	13	50.64	49.35	2.623	13	49.69	49.35	0.688
14	51.08	49.35	3.509	14	50.74	49.35	2.823	14	49.74	49.35	0.780
15	51.09	49.35	3.524	15	50.86	49.35	3.072	15	49.81	49.35	0.932
16	51.12	49.35	3.583	16	50.98	49.35	3.303	16	49.90	49.35	1.108
17	51.17	49.35	3.699	17	51.30	49.35	3.955	17	50.11	49.35	1.519
18	61.72	59.22	4.229	18	61.07	59.22	3.120	18	59.82	59.22	1.000
19	61.74	59.22	4.261	19	61.56	59.22	3.961	19	59.85	59.22	1.054
20	61.77	59.22	4.311	20	62.15	59.22	4.959	20	60.08	59.22	1.435
21	83.63	78.96	5.924	21	81.92	78.96	3.759	21	79.83	78.96	1.096
22	83.88	78.96	6.233	22	82.38	78.96	4.334	22	80.13	78.96	1.460
23	83.95	78.96	6.327	23	82.62	78.96	4.643	23	80.22	78.96	1.578
24	94.04	88.83	5.874	24	92.78	88.83	4.455	24	89.88	88.83	1.176
25	94.09	88.83	5.920	25	92.86	88.83	4.543	25	89.94	88.83	1.236
26	94.17	88.83	6.012	26	93.15	88.83	4.869	26	90.14	88.83	1.454
27	94.63	88.83	6.538	27	93.63	88.83	5.405	27	90.26	88.83	1.587
28	94.75	88.83	6.674	28	93.80	88.83	5.594	28	90.45	88.83	1.793
29	94.97	88.83	6.916	29	94.48	88.83	6.364	29	91.16	88.83	2.563
30	104.98	98.70	6.372	30	103.99	98.70	5.359	30	99.91	98.70	1.216

図 8.26 長さ 1 の立方体上のノイマン固有値の数値解と厳密解 (30 番目までの固有値) とこれらの誤差比率. 頂点数はそれぞれ, 左図が 2,191, 中図が 9,009, 右図が 35,305 である.

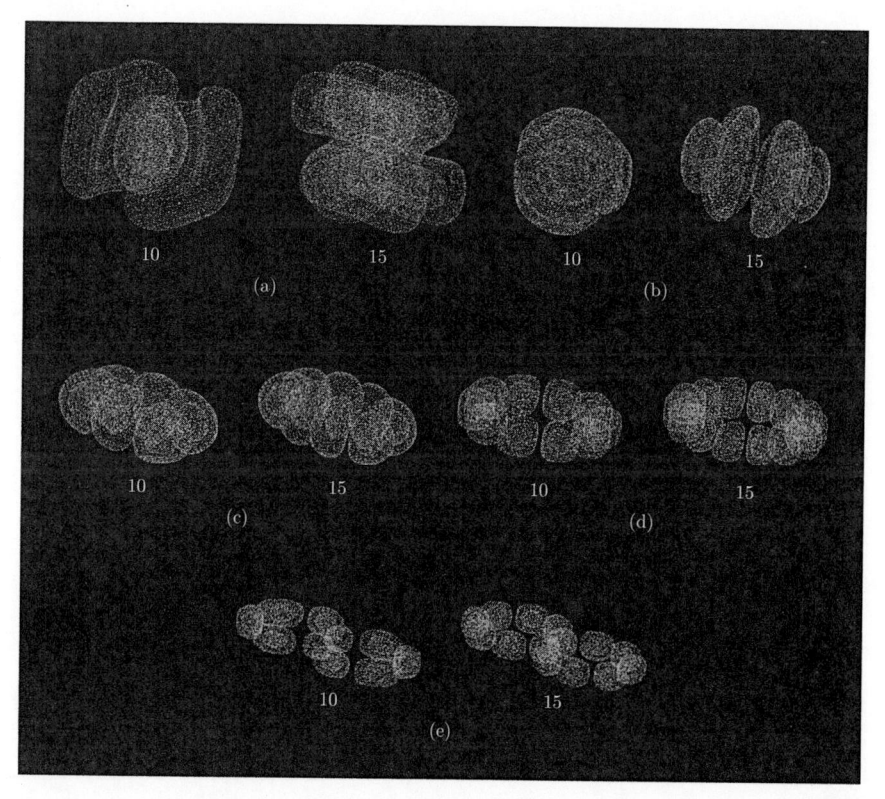

図 8.27 (a)〜(c) 立方体 (a), 球体 (b), 楕円体 (c) 上のディリクレ第 10 (左), 第 15 (右) 固有関数 (d)〜(e) 1つ穴ドーナツ体 (d), 2つ穴ドーナツ体 (e) 上のディリクレ第 10 (左), 第 15 (右) 固有関数

なお, 以上の「計算プログラム」については, 次の特許が成立した.

発明の名称：有限要素法直接計算プログラムおよび解析方法
出願人：国立大学法人東北大学　仙台市青葉区片平 2 丁目 1 番 1 号
発明者：浦川　肇, 十文字　正樹
出願番号：特願 2005–134797 (P2005-134797)
出願日：平成 17 年 5 月 6 日 (2005. 5. 6)
特許出願公開番号：特開 2006–313400 (P2006-313400A)
公開日：平成 18 年 11 月 16 日 (2006. 11. 16)
特許登録日：平成 23 年 9 月 30 日 (2011. 9. 30)
特許登録：第 4830094 号

『特許 (patent) という言葉には，「開いた」とか「開示する」という意味があり，特許制度の主な目的は新しい技術の発展を公にし，科学と技術を促進することにある．「特許」の概念は，16世紀中期のイギリスで始まった．国王は新しい発明に対し，専売特許証により期間限定の独占権または専売権を与えた．ただし専売権と引き換えに，発明を公にし開示することが義務づけられた．…』

([米国大学技術管理者協会教本][2] 2頁 より)

『**特許と実用化研究** 一般的に，基礎研究の成果を製品化するまでには，さらに多くの実用化研究が必要となります．企業が安心して実用化研究を行うためには，ライセンスを受ける研究成果が，特許等で適切に保護されていることが必要です．論文発表のみに留まる研究成果に比して，特許権等で適切に保護された研究成果は，ライバル企業の参入に対して対抗できることから，ライセンスを受ける企業は安心して実用化研究を行うことができます．また，投資した研究費回収の期待も大きくなることから，大学の研究成果をライセンスすることへのインセンティブも高まります．

事業化で広がる研究 大学で特許化された研究成果を，企業にライセンスし，事業化することにより，さらに大きな研究へと発展していきます．

技術移転の推進 大学で生まれた，質の高い知的財産を産業界へ展開することが，大きく期待されています．

大学の使命 「知識を授けるとともに，深く専門の学芸を教授研究し，知的，道徳的及び応用的能力を展開させる」
　　　　　　　　学校教育法第五十二条．
「創出した研究成果 (知的財産) の普及と活用による社会貢献 」
　　　　　　　　国立大学法人化法第二十二条五，
　　　　　知的財産基本法第七条 (大学等の責務等)』

([特許庁[30]] より)

参 考 文 献

[1] S. アグモン, 楕円型境界値問題, 吉岡書店, 1968.
[2] 米国大学技術管理者協会教本, アメリカ大学技術移転入門, 東海大学出版会, 2004.
[3] S. Bando and H. Urakawa, *Generic properties of the eigenvalue of the Laplacian for compact Riemannian manifolds*, Tohoku Math. J., **35** (1983), 155-172.
[4] I. Babuška and J. E. Osborn, *Finite element-Galerkin approximation of the eigenvalues and eigenvectors of selfadjoint problems*, Math. Comput., **52** (1989), 275–297.
[5] P. H. Berard, *Spectral Geometry: Direct and Inverse Problems*, Lecture Notes in Math., **1207**, Springer, 1986.
[6] M. Berger, P. Gauduchon and E. Mazet, *Le spectre d'une variété riemannienne*, Lecture Notes in Math., **194**, Springer, 1971.
[7] J. H. Bramble and S. R. Hilbert, *Estimation of linear functionals on Sobolev spaces with application to Fourier transforms and spline interpolation*, SIAM J. Numer. Anal., **7** (1970), 112–124.
[8] J. H. Bramble and M. Zlàmal, *Triangular elements in the finite element method*, Math. Comput. **24** (1970), 809–820.
[9] クーラント・ヒルベルト, 数理物理学の方法, 東京図書, 1995.
[10] M. Craioveanu, M. Puta and T. M. Rassias, *Old and New Aspects in Spectral Geometry*, Kluwer Academic Publishers, 2001.
[11] D. Gilbarg and N. S. Trudinger, *Elliptic Partial Differential Equations of Second Order*, Springer, 1983.
[12] 池部晃生, 数理物理の固有値問題—離散スペクトル—, 産業図書, 1976 年.
[13] 十文字正樹, 浦川肇, 大域解析学の広がり—コンピュータで見る大域解析学—, 数学セミナー, 9 月号, (2004), 34–40; 増刊, 解決ポアンカレ予想, (2007), 41–47.
[14] M. Jumonji and H. Urakawa, *The eigenvalue problems for the Laplacian on compact embedded surfaces and three dimensional bounded domains*, Interdiscip. Inform. Sci., **14** (2008), 191–223.
[15] M. Jumonji and H. Urakawa, *Visualization of the eigenvalue problems of the Laplacian for embedded surfaces and its applications*, In: Aspects analytiques de la geometrie riemannienne, Serie Seminaire et Congres, Soc. Math. France, **19** (2008), 47–91.

[16] S. Kesavan, Topics in Functional Analysis and Applications, John Wiley & Sons, 1989.
[17] 菊地文雄, 有限要素法概説, サイエンス社, 1980.
[18] 菊地文雄, 有限要素法の数理—数学的基礎と誤差解析—, 培風館, 1994.
[19] 北原晴夫, 河上肇, 調和積分論, 近代科学社, 1991.
[20] 熊原啓作, 砂田利一, 浦川肇, 志賀徳造, 数理システム科学, 放送大学大学院教材, 2002, 2005.
[21] S. Larsson and V. Thomée, *Partial Differential Equations with Numerical Methods*, Springer, 2003.
[22] 水本久夫, 原平八郎, 有限要素法へのいざない, 培風館, 1995.
[23] S. Minakshisundaram and Å. Pleijel, *Some properties of the eigenfunctions of the Laplace operator on Riemannian manifolds*, Canadian J. Math., **1** (1949), 242–256.
[24] 溝畑茂, 偏微分方程式論, 岩波書店, 1965.
[25] C. Morrey, *Multiple Integrals in the Calculus of Variations*, Springer, 1966.
[26] 酒井隆, リーマン幾何学, 裳華房, 1992.
[27] 佐武一郎, 線型代数学, 裳華房, 1958.
[28] 島倉紀夫, 楕円型偏微分方程式, 紀伊国屋書店, 1978.
[29] 砂田利一, 基本群とラプラシアン—幾何学における数論的方法—, 紀伊国屋書店, 1988.
[30] 特許庁, 研究成果を特許出願するために—知的財産の活用を目指して—, 2004.
[31] 梅垣壽春, 情報数理の基礎—関数解析的展開—, サイエンス社, 1993.
[32] 浦川肇, ラプラス作用素とネットワーク, 裳華房, 1996.
[33] 浦川肇, スペクトル幾何学とグラフ理論, 応用数理, **12** (2002), 29–45.
[34] H. Urakawa, *Dirichlet eigenvalue problem, the finite element method and graph theory*, Contemporary Mathematics, Amer. Math. Soc., **348** (2004), 221–232.
[35] 鷲津久一郎, 宮本博, 山田嘉昭, 山本善之, 河井忠彦編, 有限要素法ハンドブック, I 基礎編, II 応用編, 培風館, 1981, 1983.
[36] 吉田耕作, 河田敬義, 岩村聯, 位相解析の基礎, 岩波書店, 1960.

「第6章 有限要素法」の更なる一般のリーマン多様体の場合への一般化については,
http://www.math.is.tohoku.ac.jp/~urakawa/FEM.pdf
「リーマン多様体上の有限要素法」
を見られたい.

索　引

欧　文

Ω 上の L^2 ノルム　79
$\overline{\Omega}$ 上 C^∞　22
Ω 上の L^2 空間　37
Ω 上の L^2 内積　79
Ω 上のソボレフ空間　79
Ω 上のソボレフ内積　79
Ω 上のソボレフ・ノルム　79
Ω 上のレーリー商　102

C^∞ 完備リーマン多様体　100, 102, 112, 123, 125, 136
C^∞ コンパクト・リーマン多様体　100, 102, 111, 123, 136
C^∞ ベクトル場　71, 78
C^∞ ベクトル場全体の空間　58
C^∞ リーマン計量　71
C^k 関数　55
C^k 曲線　54, 55
C^k 多様体　46
C^k 微分同相写像　47
C^k ベクトル場　57
C^k リーマン計量　59
C^k リーマン多様体　59

FEM-D　159, 175, 219, 223
FEM-F　159, 162, 166
FEM-N　159, 175

k 次ソボレフ空間　197
k 次ソボレフ・ノルム　207, 208
k 次のソボレフ空間　12

$L^2(\Omega)$ において完備　37
L^2 内積　37, 161, 196
L^2 ノルム　37, 161, 207, 217
Lax-Milgram の定理　9

M 上の L^2 内積　78
M 上の L^2 ノルム　79
M 上のソボレフ空間　79
M 上のソボレフ内積　78
M 上のソボレフ・ノルム　79

$(n-1)$ 次元測度　24, 78
$(n-1)$ 次元体積　138
n 次元 C^∞ 完備リーマン多様体　81
n 次元 C^∞ コンパクト多様体　154, 157, 159
n 次元 C^∞ コンパクト・リーマン多様体　77, 78, 81
n 次元体積　27
n 次元多面体　156
n 次元リーマン多様体　70
n-単体　156
n 方向微分　23, 78, 81

p を通る　54

$\mathbb{R}^3$ 上の標準リーマン計量　60
$\mathbb{R}^3$ の部分多様体　62
Riesz の表現定理　9

あ　行

新しいアルゴリズム　229

移植操作　144, 150
位相空間　44
位相同相写像　46
位置エネルギー　26, 31
一次独立　42, 138
1次元ポアソン方程式　1
1の分解　66, 67, 77
1階の常微分方程式系　75
一般固有値問題　240

埋込トーラス上の固有関数　245
運動エネルギー　31
運動方程式　31

円上のディリクレ固有関数　253

オイラーの方程式　29
折り紙操作　141
折れ線関数　157, 166, 189, 197, 212, 223, 224

か　行

開近傍　45
開集合　21, 45, 46
開集合の族　44
回転面　52
解の正則性定理　11, 110, 173, 186, 193
開被覆　65, 70
開ボール　20, 46, 63
外力　26, 29, 34
ガウスの発散定理　26
各点収束　16, 18
数え上げる関数　128
カッツの問題　136
加法　20
カラマタのタウバー型定理　129
完備　63, 207
完備距離空間　63
完備ノルム空間　207

基数　129
基底関数　157, 162

逆の移植操作　152
球体上のディリクレ固有関数　255
球帽上の固有関数　245
球面 S^2 上の固有関数　244
球面上の固有関数　245
境界　21, 81, 102, 156
境界 $\partial\Omega$ が区分的に C^∞ である有界領域　123
境界条件　33
境界条件のない固有値問題　154
境界値が 0　6
境界なしの固有値問題　113
共変微分　72
極小曲面の方程式　29
局所座標　47, 70
局所実現　47
局所表現　55, 56
局所有限な開被覆　66
曲率　75
曲率テンソル　76
距離　63
距離関数　45
距離空間　45
均質　26
近傍　45

区分的 C^1 曲線　62
区分的に C^∞ である有界領域　159
クリストッフェルの記号　73
グリーン関数　2
グリーンの定理　24, 25, 78, 91, 95

計算誤差　229
厳密解　229

交換子　58, 71
格子　131
合成関数の微分法　23
剛性行列　159, 161, 229, 235, 236
勾配ベクトル　64
勾配ベクトル場　22, 71
古典解　91

誤差評価　211, 223
コーシー列　6, 63, 90
固有関数　14, 36, 99, 100, 112, 233
固有関数展開　115
固有空間　36, 105
固有値　14, 36, 99, 100, 112, 160, 223, 233
　　——と固有関数のコンピュータ画像　241
　　——の基本的性質　123
　　——の個数　133
　　——の漸近挙動　125
固有値問題　84, 99, 113, 123, 162
　　——の弱解　100
　　——の第 k 固有値　114
固有ベクトル　160, 223
コンウェイの等スペクトル領域　149, 249–251
コンパクト　63
コンパクト作用素　80, 106

さ　行

最小化列　85, 93, 107
最小値　8, 87
最小の内角　198
最小ポテンシャル・エネルギー原理　27
最長辺の長さ　198, 216
細分　65
座標近傍　70
三角形分割　139, 198
3-単体　156

指数写像　75
実対称行列　177
実用化研究　256
質量行列　159, 161, 229, 235, 236
自明でない解　14
自明な解　14
四面体　238
弱解　83, 91, 92, 95, 102, 146, 152, 174, 186, 194, 214
弱解の正則性定理　105, 107
弱形式表示　4

弱コンパクト　86
弱収束　85, 104
集積点　109, 112
収束　21
重複度　36, 113, 160
商空間　207
常微分方程式系　74
初期条件　33, 34
初期値に関する一意性定理　74
局所有限　65

数値計算　161
スカラー曲率　76
スカラー倍　20
スペクトル　136

正規直交基底　76, 114, 115, 196
正規直交系　37, 110
正則性定理　217
正定値行列　59, 69, 71, 162, 175
正八角形上のディリクレ固有関数　253
正六角形上のディリクレ固有関数　253
積分　76
積分表示　2
接空間　56
接続　72, 73
絶対収束　16, 18
節点　156
接ベクトル　54, 56
セミノルム　88, 197
全エネルギー　27, 34
漸近公式　130
漸近的　131
線形同型　74
線形汎関数　7

像空間　44
双線形写像　72
測地線　74, 75
測度　76
ソボレフ空間　4, 5, 78, 79, 196
ソボレフ内積　161, 203

ソボレフの不等式 5, 80, 206
ソボレフの埋蔵定理 79, 85, 94, 98, 104, 106, 110, 197, 198
ソボレフ・ノルム 88, 94, 161
存在定理 74

た 行

台 66, 91
第1固有関数 224
第1固有値 93, 199
第2固有値 84, 96
第k固有値 116, 117, 167, 219, 223
第k固有ベクトル 223
対角線集合 171, 184, 191
対角線論法 183, 189
太鼓の音 137
太鼓の音の問題 40
対称行列 159, 236
体積 77
体積要素 76
楕円型偏微分作用素 69
楕円上のディリクレ固有関数 252, 253
楕円体上のディリクレ固有関数 255
楕円面上の固有関数 244, 245
多重指数 209
多重指標 207
多様体 46
多様体 M 上のグリーンの定理 67
単位開球 131
単位球面 S^2 上の固有値 243
単位の分解 66, 77
単射 119, 120
弾性的 26
単体分割 156, 161, 168
ダンベル上の固有関数 245
断面曲率 76

地図 46, 70
地図帳 46, 70, 77
地図の貼り合わせ 46
　——の条件 52
チャップマンの等スペクトル領域 246–248

中空体 235
中実体 235
稠密 5, 90, 91, 112
長方形領域の固有値と固有関数 121
調和 72
直径 207
直交射影 43, 48, 49
直交条件 118
直交直和分解 44, 212
直交補空間 105, 107
直交補空間分解定理 213

定数関数 77, 78, 83, 124
ディリクレ級数 129
ディリクレ境界条件 34
ディリクレ境界値固有値問題 14, 16, 36, 93, 99, 100, 112, 113, 121, 123, 155, 211, 233
　——のスペクトル 136
ディリクレ境界値ポアソン方程式 81, 91, 214, 215
ディリクレ固有値
　——の厳密解 241
　——の誤差比率 241
　——の個数 133
　——の数値解 241

等スペクトル性 144
等スペクトル領域 140, 150
同値 56, 207
等長 74
特許 256
隣り合う 236
トレース写像 88
トレース写像定理 87

な 行

内積 4, 20, 61
内部 156
内向きの単位法線ベクトル 22, 78
内向きの単位法線ベクトル場 23, 81
長さ 62, 138, 237

2 次形式　7
2 次元埋め込みトーラス　50
2 次元 C^∞ コンパクト・リーマン多様体
　　69
2 次元多様体　55
2 次元単位球面　49
2 次のソボレフ・ノルム　217
2-単体　156

熱の伝導問題　235
波の伝搬　235
熱方程式の基本解　130

ノイマン境界条件　34
ノイマン境界値固有値問題　18, 36, 96, 99,
　　100, 112, 113, 122, 124, 155, 188
　　——のスペクトル　136
ノイマン境界値ポアソン方程式　81, 94
ノイマン固有値
　　——の厳密解　242
　　——の誤差比率　242
　　——の個数　133
　　——の数値解　242
ノイマン第 4 固有関数　244
ノルム　4, 20, 197

は　行

ハウスドルフ空間　45
パーセバルの等式　115
発散　24, 72
波動方程式　34
バナッハ空間　207, 208
ハミルトンの原理　31
パラコンパクト　65
パラコンパクト多様体　66
パラメトリック曲面　48
汎関数　8, 83
半正定値行列　162, 175

引き戻し　62, 236
非同次の (線形) 波動方程式　34
1 つ穴ドーナツ体　255

被覆　65
微分作用素　68, 72
標準座標　70
ヒルベルト空間　4, 5, 85, 88, 94, 211

2 つ穴ドーナツ体　255
部分列　80, 170, 183, 190
ブランブル＝ツラマルの定理　196, 198,
　　217
　　——の証明　200
ブランブル＝ヒルベルトの補題　206
フーリエ級数　14
フーリエ展開　115
プロペラ型領域　149

平行　74
平行移動　74
平衡状態の膜の位置　29
閉集合　21
閉部分空間　4, 5, 88, 94
閉包　66
平面　41
平面有界領域　197
平面領域のグリーンの定理　67
ベクトル　138
ベクトル解析　20
ベクトル場　22, 54, 57
変数分離法　35

ポアソン方程式　1, 31, 81
ポアンカレの不等式　6, 88, 199
包含写像　60, 80
補間法　162
補集合　126
ホップ・リノウの定理　63, 75, 77

ま　行

膜の振動の非線形波動方程式　33
膜の振動の問題　40
　　——の解　39
膜の平衡状態
　　——の線形の微分方程式　30

——の方程式　26
——を定める方程式　29

ミニ・マックス原理　113, 116, 117, 155, 219

面積　238

や 行

ヤコビアン　201

有界　7, 63, 106
有界作用素　88
有界集合　94, 98, 105
有界線形作用素　10, 91
有界領域　26, 92, 99, 138, 154, 158
有限次元部分空間　102
有限要素折れ線関数の誤差評価　223
有限要素固有値の誤差評価　211, 218
有限要素固有値問題　159, 161, 162, 166, 175, 219, 223
有限要素法　154
　　——による定式化　154
　　——の誤差評価　196
有限要素法直接計算プログラム　235, 239
ユークリッド距離　46
ユークリッド体積　238
ユークリッド内積　238

要素　156

ら 行

ラプラシアン　24, 68, 72, 136
ラプラス作用素　68, 72

リッチ曲率　76
リッチ作用素　76
リッツ射影　212, 216, 219, 224
立方体上のディリクレ固有関数　255
立方体上のディリクレ固有値　254
立方体上のノイマン固有値　254
リーマン距離　62, 77
リーマン計量　58
リーマン・スティルチェス積分　130
リーマン測度　76, 78
リーマン面積要素　65
領域　21

ルベーグ測度　24, 37, 207

レビ・チビタ接続　73, 75
レーリー商　102, 155
連結　21
連鎖律　204
連続　80
連続関数の積分　66, 77
連続写像　46

著者略歴

浦川　肇(うらかわ　はじめ)

1946 年　兵庫県に生まれる
1971 年　大阪大学大学院理学研究科修士課程修了
現　在　東北大学大学院情報科学研究科 名誉教授
　　　　東北大学国際教育院 教授
　　　　理学博士
主　著　『変分法と調和写像』（裳華房，1990）
　　　　『ラプラス作用素とネットワーク』（裳華房，1996）
　　　　『Calculus of Variations and Harmonic Maps』
　　　　（American Mathematical Society, 1993）

朝倉数学大系 3
ラプラシアンの幾何と有限要素法　　定価はカバーに表示

2009 年 10 月 25 日　初版第 1 刷
2018 年 12 月 25 日　　　　第 3 刷

著　者　浦　川　　　肇
発行者　朝　倉　誠　造
発行所　株式会社　朝　倉　書　店

東京都新宿区新小川町 6-29
郵便番号　162-8707
電　話　03(3260)0141
Ｆ　Ａ　Ｘ　03(3260)0180
http://www.asakura.co.jp

〈検印省略〉

Ⓒ 2009　〈無断複写・転載を禁ず〉　　　中央印刷・渡辺製本

ISBN 978-4-254-11823-0　C 3341　　　Printed in Japan

JCOPY　〈(社)出版者著作権管理機構 委託出版物〉

本書の無断複写は著作権法上での例外を除き禁じられています．複写される場合は，
そのつど事前に，(社)出版者著作権管理機構（電話 03-3513-6969, FAX 03-3513-
6979, e-mail: info@jcopy.or.jp）の許諾を得てください．

好評の事典・辞典・ハンドブック

数学オリンピック事典	野口　廣 監修	B5判 864頁
コンピュータ代数ハンドブック	山本　慎ほか 訳	A5判 1040頁
和算の事典	山司勝則ほか 編	A5判 544頁
朝倉 数学ハンドブック［基礎編］	飯高　茂ほか 編	A5判 816頁
数学定数事典	一松　信 監訳	A5判 608頁
素数全書	和田秀男 監訳	A5判 640頁
数論＜未解決問題＞の事典	金光　滋 訳	A5判 448頁
数理統計学ハンドブック	豊田秀樹 監訳	A5判 784頁
統計データ科学事典	杉山高一ほか 編	B5判 788頁
統計分布ハンドブック（増補版）	蓑谷千凰彦 著	A5判 864頁
複雑系の事典	複雑系の事典編集委員会 編	A5判 448頁
医学統計学ハンドブック	宮原英夫ほか 編	A5判 720頁
応用数理計画ハンドブック	久保幹雄ほか 編	A5判 1376頁
医学統計学の事典	丹後俊郎ほか 編	A5判 472頁
現代物理数学ハンドブック	新井朝雄 著	A5判 736頁
図説ウェーブレット変換ハンドブック	新　誠一ほか 監訳	A5判 408頁
生産管理の事典	圓川隆夫ほか 編	B5判 752頁
サプライ・チェイン最適化ハンドブック	久保幹雄 著	B5判 520頁
計量経済学ハンドブック	蓑谷千凰彦ほか 編	A5判 1048頁
金融工学事典	木島正明ほか 編	A5判 1028頁
応用計量経済学ハンドブック	蓑谷千凰彦ほか 編	A5判 672頁

価格・概要等は小社ホームページをご覧ください．